U0020433

數位新世界 14

物聯網生存指南

5G 世界的安全守則

Click Here To Kill Everybody
Security and Survival in a Hyper-connected World

布魯斯・施奈爾◎著

但漢敏◎譯

貓頭鷹

專業推薦

真實世界的資安風險，遠超過你的想像。

資安就是一場資訊不對稱的戰爭，攻擊者與防禦者之間是不對等的。在不了解風險的情況下，更難做到精確的防禦。在整個世界加速數位化的趨勢下，資安更是不容忽視的議題。資安大師布魯斯・施奈爾在本書中提供了全面的觀點，先點出世界資安現況與風險、電腦與網路為何一定是不安全的，再談現今的風險、以近年重大資安事件說明真實風險的存在，最後提出國家層級的應對策略與安全原則。

我強烈推薦資安從業人士一定要閱讀本書。這本書不是要大家作為聖經，而是資安的心法。從企業經營者、資安主管、到技術人員，若都有這些全局的正確觀念，台灣的資安將會有很大的不同。

—— 翁浩正（Allen Own）／戴夫寇爾 DEVCORE 執行長

資訊安全大師布魯斯・施奈爾在本書闡述了未來幾十年的網路新概念：網際網路＋（Internet+）。網際網路＋充分展現了現今「萬物有電腦、萬物可連網、萬物皆可駭」好用方便但風險巨大的矛盾。作者在本書前半部用了許多篇幅描述物聯網目前的應用場景與未來願景，也如數家珍地列出近期的物聯網安全威脅事件。接下來則苦口婆心地提供給政府、給企業、給使用者等各種深思熟慮的政策建議、設計即安全、趨吉避凶使用方針等。對於想了解物聯網安全的種種，本書前半部將滿足您的求知欲。對於物聯網安全政策與防護，本書後半部可以給予您啟發。對於協助規劃物聯網安全防護架構的我們，無疑是一本活的參考書。

—— 張裕敏／趨勢科技全球核心技術部資深協理

只是按個連結會害死人嗎？

吳其勳／CYBERSEC 台灣資安大會主席、iThome 總編輯

　　當你瀏覽網站、收發電子郵件，抑或使用通訊媒體時，按下網頁的連結，就有可能會害死人。聽起來是不是非常危言聳聽？但是，國際知名資安權威布魯斯‧施奈爾的著作《*Click here to kill everybody: Security and Survival in a Hyper-connected World*》，中譯《物聯網生存指南》，就是以上述情境為議題的最新力作。

　　施奈爾不僅是知名密碼學專家，同時也是著作等身的著名作家，其中《應用密碼學》（*Applied Cryptography*）更是許多資安專家的啟蒙教科書。雖然施奈爾自嘲首次以聳動書名奪眼球，但老實說，二〇一八年本書英文版上市時，我恰巧在美國機場駐足，趁轉機空檔瀏覽書店一整排的新書，率先攫取我眼球的正是這個聳動的書名。這或許是因為我長期關注資訊安全相關議題，多次報導網路攻擊事件的關係，因此倒不覺得這個書名有過度聳動之嫌，反而認同其貼切描述目前的資訊安全現況。

　　從中文的語意來看，「按個連結會害死人」其實非常契合全球資安現況與網路攻擊趨勢。「害死人」有兩個解釋：把人害慘；或真的把人害死。當前我們所處的資安局勢，毫無疑問的，只要一不小心按

了惡意的連結，就可能會把人害慘；而隨著萬物電腦化、萬物網路化的加劇發展，未來面臨如同施奈爾在本書提出的警訊：按錯連結害死人的機率將變得非常高。

二〇一六年美國總統大選期間，與俄國情報單位有高度關聯的「魔幻熊」（Fancy Bear，亦稱 APT 28）駭客組織，鎖定民主黨希拉蕊陣營，企圖竊取選戰相關資訊。二〇一六年三月十日，他們將好幾封偽裝成 Google 要求用戶重新設定安全密碼的釣魚郵件逐一寄給希拉蕊競選陣營的重要人士。然而沒有人開啟這些郵件。

雖然首波攻擊行動石沉大海，但是魔幻熊駭客鍥而不捨，改將釣魚郵件寄至希拉蕊陣營工作同仁的個人信箱，接續發動新一波攻擊。三月十九日，時任希拉蕊總統競選團隊主席的約翰・波德斯塔，收到了相同的 Google 通知用戶重設密碼的釣魚信，他把信件轉寄給競選團隊的資訊部門判讀，但資訊部門誤判為 Google 正常通知信，於是波德斯塔就放心按下釣魚信中的重設密碼連結，接著連結到一個幾可亂真的 Google 帳戶重設密碼網頁，但事實上卻是魔幻熊駭客偽造的假網站，待波德斯塔輸入帳號與密碼後，駭客就據此登入他的 Gmail 信箱，竊取其五萬多封電子郵件，並外洩公開。

在二〇一六年美國總統大選期間，另一個與俄國情報單位有高度關聯的「舒適熊」（Cozy Bear，亦稱 APT 29）駭客組織，也用相同的釣魚郵件攻擊手法，駭入民主黨全國委員會，對外洩露不利於希拉蕊的郵件，導致希拉蕊的支持度明顯下滑；不過是按了個連結，就害慘了民主黨的選情。

二〇一七年十月、轟動台灣的遠東國際商業銀行被駭盜轉案，也是因為有人按了釣魚郵件而被植入木馬程式，讓北韓駭客組織得以駭入銀行的 SWIFT 系統，神不知鬼不覺地匯出六千零一十萬美元（約新台幣十八億元）。所幸，警調單位最後追回大部分款項，但按一個連結就害銀行損失十六萬美元（約新台幣五百萬元），被處以台幣八百萬元罰鍰，代價不低。

發生在近期的 Facebook 粉專被盜案，則是因為粉專主人收到偽造的 Facebook 設定修改通知，一時誤信按下連結，就被導引到駭客偽造的 Facebook 設定頁面，待輸入用戶密碼後，粉專就被駭客登入挾持了。受害者包括導演吳念真、網路名人 486 先生等人。按錯連結，真的會害慘人。

施奈爾在本書一開始提出三個令人省思的真實案例：資安專家從遠處駭入汽車，任意控制空調、雨刷、音響，甚至關掉引擎；烏克蘭變電所則多次被俄國駭客入侵，電力供應中斷，淪為俄國網路戰試煉場；以及某個駭客寫了一個入侵印表機的程式，結果成功入侵全球十五萬台不安全的印表機，重複列印駭客設定好的嘲諷訊息。

雖然上述三起事件並未造成人員傷害，但其攻擊手法已對人類生命深具威脅。攻擊烏克蘭變電所的網路武器，其實只是在測試可行性，尚未開啟具有實質破壞力的功能，而一旦開啟則足以造成變電所設備失效，倘若攻擊發生在寒冬，將會攸關人民的生死。更讓施奈爾擔心的是，攻擊網路印表機的方法，亦可針對 3D 印表機，若駭客未來的攻擊目標是 3D 生物印表機，強制列印大量能入侵人體的殺手病毒，那就真的會害死人了。

3D 生物印表機的攻擊情境或許令你無法想像，然而我們不能輕忽二〇一七年底在沙烏地阿拉伯一家石化工廠被發現的殺手級惡意程式「Triton」，它入侵在工廠預防嚴重安全事件發生的最後一道防線：「安全儀表系統」（Safety Instrument System），一旦駭客控制這道安全防線，那麼就可任由工廠的鍋爐溫度升高、壓力閥負載加大、馬達風扇轉速加快，而不會被安全儀表系統強制停止。這樣會害死人的攻擊情境，已經有人在暗地密謀策畫，不再只是想像出來的電影情節。

上述這些駭客入侵之所以發生，肇因於我們生活周遭的物品逐漸電腦化與網路化。現代的汽車已變成是裝了輪子的電腦，而工廠、發電廠、水庫，甚至是核電廠，都透過電腦與網路來控制。而隨著物聯網的興起，如電燈泡、冰箱、咖啡機，甚至心律調整器，愈來愈多物品都會有晶片、軟體，並連結網路，跟電腦沒有兩樣。因此，原本各自獨立的網路、物品與人類，會隨著物聯網緊密結合在一起，形成更為複雜的超連結系統，而電腦安全性將會左右一切的安全性。

目前各行各業的運作都與資安息息相關。然而由於資訊安全是從電腦、軟體、網路等資訊技術衍生的問題，多數資安書籍文章不免充斥技術詞彙，使得一般人難以親近及理解。然而，施奈爾以其資安專業與博學基礎，在龐雜的資安技術與事件中，旁徵博引，透過簡潔的文字說明，梳理出有條理的趨勢脈絡，讓不具備技術專業的讀者亦能閱讀無礙。

本書分成兩大部分，第一部分從技術、政治與經濟層面，說明資訊安全發展的現況，以及現存難題的癥結點所在。包括，為何電腦與網路問世數十年，至今還是不夠安全？為何電腦安全的本質有別於其他事物的安全性？為何市場機制不會獎勵軟體的安全性？為何強化資安的做法，如軟體修補與身分認證，面對未來網際網路＋*時代會顯得捉襟見肘。以及監控資本主義與政府為何傾向於讓網際網路處於不安全的狀態？這部分的內容，或許對資安從業人員來說耳熟能詳，不過我建議資安人員不要跳過這個部分，跟著施奈爾梳理出來的脈絡讀下去，會帶給你更全盤的思考構面與啟發。

第二部分的內容則是施奈爾針對鞏固「網際網路＋」安全性提出的建議。身為密碼學權威專家的施奈爾，提出的不是技術性解法，而是呼籲政策與政府角色的轉變，才是扭轉網際網路＋安全性朝正向發展的關鍵。

回顧歷史，不論是交通安全、食品安全、飛航安全、醫療安全或工業安全，無一不是政府意識到攸關人命與人民權益，積極採取治理與規範而逐步獲得改善，汽車安全帶與飛航安全就是最好的例子。現在上市的汽車沒有一輛不配備安全帶，而且在政府宣導與制定罰則之下，行車繫安全帶已成為多數人的習慣；而民航客機在近十年可能是最安全的交通工具之一，二〇〇八年至二〇一七年，台灣國際民航渦輪噴射客機的事故死亡人數都保持在零紀錄。資訊安全相較於交通安全，可能是更為複雜的問題，不過政府的態度與政策方向，一定會對資訊安全的發展帶來關鍵的影響。

資訊安全與國家安全息息相關，已是不爭的事實。現今民意代表

＊編按：「網際網路＋」（Internet+）是作者在本書中提出的新概念，範圍囊括整個網路、使用者與所有可以連網的產品。詳情見前言。

在國會議堂討論資安也逐漸成為常態，所以我推薦政策制定者與民意代表都應該研讀本書，了解資訊安全的本質與其複雜的影響，進而為國家制定合宜的政策與規範。

在企業界則有愈來愈多的人倡議，資安不能只是資訊或資安部門的日常工作，而應該向上提升至高階主管決策會議討論，甚至納入董事會的企業戰略議題。然而，執行長、董事會成員也時常反映資安技術性議題不易理解。對此，我也推薦此書給企業高階主管、董事會成員，甚至企業各部門的主管，因為資訊安全與全公司的事務息息相關，即便現在不是，未來一定會是。

在這個資安人人有責的時代，有這本淺顯易懂、深入淺出的專著問世，值得推薦給每個關注資安議題的讀者。

目　次

致雅琳，獻上最美好的祝福

前言

萬物正逐漸成為電腦

請思考以下三項事例與背後的意涵。

情境一：在二〇一五年，兩位安全性研究人員透過一台 Jeep Cherokee 的連網娛樂系統，從十六公里遠處接掌了對車輛的控制權。影片顯示在公路上開車的駕駛面露驚恐，無能為力地任由駭客開啟空調、切換廣播電台、開啟雨刷，最後甚至將引擎熄火。不過這只是一次演示，而非企圖謀殺，雖然研究人員能夠控制煞車或轉向系統，但他們沒有這麼做。[1]

這戲碼並非僅此一次。駭客已經向我們證明好幾種車款中都存在漏洞，例如他們曾透過診斷埠與 DVD 播放器駭入汽車內，也曾經透過 OnStar 導航系統及內嵌於輪胎中的電腦駭入汽車內。[2-5]

飛機也同樣脆弱。雖然前述以 Jeep 車款進行的演示是最為生動的例子，不過安全性研究人員也一直指出，只要經由娛樂系統與空對地通信系統，就能對商用飛機的航電設備造成傷害。多年來，飛機製造商都主張飛機不可能受到駭客行為影響。但最後在二〇一七年，美國國土安全部證明了可從遠端透過駭客行動侵入波音 757，不過他們並未提供詳盡細節。[6-8]

情境二：二〇一六年，一群可能來自俄羅斯的駭客對烏克蘭基輔附近的皮輔尼納高壓變電所施放名為 CrashOverride 的網路武器，導致變電所關閉。[9]

烏克蘭西部的普利卡帕提亞波內茍控制中心曾在前一年受到網路攻擊，但是 CrashOverride 攻擊與該攻擊不同。普利卡帕提亞波內茍控制中心的事件亦造成停電，不過那是比較偏向人工操作的攻擊行動。當時，那些同樣可能來自俄羅斯的攻擊者透過惡意軟體後門（backdoor）取得系統存取權，隨即從遠端控制該中心的電腦並關閉電源（其中一位變電所操作員拍下了事件經過的影片）。另一方面，CrashOverride 則是自動執行所有作業。[10-12]

由皮輔尼納變電所供電的民眾最後運氣不錯，因為變電所的技術人員將廠房離線，並在約一小時後就以手動方式恢復供電。我們不清楚類似的美國廠房是否也具備同樣的人工越控（manual overrides）功能，遑論是否有任何人員懂得如何使用。

CrashOverride 是一款軍用武器，它採用模組化設計，可以輕鬆針對天然氣管線、給水廠等等各種不同目標重新設定。CrashOverride 內建其他多種「攻擊火力」，但在這次的烏克蘭攻擊事件中完全沒有施放。例如它可以一再重複開關變電所的電力，藉此使設備受到實質損害，並且讓電力中斷達數天或數週的時間，這在烏克蘭的隆冬時節將攸關許多民眾的生死。此外，雖然施用 CrashOverride 武器是政府行動的一環，但其實也是在測試能力。俄羅斯駭客近年已滲透超過二十所美國發電廠，他們通常只會存取重要系統，並未造成任何傷害，而這些行為也是為了測試能力。[13-15]

情境三：二○一七年的某個週末，某個駭客侵入全球十五萬台印表機。他寫了一個程式，可自動偵測常見的不安全印表機，隨後讓那些印表機重複列印文字圖（ASCII art）和嘲諷訊息。這種事常常發生，基本上都屬於破壞行為。同樣在二○一七年的稍早，美國數所大學的印表機也受到駭客攻擊，導致印表機開始列印反猶太主義的傳單。[16-17]

　　目前這類攻擊尚未發生在 3D 印表機上，但我們沒有理由認為 3D 印表機受到攻擊的機會較低。若某台 3D 印表機受到駭客攻擊，可能只會造成額外支出和麻煩，但如果駭客目標是生物印表機，那威脅的程度將會巨幅改變。雖然生物印表機現在尚處於初期階段，不過未來我們或許能針對個別病患的癌症或其他疾病，以自動化設備合成與組合特製病毒，藉此攻擊該病患的病症。[18]

　　假如未來生物印表機已經普及到在醫院、藥局和醫師辦公室裡都有設置，那麼只要駭客能從遠端存取，並取得正確的列印指示，就可強迫生物印表機列印殺手病毒。駭客可強制要求某台印表機列印大量殺手病毒，或迫使多台印表機分批列印少量病毒。如果病毒散播的範圍夠廣、感染的人數夠多，而且持續性夠高，那麼我們可能就會面臨全球大流行的問題。

　　那確實是「點這裡以害死所有人」。

　　為何可能發生前述情境？一九九八年的汽車並未脆弱到會受到幾英里外的人掌控，一九九八年的變電所也一樣。現今的車款與未來的生物印表機之所以如此脆弱，是因為這些裝置的本質都是電腦。所有裝置正逐漸電腦化，因此也逐漸易於受到傷害；更具體來說，各式裝置正逐漸成為連接網際網路的電腦。

　　烤箱是會烤熱食物的電腦；冰箱是可保冷食物的電腦；相機是具有鏡片和快門的電腦；自動提款機是裡面有現金的電腦；現代的燈泡則是會在某人或其他電腦按下電源開關時發出明亮光線的電腦。

　　汽車過去是內含幾台電腦的機械裝置，現在的汽車則是具有二十到四十台電腦的分散式系統，並且配備四個車輪和一具引擎。踩下煞車時，我們或許會覺得自己讓車子停了下來，但其實我們只是向煞車傳送電子訊號而已。現在已不再需要利用煞車踏板和煞車皮之間的機械式連結來煞車了。

　　當 iPhone 在二〇〇七年推出時，手機成為功能強大的電腦。

　　無論到哪裡，我們都會帶著這類智慧型手機。對於連接網際網路的新款電腦化裝置，我們會在前頭加上「智慧」一詞，代表這些裝置能收集、使用與互傳資料以執行作業。如果某台電視會持續收集我們的使用習慣資料以提供最佳使用體驗，那麼這台電視就是智慧電視。

　　過不了多久，我們就可在身體內嵌入智慧裝置，現代的心律調節器與胰島素幫浦都是智慧裝置。藥丸也在智慧化。未來的智慧隱形眼鏡不但會根據我們眼前所見的景象顯示資訊，還能監視我們的葡萄糖量、診斷青光眼等等。健身追蹤器同樣是智慧裝置，而且對我們身體狀態的感測能力正日益提升。[19-23]

　　各種物品也都開始成為智慧裝置。我們可以為愛犬購買智慧項圈、幫貓咪買智慧玩具，也可以購買智慧筆、智慧牙刷、智慧咖啡杯、智慧情趣玩具、智慧芭比娃娃、智慧捲尺與植物用的智慧感測器等等。我們甚至還可購買智慧摩托車安全帽，可以在發生意外時自動

打電話叫救護車或傳簡訊給家人。[24-33]

現在，我們已經看到了智慧家庭的雛形，例如虛擬助理 Alexa 與類似裝置，能夠聽從人的命令並且做出回應。另外也有智慧調溫器、智慧電源插座和智慧家電。我們可以購買智慧體重計、智慧馬桶，也能購買智慧燈泡與控制燈泡的智慧中樞。我們可以購買智慧門鎖，即可向維修技師與送貨員提供單次密碼，讓他們能進入我們家，或是我們也可購買會感測睡眠模式、診斷睡眠障礙的智慧床。[35-40]

在工作場所中，許多這類智慧裝置都會和監視攝影機、可偵測顧客移動的感測器與其他設備連結成網路。建築物的智慧系統則能提供效率更佳的照明、電梯操作、溫度控制與其他服務。

現在不少城市開始在道路、路燈與人行道磚中嵌入智慧感測器，並且也開始採用智慧電網和智慧運輸網。不用多久，城市就可控制我們的家電與其他家用裝置，藉此將能源使用最佳化。智慧無人駕駛車的網路會自動引導車輛前往所需的地點，並將途中的能源消耗量降至最低。街上的感測器和控制裝置可改善交通管制、加快警察與醫療單位的回應時間，並且能自動回報道路淹水的事件。其他感測器則能提升公共服務的效率，從派遣警力、為垃圾車安排最佳行駛路線，到修理路面坑洞等等無一不包。智慧看板可在人經過時辨識其身分，並且配合每個人顯示不同廣告。[41-42]

變電所其實只是一台會配電的電腦，而且跟其他所有裝置一樣，變電所也連接網際網路。CrashOverride 並非直接感染皮輔尼納變電所，而是躲藏在經由網際網路連線至變電所的控制室電腦內，距離有數英里之遠。

這種科技變革是在最近十年左右才發生的轉變。過去的電腦安裝在物品裡，現在**則是**在電腦上加裝各式用品。隨著電腦愈來愈小巧實惠，內嵌電腦的物品也愈來愈多，因此化身電腦的產品也愈來愈多。或許大家沒有注意到這一點。大家在買汽車與買冰箱時，當然並不是為了想要當成電腦使用，而是因為它們具備運輸和冷卻功能才會購買。但那些產品確實是電腦，就安全性層面而言，這項事實至關重要。

我們對網際網路的概念也在轉變。大家再也無須前往家中或辦公室裡的特定位置，以進入某個彷彿獨立存在的空間。大家再也不會進入聊天室、下載電子郵件，也不會像以前常常是要「上網」（surf the Internet）。這類跟空間有關的譬喻已不再合理。過幾年後，「我要上網」這句話聽來會跟在插上烤麵包機插頭時說「我要進入電網」一樣荒謬。[43]

大家把這種無所不在的連線稱為「物聯網」（IoT，Internet of Things），雖然這主要算是行銷用語，但也非常切合現實。高德納科技分析公司對物聯網的定義是「由內含嵌入式技術的實體所構成的網路，透過這類技術，實體即能與其內部狀態或外部環境進行通訊與感測，或是彼此互動。」物聯網的概念是將各式各樣的裝置透過網際網路連線，讓裝置可以向我們、其他裝置與不同電腦應用程式溝通。[44]

這項變革的規模驚人。在二〇一七年，連線至網際網路的裝置有八十四億個，主要都是電腦與電話，這個數字比前一年增加了三分之一。雖然大家相信的估算結果不盡相同，不過根據那些估算數值，前述數量到了二〇二〇年可能會達到介於二百億到七百五十億個之

間。[45-46]

這種爆炸性的成長源自尋求競爭優勢的廠商，或是那些為了跟上競爭步調而決定將產品「智慧化」好實現目標的廠商。因為電腦愈發小巧且更加低廉，因此未來我們會在更多地方發現電腦的蹤跡。

現在的洗衣機已經成為會清洗衣服的電腦。當最新、最低價且最適用的嵌入式電腦配備網際網路連線功能時，洗衣機製造商就能更輕鬆地將這項功能整合到洗衣機裡。到時候我們就更難買到不含網際網路連線功能的新洗衣機了。

我在兩年前曾試圖購買沒有網際網路連線功能的新車，但是未能如願。雖然市面上有銷售不具網際網路連線功能的車款，但在我想購買的車款中，連線功能都是標準配備。隨著相關技術的成本降低，未來所有產品都會出現這類情況。網際網路功能將會逐漸整合至價格較低、功能較少的裝置內，直到連網功能成為所有產品的標準配備為止。

或許能連接網際網路的洗衣機現在看來有點蠢，未來似乎也不可能出現擁有連網功能的 T 恤，但是只要再過幾年，網際網路連線就會成為所有物品的常態。電腦的功能仍在繼續強化、體積仍在繼續縮減，價格也在繼續降低。如果相較於微處理器的所需成本，商家可透過在銷售前自動追蹤存貨，以及在銷售後自動追蹤顧客使用的作業中獲得更多益處，那麼具備網路連線功能的衣物就會成為標準商品。再過十年，我們可能就無法買到不含感測器的 T 恤，屆時無論是洗衣機跟清洗衣物間的通訊，或是洗衣機可自動判斷最合適的洗衣行程和洗衣劑等等，我們全都會視為理所當然。接著洗衣機製造商就會向服飾製造商銷售我們這些客戶所穿著（和不再穿著）的衣物相關資訊。[47]

當我談論到這類話題時，都會有人問：「為什麼？」雖然大家可以理解減少能源消耗的部分，但卻無法想像出為何有人希望將咖啡機或牙刷跟網際網路連線。在二〇一六年一篇標題為〈「智慧的一切」趨勢正式成為愚行〉（The 'Smart Everything' Trend Has Officially Turned Stupid）的文章中，講述了廠商早期試圖製作連網冰箱的情形。[48]

答案很簡單：市場經濟。隨著將裝置電腦化的成本降低，能證明電腦化是合理趨勢的所需邊際效益也會一併下降，而這類邊際效益可能來自提供的功能或所收集的監控資料。對使用者來說，前述效益或許是可享有更多功能，而對製造商來說則是能藉此了解客群並向顧客行銷。同時，晶片供應商現在已逐漸減少製作專用晶片，轉為製作價格更低廉的量產型通用晶片。隨著嵌入式電腦漸漸標準化，對製造商而言，與其排除連線功能，整合連線功能的成本反而比較低。在市區各處隨意設置感測器的成本，將會比清理人行道上那些亂丟的垃圾還低。

將所有物品電腦化有其優勢所在，現今我們已可看到其中部分優點，不過還有某些好處得等到這類電腦達到關鍵多數門檻之後才能察覺。未來，物聯網會在我們生活中的所有層面扎根，在我看來，或許無人能夠預測出這股趨勢帶有哪種突現性質。我們現正面臨一種因規模和範圍而造就的根本性轉變，這些程度上的差異，導致類型也變得不同。如今各式裝置正逐漸構成一個複雜的超連結（hyper-connected）系統，即使裝置之間無法互相操作，但它們全都位於相同的網路上，會對彼此造成影響。

這股趨勢比物聯網更為廣泛。現在就以物聯網為例，或者較一般的說法是網路實體系統（cyber physical systems）。首先加入微型化的感測器、控制器和傳輸器，再加入自主式演算法、機器學習和人工智慧。然後丟點雲端運算進去，並且據此提升儲存和處理的功能。別忘了一併納入網際網路滲透、普及計算（pervasive computing）與廣泛提供的高速無線連線能力。最後再摻入一些機器人技術，如此就可獲得能直接對世界造成實質影響的單一全球網際網路，而且是一個有感覺、能思考，還會行動的網際網路。[49]

以上都不是各自獨立的趨勢，而是會互相融合、相輔相成以及成為彼此發展基礎的趨勢。機器人技術使用自主式演算法；無人機整合了物聯網、自主功能和行動運算；智慧看板則將個人化跟物聯網結合。在可對流經水壩的水量自動進行調節的系統中，結合了網路實體系統、自主代理（autonomous agent），或許還包含雲端運算功能。

雖然我們不願意這麼想，但在這許多系統中，人類其實只是裡面的另一個元件而已。我們會將資訊輸入至電腦、接受電腦所產出的結果，也會使用電腦的自動化功能。對於那些沒有聰明到足以把我們排除在外的系統，我們會協助這些系統連線和通訊。我們會四處移動系統，至少會移動那些無法實際自主行動的系統。我們和系統之間會彼此影響。其實，即使這類裝置仍跟人類的生理構成截然不同，人類未來仍可能變得如同虛擬生化人。

我們需要為這種由多個系統構成的新系統取個名字，它不只是網際網路，也不只是物聯網，而是貨真價實的網際網路＋物品，更準確地來說，是網際網路＋物品＋人類，或者也可簡稱為「網際網路＋」
（Internet+）。老實說，我並不想自己創造新詞，但在現有的詞彙
中，我找不到能完美形容所有前述趨勢的詞彙，因此，至少在本書中
我將其稱為「網際網路＋」。[50]

當然，例如「智慧」、「思考」等字都是相關詞彙。目前，這類
趨勢更像是夢想。物聯網的絕大部分都不太聰明，而且在未來還會繼
續愚蠢好一段時間，但是物聯網的智慧程度將持續提升。雖然短期內
不太可能出現具有意識的電腦，但是現在的電腦已可針對特定作業執
行智慧化的操作。我們現在正在建置的所有互連網路，都會讓網際網
路＋的功能愈發強大，但是也會讓其安全性逐漸降低。本書說明了為
何會造成這種情況，以及我們可採取哪些因應行動。

這十分複雜，我會分成兩部分來說明。第一部分將從技術、政治
和經濟層面著眼，說明電腦安全性目前的狀態，以及讓我們陷入現今
狀態的各種趨勢。電腦的體積愈來愈小、愈來愈善於操弄實體環境，
但基本上，現在的電腦跟我們幾十年來所使用的電腦並無二致。技術
安全性問題不曾改變，政治問題也跟我們向來竭力處理的問題一樣。
隨著各式物品都開始內嵌電腦與通訊功能，各個產業將會逐一變得與
電腦業類似。電腦安全性會左右一切的安全性，電腦安全性的教訓將
可適用在任何地方。就電腦而言，我們最清楚的一點是，無論電腦
是汽車、變電所或生物印表機，都容易受到業餘愛好者、行動主義分
子、罪犯、民族國家與具有科技知識的任何人士攻擊。

我在第一章中會簡短說明導致網際網路如此不安全的所有技術性
原因。第二章則會討論用以維護系統安全性的主要方法，也就是在發

現漏洞時進行修補的做法，並且說明為什麼這種做法在網際網路＋上會行不通。第三章將討論我們如何在網際網路上證明自己的身分與隱藏真實身分。在第四章中，我會解釋偏愛不安全特性的政治和經濟勢力，包括監控資本主義（surveillance capitalism）、網路犯罪、網路戰，以及侵略性較高且會降低安全性的政府和企業手段。

最後，我會在第五章說明風險增高的原因，以及風險會如何更趨慘重。「點這裡以害死所有人」是個誇飾，但我們確實生活在一個可透過電腦攻擊撞毀車輛、中止發電廠運轉的世界裡，如果大規模執行這兩種行動，很容易就會造成災難般的死亡人數。除了以飛機、醫療裝置與幾乎所有全球重要基礎設施為目標的駭客行動外，我們還得考量某些十分駭人的情境。

如果各位經常閱讀我的著作、文章與部落格，那麼第一部分屬於複習。如果各位是第一次接觸所有這類內容，那麼第一部分的每一章都會成為後續內容的重要基石。

網際網路＋安全性的問題在於我們已經習慣了一切。至今為止，我們通常都把電腦與網際網路安全性交給市場自行處理。在大部分情況下，這種做法都能發揮令人滿意的效果，因為這些層面甚少舉足輕重。安全性主要跟隱私相關，而且只跟位元層級的資料相關。如果電腦遭駭客攻擊，可能會遺失某些重要資料或是身分資料遭竊，這樣很糟，也可能造成昂貴代價，但不會是災難。現在，當萬物成為電腦後，我們的生命與財產將受到威脅。駭客可以撞毀我們的車輛、毀損心律調節器，或是破壞城市的電網，那將是天大災難。

在本書的第二部分，我會討論為了鞏固網際網路＋的安全性所需進行的政策變更。第六章、第七章和第八章探討網際網路＋安全性的改善途徑與做法，隨後討論應由誰負責這類作業。這都不是新創的理念或複雜內容，但是魔鬼藏在細節裡。待各位讀完第八章後，希望我已成功說服大家相信前述的「誰」就是政府。雖然將這項角色賦予政府的風險很高，但是沒有其他可行的替代方案。有許多原因導致網際網路＋安全性陷入目前這種亂象。例如商業誘因難以一致；政府總是優先將網際網路用於進攻，而非當成防禦手段；集體行動問題和需要插手干涉才能解決的市場失靈也屬於原因之一。我在第八章提出的其中一項概念是應建立一個新的政府單位，由該單位負責在網際網路＋安全性政策與技術上統整其他機關，並提供相關建言。或許各位不同意我的想法，那也沒關係，然而這是需要由大眾自行論辯的議題。

第九章會探討較廣義的層面。政府需要將防禦的優先順位排在進攻之前，才能博得大眾信任，我將會說明如何達到這項目標。

從實事求是的角度來說，我在第六章到第九章中所提出的許多政策變更建議，大概都不可能在近期成真。因此在第十章，我會從較現實的觀點著眼，討論更有可能在美國與其他國家發生的情況，以及我們可如何做出回應。第十一章則為探討會實際削弱網際網路＋安全性的某些現有政策提案。第十二章同樣是探討廣義的層面，包含如何建立一個信任、復原力與和平皆屬於常態的網際網路＋，以及那將是何種環境。

基本上，我主張應由善意的政府從事善意的行動。這可能會是難以鼓吹的主張，尤其是現在的電腦產業強烈地支持自由意志主義、小政府，而且反對受到規範，但這項主張仍然十分重要。我們都聽說過政府犯錯、辦事不力，或是單純妨礙科技進步的事例。不過，政府也會領導市場走向、保護個人，以及扮演抗衡企業權力的勢力，但這些部分卻較少受到大眾討論。現在網際網路＋會如此不安全的其中一項主要原因，就是因為缺乏政府監督。隨著風險進入災難性層級，我們需要政府比過去更深入地介入其中。[51]

最後，我向政策制定者與科技人員提出行動號召，為本書畫下句點。這些政策討論的本質都與科技有關，因此我們需要了解科技的政策制定者，也需要讓科技人員參與擬定政策。我們需要建立並扶植屬於公共利益科技人員的領域，雖然並非只有網際網路＋安全性領域具有這項需求，但因為科技領域是我所熟知的環境，因此我選擇呼籲在這個領域內採取行動。

另外以下幾個項目也是貫穿本書的主題：

- **安全性軍備戰爭**。將安全性視為攻擊者與防禦者之間的科技軍備戰爭，通常有助於我們了解這項議題。攻擊者會開發新科技、技術，防禦者則據此開發反制的科技與技術。或者也可能是防禦者開發了某種新的防禦技術，迫使攻擊者以某種其他不同方式進行調整。為了了解安全性，我們必須理解這種軍備戰爭在網際網路＋領域中會如何展開。
- **信任**。雖然我們不常思考「信任」這項心態，但它對社會所有層級的運作都至關重要。信任在網際網路內無所不在。我們信任自己使用的電腦、軟體與網際網路服務，我們信任自己看不見的網路組件，也信任生產我們所用裝置的製程。為了了解網際網路＋安全性，我們也必須知道大家如何保有這種信任心態，以及哪些情況會削減我們的信任。

- **複雜性**。所有與這項議題相關的事務都相當複雜，無論是科技、政策，或是科技與政策間的相互作用皆然。此外政治學、經濟學與社會學也同樣複雜。它們在許多層面上都錯綜複雜，而且複雜性與日俱增。網際網路＋安全性是所謂的「棘手問題」，這並不代表它是壞事，而是因為我們就連問題本身與相關要求都難以界定，導致網際網路＋安全性成為一個極難解決甚或無法解決的議題，更別說是要建立有用的解決方案了。

本書涵蓋的範圍廣泛，因此對於其中許多內容都只能快速地大略說明。包羅萬象的後注可作為參考與深入閱讀之用，所有後注皆於二〇一八年四月底時完成確認。在本書的網站上也可找到這些內容的連結：https://www.schneier.com/ch2ke.html。若本書有任何更新，同樣會在網站上提供。前往 Schneier.com 也可找到我探討這些主題的每月新聞信電子郵件，以及每日更新的部落格與所有著作。

我是從綜觀的「元級別」（meta level）來探討這些議題。我是一個徹頭徹尾的科技人，不是政策制定者，也不是政策分析家。我可以說明安全問題的科技解決方案，甚至也可解說為了識別、建立與實施這些科技解決方案所需的新型政策，但我並未在書中探討實施這類政策變更所需的政治操作。我無法說明如何讓這類政策變更贏得眾人支援，或是如何立法施行變更，亦無法探討其可行性。這是本書的不足之處，我也只能接受這一點。

此外，我是從美國的觀點來撰文，大多數例子皆來自美國，大部分建議也都適用於美國。首要理由在於這是我最了解的環境。不過我也相信，我們可將美國當成說明情況如何出錯的一個範例，而且美國具備的規模與市場地位，讓美國擁有了獨一無二的定位，能夠改善局面。雖然本書跟網際網路安全性所導致的國際問題與地緣政治無關，不過書中章節都會稍微提及這些層面的內容。[52]

這類問題一直持續演變，因此像本書這種書籍必然會成為當下時代的快照。我記得當我在二〇一四年三月完成《隱形帝國》（*Data and Goliath*）一書時，我的規畫是能在隨後的六個月出版該書，同時希望不會發生任何需要讓我更改書中內容的事件。我此刻的心情也一樣，但我現在可以較有自信地指出，之後應該不會發生任何需要讓我重寫本書的重大事件。當然未來會出現新的事件與事例，但我在本書內描述的情景可能在後續多年裡都能符合當下情況。

網際網路＋安全性（或以偏向軍事角度的說法是網路安全）的未來是個大哉問，因此本書大多數章節都能輕易地自成一本書。相較於提供深入說明，我更希望能透過本書所涵蓋的廣泛領域，讓各位讀者熟悉現在的情勢、察知相關問題，並且草繪出邁向改善之道的藍圖。我的目標在於吸引更多受眾加入這項重大討論，同時傳授相關知識，讓大家能在掌握更充分的資訊後進行論辯。在未來幾年中，我們將需做出重大決策，即使我們最後的決策是不採取行動亦然。

風險不會消失。風險並非只存在於那些基礎設施的發展程度較低或較為極權的政府身上。風險也不會減弱，因為我們都已知道混亂局面其實來自美國運作不當的政治體系。此外，風險也不會透過市場力量神奇地自行解決。若我們能解決這些風險，那會是因為我們特意下定決心這麼做，而且願意接受解決方案所帶來的政治、經濟與社會成本。

這個世界是由電腦構成的，而我們必須強化電腦的安全性，因此我們需要從不同的角度思考。前聯邦通信委員會主席惠勒（Tom Wheeler）在二〇一七年的一場網際網路安全性會議上，曾用重複對仗的修辭嘲諷前國務卿歐布萊特（Madeleine Albright）。惠勒指出：「我們面對二十一世紀的問題，討論時卻使用二十世紀的用語，並且提出十九世紀的解決方案。」他說的沒錯，我們需要做得更好，因為我們的未來全仰賴於此。[53]

──明尼蘇達州明尼阿波利斯，以及麻薩諸塞州劍橋，

二〇一八年四月

第一部分

趨勢

我在幾年前更換了家裡的調溫器，因為我三不五時就要出差，所以希望不在家的時候可以省點電。新調溫器是台連網電腦，可從我的智慧型手機控制。我可以設定在家與出門時所使用的設定，也可監看屋內的溫度，而且這些作業全都能從遠端完成，太完美了。

不幸地是我也讓自己面臨了某些潛在問題。在二〇一七年，某位駭客在網路上吹噓他可以從遠端挾持赫邁澤（Heatmiser）智慧調溫器，幸好那不是我買的品牌。另外，某個研究團隊曾在演示中利用勒索軟體攻擊兩種頗受歡迎的美國調溫器品牌產品（也不是我買的牌子），並要求支付比特幣才會交還控制權。如果研究團隊可以植入勒索軟體，那他們也可以將調溫器吸收到殭屍網路內，利用那些調溫器攻擊網際網路上的其他網站。因為那次是研究專案，所以運作的調溫器在過程中都沒有受損，也沒有水管因此爆開。但下一次就可能會發生在我買的牌子上，而且可能就不會像那項專案一樣毫無損傷了。[54-56]

網際網路＋在安全性層面具有兩項意義。

第一，電腦和智慧型手機的安全特性將會成為所有裝置的安全特性。所以在本書第一部分討論的所有主題，諸如軟體的不安全特質、登入與認證問題，或是安全性漏洞與軟體更新等等內容，現在不只適用在電腦和手機上，同時也適用在調溫器、汽車、冰箱、植入式助聽器、咖啡壺、街燈、路標等各式各樣的其他物品上。電腦安全性將成為萬物的安全性。

第二，從電腦安全性學到的所有教訓都能套用到萬物上。涉足電腦安全性領域的人在過去數十年間汲取了許多教訓，包含攻擊者與防禦者之間的軍備競賽、電腦故障失效的本質、對復原力的需求等等，同樣地，這些項目也都是我們稍後會探討的主題。前述教訓過去只跟電腦有關，但現在卻與一切皆相關。

這其中有一項重大差異，那就是風險已大幅增高。

現在會直接對世界造成實質影響的網際網路風險愈發慘重。駭客可能透過遠端控制使飛機墜毀、讓車輛無法運作、操弄醫療器材以謀殺某人等等，那全是我們現今會面臨的威脅。我們擔心 GPS 會遭到駭客攻擊，導致國際貨運的運送方向錯誤，也擔心電子投票所的票數可能遭到操控，藉此扭轉選舉結果等等。就智慧家庭而言，攻擊可能代表造成財產毀損。就銀行而言，可能代表經濟亂象。就發電廠而言，可能代表停電。就廢水處理廠而言，可能代表排出有毒汙水。就汽車、飛機與醫療器材而言，可能代表奪走人命。就恐怖分子與民族國家而言，則代表所有經濟體與國家都可能陷入險境。[57-61]

安全是攻擊者與防禦者之間的軍備競賽，就拿網際網路廣告商和廣告封鎖軟體間的角力來說。如果各位像全球約六億人口一樣使用廣告封鎖軟體，就會注意到現在有某些網站採用能封鎖廣告封鎖軟體的軟體，讓我們必須先停用自己的廣告封鎖軟體之後，才能檢視網站內容。垃圾郵件則是垃圾郵件寄件者與反垃圾郵件公司之間的軍備競賽，前者試圖開發新技術，後者則嘗試找出反擊的方法。點擊詐騙（click fraud）幾乎也是相同情況，詐騙者運用不同手法讓 Google 等公司相信真的有人點按了網路連結，因此 Google 得付錢給詐騙者，而 Google 則試圖偵測出這類詐騙行為。信用卡詐騙是攻擊者與信用卡公司之間持續不斷的軍備競賽：攻擊者開發新技術，信用卡公司則實施新的反制措施，以求預防並偵測詐騙手法。現代的自動提款機是攻擊者與防禦者在幾十年前展開軍備競賽後的成果，而這項競賽目前仍在進行。攻擊者現在採用更小、更難以注意到的「側錄器」（skimmer）竊取卡片資訊和 PIN 碼，甚至還會透過網際網路從遠端攻擊自動提款機。[62-66]

　　因此，為了理解網際網路＋安全性，我們需要先了解網際網路安全性的現況。我們需要了解導致我們陷入目前局面，而且現在仍在發揮作用的科技、商業、政治與犯罪趨勢；我們也需要了解某些界定並局限了可能性的科技趨勢，這些趨勢讓我們能一窺未來的模樣。

第一章

目前仍難以確保電腦安全無虞

安全性向來都是一種權衡取捨。通常我們會拿安全性與便利性做比較，不過有時也會拿安全性與功能相比，或是跟效能相比。我們傾向把前述一切看得比安全性更重要，這也是造成電腦如此不安全的主因，不過事實上，確保電腦安全也的確是難事一樁。

一九八九年，網際網路安全性專家斯貝福德發表了一段著名言論：「唯一真正安全的系統是關閉電源、用水泥澆灌成水泥塊的系統，而且得密藏在以鉛鋪覆又有武裝保鑣保護的房間內。但即使如此，我仍對它的安全性抱有疑慮。」距離當時已過了快三十年，他的論點依然正確，而且無論是套用在獨立電腦上，或是無所不在的嵌入式連網電腦上，都一樣正確。前國家網路安全中心主任貝克斯壯最近歸納出以下要點：（一）連線至網際網路的一切物品都可能遭駭；（二）現在一切物品都連線到網際網路上；（三）因此一切物品都變得容易受到傷害。[67-68]

沒錯，保護電腦安全實在太難，所以每位安全性研究人員對這項議題都自有一套簡短的說法。以下是我在二〇〇〇年的論點：「安全性是過程，不是產品。」[69]

有許多理由可說明為何如此。

多數軟體不但寫得差勁，也不安全

我會在手機上玩《精靈寶可夢GO》（*Pokémon GO*）遊戲，而它老是當機，雖然這個遊戲非常不穩定，但並非異常案例。我們都經歷過這類情況。我們的電腦和智慧型手機經常當機，網站會無法載入，功能會無法運作，因此我們都學會了該如何補救。我們會強迫自己儲存資料、備份檔案，或利用系統幫我們自動執行這些作業，我們會在運作異常時將電腦重新開機。我們偶爾會損失重要資料。我們不會期待電腦能像生活中的其他一般消費產品般運作無礙，但我們依舊會因為電腦無法像其他產品一樣運作而感到挫敗。[70-71]

除了少數例外之外，軟體都寫得很糟，這是因為市場不會獎勵品質良好的軟體。面對「請從良好、快速、便宜中任選兩項」時，低廉價格與快速的上市時間會比品質良好更重要。對大部分人而言，編寫差勁的軟體在大多數情況下就已經夠好了。

這項原則已經滲透到業界的所有層面。企業會對提前交付產品或壓低預算給予獎勵，但良好的軟體品質卻不會獲得同樣的嘉獎。相較於可靠的程式碼，大學裡更重視的是能跑就好的程式碼。大多數消費者則都不願意支付所需成本以取得較佳產品。

現代軟體充斥著無數程式問題，某些是源自軟體複雜性的固有問題，稍後我會更深入說明這部分，但大部分程式問題來自程式設計錯誤。這些程式問題在開發過程中都未曾修復；當軟體大功告成並出貨之後，問題仍留存在軟體裡。這類軟體居然可以正常運作的事實，證明了我們有多善於使用有問題的軟體。[72]

當然，軟體開發程序不是全都採用同等標準建立。微軟從二〇〇二年起花了十年時間改善軟體開發過程，以求將出貨軟體中的安全性漏洞數量降至最低。微軟的產品當然不是完美無缺，畢竟那已超出了現今技術的能力，但是微軟產品具有高於平均水準的品質。蘋果向來以高品質軟體聞名，Google 也是。某些規模極小但至關重要的軟體都擁有優異品質。飛機用的航電軟體皆根據嚴格的品質標準編寫，而且嚴格程度幾乎高過其他所有標準。美國太空總署對太空梭軟體的品管程序也十分有名。[73-75]

各個產業、公司間之所以會存在前述例外，原因各有不同。例如作業系統公司會挹注大筆經費；小規模的程式碼比較容易正確編寫；飛機用軟體都受到嚴格規範；美國太空總署則奉行異常保守的品質保證標準。即使是相較之下品質良好的軟體系統，例如 Windows、macOS、iOS 和 Android，我們還是得頻頻安裝修補程式。[76]

某些程式問題也是安全性漏洞，其中某些安全性漏洞則是駭客可以利用的弱點，例如緩衝區溢位問題（buffer overflow bug）就是一例。緩衝區溢位問題是一種程式設計錯誤，在某些情況下，攻擊者可藉此強迫程式執行任意命令（arbitrary command）並掌控電腦。在許多領域中都可能發生這類錯誤，而且其中某些是更易於發生的錯誤。[77]

我們無法算出確切的數字為何。我們不知道有多少比率的程式問題也是漏洞，又有多少比率的漏洞可遭到利用。此外，對於那些可利用的程式問題究竟是多還是少，學術人員之間也各自據理爭論。我個人是堅定站在漏洞非常多的這一邊。大型軟體系統具有數千個可利用的漏洞，若要侵入這些系統，那麼僅需找到其中一個漏洞就可以了，只是那不一定容易辦到而已。[78]

不過，雖然存在許多漏洞，但漏洞並非平均分布。有些漏洞較容易找到，有些則比較難找。某些工具可自動尋找並修補一整類的漏洞，而某些程式碼寫法則能消除許多容易發現的漏洞，這些都是可大幅提升軟體安全性的方法。若某人找到一個漏洞，很可能馬上就有其他人也找到相同漏洞，甚或近期已有其他人發現了那個漏洞。例如 Heartbleed 是一種網路安全性的漏洞，整整兩年都沒有人發現這個漏洞，隨後卻有兩位獨立研究人員在相差幾天的時間內分別發現了該漏洞。而在幾位研究人員於二〇一七年發現 Spectre 和熔毀（Meltdown）漏洞之前，這些漏洞已在電腦晶片中存在了至少十年之久。除了這些人員就是湊巧同時發現漏洞之外，我想不出任何好理由能解釋這種情況。不過，我在第九章中將探討政府為了間諜行動與網路武器而囤積的各式漏洞，就此層面而言，同時發現漏洞的這種情形至關重要。[79-80]

物聯網裝置呈現爆炸性的成長，意味著現在存在更多軟體、更多行程式碼，以及數量遠高於前兩者的程式問題與漏洞。為了維持物聯網裝置的價格低廉，代表公司會採用能力較差的程式設計師、較鬆散的程式開發程序，而且會更常重複使用程式碼，因此當單一漏洞遭到廣泛複製時，造成的影響也會加劇。[81]

在電腦、手機、汽車、醫療器材、網際網路、重要基礎設施控制系統中執行的軟體，全都是我們需要仰賴的軟體，但從許多角度看來，這些軟體都不安全。這不是找出少少幾個漏洞再加以修補的單純作業，因為有太多漏洞需要處理，在可預見的未來中，我們必須承擔這種嚴苛的軟體現實層面。

網際網路的設計從未將安全性納入考量

在二〇一〇年四月，當所有網際網路流量正各自傳輸至目的地時，總流量中突然有 15% 的流量流經了中國的伺服器，為時約十八分鐘。我們不清楚那是因為中國政府想要測試自己的截取能力，或者是個無心之過，但我們知道攻擊者是如何辦到的。攻擊者濫用了「邊界閘道通訊協定」（BGP，Border Gateway Protocol）。[82]

邊界閘道通訊協定是網際網路實際路由流量的方式，讓流量能經由服務供應商、國家與各洲之間的不同纜線和其他連結傳輸。由於系統中並未實施認證，而且大家都毫不懷疑地信賴所有跟網路速度和壅塞相關的資訊，導致邊界閘道通訊協定可受到操控。原本為美國政府約聘人員，後來成為洩密者的史諾登曾揭露文件，讓我們得知國家安全局曾利用這種固有的不安全性質，讓他們能更輕易地竊聽特定資料串流。在二〇一三年，某公司指出有三十八起不同事件，都是網際網路流量遭轉向至白俄羅斯路由器或冰島服務供應商。在二〇一四年，土耳其政府利用這種手段審查網際網路的某些部分。在二〇一七年，從幾家美國大型網際網路服務供應商（ISP）往來的流量，曾短暫地被路由到某家不明的俄羅斯網際網路供應商。此外，別以為這類攻擊僅限於民族國家，在二〇〇八年的世界駭客技術會議的一場談話中，就向大家說明了任何人都能執行攻擊的方法。[83-88]

開發網際網路時，安全性的重點都放在對網路的物理攻擊上。網路的容錯架構可因應伺服器與連結發生故障或遭破壞的情況，但無法因應針對基本通訊協定的系統性攻擊。

在開發基本的網際網路通訊協定時，並未將安全性納入考量，因此至今許多通訊協定仍不安全。例如電子郵件的「寄件者」一欄就缺乏安全性，因為任何人都可以偽裝成其他對象。網域名稱服務（Domain Name Service）可將網際網路位址從人類看得懂的名稱，轉換成電腦看得懂的數值位址，但這項服務也缺乏安全性。而能讓一切作業維持同步的網路時間協定（Network Time Protocol）同樣不安全。構成全球資訊網（World Wide Web）基礎的原始 HTML 通訊協定並不安全，安全性較高的「https」通訊協定也仍然具有許多漏洞。以上所有通訊協定都可能遭到攻擊者顛覆破壞。

這些通訊協定是在七〇年代和八〇年代初期發明，那時只有研究機構會使用網際網路，而且不會將網際網路用在重要事務上。麻省理工學院的克拉克（David Clark）教授是創建初期網際網路的規畫者之一，他回憶道：「我們並非不曾考慮安全性，我們知道不能信任世上某些人，但我們以為可以將那些人排除在外。」沒錯，他們當時真的以為可將網際網路限制為僅供認識的人士使用。[89]

即便是到了一九九六年，大眾的主流看法仍是應由終端點（endpoint）負責確保安全，也就是由擺在我們面前的電腦負責，而不是由網路負責。在一九九六年，制定網際網路產業標準的網際網路工程專案小組機構是這麼說的：

> 雖然由網際網路業者為所有流量的隱私與真實性提供防護是相當理想的做法，但那不是此架構的必要條件。機密性（confidentiality）和認證作業是終端使用者的責任，並且必須在終端使用者所使用的通訊協定中執行。終端點不應仰賴業者提供機密性和完整性。業者可選擇提供某種程度的保護，但首先應由終端使用者負起保護自己的責任，業者的保護則次之。[90]

這並非顯而易見的謬論。我會在第六章中探討端對端的網路模型，在這種模型中不應由網路負責確保安全，就像網際網路工程專案小組所闡述的概念一樣。但世人長久以來對這點的看法過度僵化，甚至連只有納入網路內部才合理的安全性層面都不曾受到採用。

這向來是難以解決的問題，有時根本不可能辦到。早在九○年代，網際網路工程專案小組就提議應強化邊界閘道通訊協定的安全性以防範攻擊，但這類提議總是受到集體行動問題所擾。因為只有在採用較安全系統的網路數量夠多時，才能帶來益處，提早採用安全系統的組織雖然付出心血，獲得的好處卻極少。這種情形導致出現違背常理的誘因：對服務供應商來說，率先採用該技術幾乎毫無道理，因為他們雖然付出成本，卻無法獲得任何好處。因此更合理的做法是靜心等待，讓其他人先採取行動，當然結果就是我們現在看到的局面：從最初大家開始討論這項問題後已過了二十年，仍然沒有任何解決方案。[91]

　　再也沒有比這更貼切的例子了。「網域名稱服務安全性」（DNSSEC，Domain Name Service security）是網域名稱服務通訊協定的升級版，可解決網域名稱服務通訊協定的安全性問題。就像邊界閘道通訊協定一樣，現有的通訊協定毫無安全可言，能透過各式各樣的方法攻擊系統。另外，從科技社群開發出解決方案後已過了二十年，但至今卻仍未實施，因為只有在大多數網站都採行該解決方案後，才能看出其中益處，而這也跟邊界閘道通訊協定的情形如出一轍。[92]

電腦的可擴充性代表萬物都可用來攻擊我們

　　請回想以前在父母家或祖父母家裡的那種老式電話，該裝置的設計與製作宗旨是為了作為電話使用，這也是它唯一具有的功能。接著，請把那種老式電話跟各位現在放在口袋裡的手機比較一下。手機其實不是一支電話，而是一台在執行電話應用程式的電腦，而且手機可做的事要多出更多，相信各位都知道這一點。手機可以當成電話、相機、傳訊系統、閱讀器、導航設備等等種類繁多的裝置使用。以「有適用的應用程式」這句話來形容舊型電話毫無道理，但對可以打電話的電腦而言卻是顯而易見的事實。

　　同樣地，在古騰堡（Johannes Gutenberg）於一四四〇年左右發明印刷機後的數個世紀裡，雖然印刷機的技術獲得大幅改進，但基本上所使用的機械裝置與後續採用的電機裝置仍跟過去相同。經過了好幾個世紀，印刷機依然只是印刷機，無論操作人員多麼努力嘗試，印刷機還是無法用來計算微積分、播放音樂或秤魚的重量。舊型調溫器是會感測溫度的電機裝置，可根據感測結果開啟與關閉連接暖爐的電路，因此能開關暖氣，這就是它唯一具備的功能。另外如舊款相機也只能拍照。

但這些裝置現在全都成了電腦，所以透過程式設定即可讓這些裝置執行幾乎任何作業。最近駭客就讓我們見識到了這種情境。他們分別將 Canon Pixma 印表機、Honeywell Prestige 調溫器與 Kodak 數位相機編程為可用來玩電腦遊戲《毀滅戰士》（*Doom*）。[93-95]

我曾在幾場科技會議的台上講述這段趣聞，大家聽到居然可用新款物聯網裝置來打二十五年前的電玩時都笑了，但卻沒有人感到意外，因為這些裝置是電腦，因此當然可以透過寫程式來打《毀滅戰士》。

但當我向非科技領域的聽眾提到這段趣聞時，情況就不一樣了。大家心中所認知的機器只能執行一種作業，如果機器壞了，就無法執行那項作業。但是通用電腦其實比較像是人類，幾乎什麼事都可以做。

電腦是可以擴充的，當各式裝置都成為電腦後，所有裝置都會具備這種可擴充的特質。就安全性而言，這會造成三項後果。

第一，我們難以確保可擴充系統安全無虞，因為設計人員無法預測出每一種設定、條件、應用程式、使用方式等等。這實際上是與複雜性相關的論點，所以稍後會再行探討。

第二，我們無法從外部限制可擴充系統。若要製作一台機械式音樂播放器，讓它只能透過存放在特製實體外殼內的磁帶來播放音樂，或是製作一台咖啡機，讓它只能使用特定形狀的拋棄式膠囊等等，都是十分容易的事，但是我們無法將這種物理性限制轉換至數位世界中。這代表複製保護（copy protection），也就是所謂的數位權利管理（DRM，digital rights management），基本上是不可能辦到的。過去二十年來，我們已從音樂和電影產業的經驗得知，我們無法阻止他人製作和播放未授權版本的數位檔案。

更廣義地來說，我們無法限制軟體系統，因為用來施加限制的軟體都可能遭到重寫、修改或變更用途。就像我們無法製作拒播盜版音樂檔案的音樂播放器一樣，我們也無法做出能拒絕列印槍枝零件的3D印表機。當然，若要防止一般人士從事這類行為是輕而易舉，但想要阻止專家就不可能了。一旦某位專家寫出可繞過任何現行控管措施的軟體後，那麼其他人也都能夠避開控管，而且不需太多時間就可辦到。即便是最優異的數位權利管理系統都無法撐上二十四小時。我們會在第十一章中再次討論這項主題。[96]

第三，可擴充性代表所有電腦都可能在升級時增添額外的軟體功能，而這類功能或許會意外地降低安全性。因為新功能會包含新漏洞，但原始設計可能不曾預先考量到那些新增功能。不過更重要的是，新功能也可能是由攻擊者所新增。當駭客侵入我們的電腦並安裝惡意軟體時，就是為電腦添加了新功能。雖然那不是我們所要求或期盼的功能，也有違我們的利益，但它們仍舊是功能。此外，至少就理論而言，這類功能皆可新增到任何一台電腦中。

　　「後門」也是系統內的額外功能，隨後我在本書內會頻繁用到「後門」一詞，因此現在應當停下來做個定義。「後門」源自密碼學的舊有詞彙，一般用以指稱經過特意設計的存取機制，可用來繞過電腦系統的正常安全措施。後門通常都是不為人知的祕密，而且都是在未經同意下瞞著我們加入系統中，但後門不一定非得是祕密不可。當聯邦調查局要求 Apple 提供可繞過 iPhone 加密技術的途徑時，其實就是在要求提供後門。當研究人員注意到 Fortinet 防火牆中有寫死（hard-coded）的額外密碼時，他們其實也發現了後門。當中國的華為公司在該公司的網際網路路由器中插入祕密存取機制時，就是安裝了後門。我們會在第十一章中更深入探討這類情況。[97-99]

　　所有電腦都可能感染惡意軟體。所有電腦都可能遭勒索軟體侵占。所有電腦都可能受迫化為殭屍網路的一員，殭屍網路中的所有裝置都感染了惡意軟體，可從遠端控制。所有電腦的資料都可能遭從遠端清除殆盡。無論嵌入式電腦的預設功能為何，或是內建電腦的物聯網裝置預設功能為何，都沒有差別。攻擊者現在利用桌上型電腦與筆電漏洞的各種方式，都可成為利用物聯網裝置漏洞的手法。[100]

電腦化系統的複雜性讓攻擊比防禦更容易

今日，攻擊者在網際網路上擁有的優勢勝過防禦者。

這不是必然的局面。在過去幾十年、幾世紀期間，攻擊者與防禦者一直輪流占上風，從戰爭史即可清楚看出這一點，因為如機關槍、坦克等各種不同技術都曾以某種方式更迭優勢地位。然而現今在電腦與網際網路上，攻擊比防禦更容易，而且在不久的將來都可能繼續維持這種局面。[101]

其中原因很多，但系統複雜性是最重要的原因。就安全性而言，複雜性是最棘手的敵人。愈複雜的系統愈不安全。現在我們擁有幾十億台電腦，每台都含有幾千萬條程式碼，並且都連接到網際網路上，而網際網路中不但包含了幾兆個網頁，數以 ZB*計的資料更是多到不計其數。因此，這幾十億台電腦構成了人類有史以來所建置最複雜的機器。[102-103]

複雜性提升，代表參與的人員、零件、互動和抽象層都會增多。此外，設計與開發流程中的錯誤會更多、測試難度會提升，而且程式碼中可藏匿安全漏洞的隱密角落也會跟著增加。

電腦安全性專家喜愛討論系統的攻擊表面（attack surface），也就是可能遭到攻擊者瞄準的所有可能目標，那都是需要確保安全的位置。複雜的系統代表存在廣大的攻擊表面，並且也代表潛在攻擊者將擁有龐大優勢。攻擊者只需要找出一個漏洞，也就是一個沒有受到保護的攻擊管道，就能任意選擇執行攻擊的時間與方法，而且還可持續攻擊直到成功為止。另一方面，防禦者則需要隨時確保整個攻擊表面安全無虞，不會受到任何潛在攻擊影響。相較於防禦者必須每次都贏得勝利，攻擊者只要走運一次就夠了。這顯然不是公平的戰爭，而且

＊編按：zettabyte，皆位元組，相當於 2^{70} 位元組或 2^{40} TiB。

相較於防禦系統的所需成本，只需要花其中一小部分成本即可執行攻擊。[104]

從複雜性的角度即可清楚解釋，為何在安全相關技術不斷改善之際，電腦安全性仍是個難題。雖然每年都會誕生新的構思、新的研究成果、新產品與新服務，但同時複雜性也會逐年提升，導致出現新的漏洞和攻擊行為。我們在獲得改善的同時，卻也失去了優勢。

複雜度也意味著使用者常會誤解安全性。複雜的系統通常具有許多選項，因此難以安全地使用。使用者常常沒有更改預設密碼，或是對雲端資料的存取控制權限做了錯誤的設定。例如在二〇一七年，史丹佛大學即將數千筆學生與教職員紀錄曝光的原因歸咎在「誤設權限」上。其他還有許多類似的事例。[105-106]

除了複雜性之外，尚有其他原因使攻擊比防禦更容易。攻擊者不但擁有先發優勢，亦擁有可敏捷行動的先天特質，這是防禦者通常不具備的特點。攻擊者通常無須擔憂法律、習俗道德或倫理等問題，並且可更快速地運用創新技術。由於目前存在某些阻礙改善的不利因素，因此我們在主動式安全措施上的成效不彰，大家鮮少在發生攻擊前即先採取預防性安全措施。此外，攻擊者通常能夠獲得某種好處，但防禦成本一般卻是各公司力求降至最低的業務成本，而且許多高階主管仍不相信自家公司會成為攻擊目標。因此攻擊者享有更多優勢。

這不代表防禦是徒勞無功的行為，它只是成本高昂又艱難而已。當然，若攻擊者是單獨一人犯行，而且可以說服他改找其他更容易到手的目標的話，防禦就會比較簡單。然而總是會出現擁有足夠技術、資金和動機的攻擊者投入攻擊行動。探討民族國家網路行動時，前國家安全局副局長英格利斯（Chris Inglis）是這麼說的：「如果用足球計分的方式來計算網路行動的比數，那可說是在比賽開始二十分鐘後的比數為四百六十二對四百五十六，也就是所有人都在進攻。」基本上他說的沒錯。[107]

當然，雖然攻擊行動在技術層面上簡單易行，並不代表攻擊行動無所不在。謀殺也很簡單，但很少人會真的殺人，因為我們已針對識別謀殺犯的身分並將其問罪與起訴的程序，建置了相關的社會體系。就網際網路而言，起訴較為困難，因為歸屬責任並不容易，我們將會在第三章討論這項主題。而且網際網路攻擊本身是國際化的行為，因此會產生棘手的管轄權問題。[108]

網際網路＋環境會使前述趨勢更為惡化。隨著電腦增多，尤其是不同類型的電腦與日俱增，代表複雜性也會更高。

互連存在新漏洞

網際網路充滿突然出現的特質和出乎意料的後果。這代表即便是專家人士，也無法真正理解網際網路不同環節的互動方式，就跟我們一模一樣。此外，實際的運作方式常出乎我們的意料。漏洞亦是如此。

隨著我們將愈多物品互相連結，在單一系統中會對其他系統造成影響的漏洞也會愈多。以下是三個例子：

- 在二〇一三年，罪犯駭入塔吉特公司（Target Corporation）的網路內，竊走七千萬名客戶與四千萬筆信用卡與簽帳金融卡的資料。這些罪犯之所以可獲得塔吉特網路的存取權限，是因為他們先從該公司的某家暖氣與空調供應商竊得了登入認證資料。[109]

- 在二〇一六年，駭客將路由器、數位視訊記錄器、網路攝影機等幾百萬台物聯網電腦，集結到名為「Mirai」的殭屍網路中。接著駭客利用該殭屍網路發起分散式阻斷服務攻擊（distributed denial-of-service attack），也就是 DDoS 攻擊，攻擊目標則是網域名稱供應商迪恩公司（Dyn），這是為許多大型網站提供重要網際網路功能的公司。因此當迪恩公司發生問題時，Reddit、BBC、Yelp、PayPal 與 Etsy 等幾十個熱門網站全都因此離線。[110]

- 在二〇一七年，駭客經由一個連網魚缸，滲透進入某個不具名賭場的網路並竊取資料。[111]

系統可能會透過無法預測的方式影響其他系統，且可能造成傷害。在設計人員眼裡，某個特定系統的某個部分可能看似無害，但或許當該系統與其他系統搭配運作時反而會造成傷害。單一系統中的漏洞會傳遞至其他系統內，導致捅出先前無人預料到的漏洞，因此才會發生如三哩島核災、「挑戰者號」太空梭爆炸，或是二〇〇三年的美加大停電等等事件。

這類非預期的影響會造成兩種後果。首先，互連性讓我們愈來愈難釐清哪個系統出錯。其次，其實可能不是單一系統出錯，而是因為兩個獨立安全系統之間出現了不安全的互動。在二〇一二年，某人取得記者何南（Mat Honan）的亞馬遜帳號，於是可藉此存取何南的蘋果帳號、進而存取其 Gmail 帳號，隨後更接掌了他的推特帳號。這種特殊的攻擊軌跡相當重要，因為某些漏洞可能不存在個別系統中，只有將不同系統彼此搭配使用時，那些漏洞才會成為可供利用的漏洞。[112-113]

此外還有其他類似的例子。三星智慧冰箱中的漏洞會讓使用者的 Gmail 帳號門戶大開，成為可攻擊的目標。iPhone 設置陀螺儀是為了偵測運動與方向，但它靈敏到足以感測聲振動，因此能用以竊聽使用者的對話。卡巴斯基實驗室公司銷售的防毒軟體則無意（或有意）竊走了美國政府的機密。[114-116]

假設有一百個系統都在彼此互動，就會產生約五千次互動，以及因這些互動而衍生的五千個潛在漏洞。如果有六百個系統都在彼此互動，則會產生四萬五千次互動；而一千個系統則意味會產生一百萬次互動。大多數互動都是良性互動或無關緊要的互動，但其中某些互動可能最後會造成嚴重危害。

電腦發生問題的方式與眾不同

電腦發生問題的方式跟「一般」物品不同。電腦容易經由三種與眾不同但至關重要的方式受到傷害。

第一，距離不是問題。在現實世界中，我們會擔憂一般攻擊者所帶來的安全性問題。我們購買門鎖不是為了防堵全球最厲害的竊賊，而是為了防範可能在鄰里閒晃的一般竊賊。我家在美國劍橋，如果澳洲坎培拉有某位技巧高超的竊賊，我根本不會在意，因為他不會只為了洗劫我家而飛越地球。但是在網際網路上，位於坎培拉的駭客可以輕鬆駭進我家網路，就像侵入他對街的網路一樣容易。

　　第二，人可以從攻擊電腦的技術中分離出攻擊電腦的技能。這類技能可存放在軟體中，因此技術高超的坎培拉駭客可將他的專業手法裝進軟體裡，如此就能在他睡覺時自動展開與執行攻擊。之後那位駭客還可將軟體分發給全世界的人，這就是「指令小子」（script kiddie）一詞的起源，意指技術不怎麼樣卻擁有強大軟體的人。若全球最厲害的竊賊能夠自由分發某種工具，讓一般竊賊也能侵入我們家中，那麼我們就會更在意住家安全。

　　在網路上，無時無刻都有人在免費分發可能具危險性的駭客工具。建立 Mirai 殭屍網路的攻擊者即將其程式碼發布至全世界，於是在不到一週的時間裡，就出現了十幾個整合該程式碼的攻擊工具。那次事件就是所謂「惡意軟體」（malware）的其中一個例子。蠕蟲、病毒與 rootkit 都是惡意軟體，即使是毫無技術的攻擊者也能藉此獲得龐大能力。駭客可以在黑市購買 rootkit，也能花錢租用「勒索軟體即服務」（ransomware-as-a-service），諸如駭客小隊公司（HackingTeam）、伽馬集團（Gamma Group）等歐洲公司會向全球的小國銷售攻擊工具。俄羅斯聯邦安全局讓二十一歲的哈薩克人巴洛托夫（Karim Baratov）執行釣魚攻擊，在二〇一六年成功攻擊了美國民主黨全國委員會，而該攻擊採用的惡意軟體則是由技巧高明的駭客貝蘭（Alexsey Belan）所製作。[117-120]

第三，電腦會突然發生故障，但也可能完全不會故障。「類別漏洞」（class break）是一種電腦安全性概念。這種特殊的安全性漏洞不會只破壞單一系統，而是能破壞整個類別的系統。例如作業系統或許存在某個漏洞，讓攻擊者能從遠端控制所有執行該作業系統的電腦。或者也可能是在啟用連網功能的數位錄影機與網路攝影機中存在某個漏洞，讓攻擊者能將那些裝置編製到殭屍網路內。[121]

愛沙尼亞的國民身分證在二〇一七年就遭到類別漏洞所害，當時加密作業發生缺陷，迫使愛沙尼亞政府暫停將七十六萬張身分證用在各種公家服務上，包括某些高安全性層級的服務在內。[122]

軟體與硬體的單一性會使風險惡化。我們每個人所使用的電腦作業系統，幾乎都是三種電腦作業系統中的其中一種，手機則是兩種作業系統的其中一種。有超過一半的人使用 Chrome 網路瀏覽器，另一半的人則使用其他五種瀏覽器的其中一種。大多數人都使用 Microsoft Word 進行文字處理、使用 Excel 處理試算表。幾乎所有人都會閱讀 PDF 檔、檢視 JPEG 檔、聆聽 MP3 檔，以及觀看 AVI 視訊檔。幾乎全球所有裝置都使用相同的 TCP/IP 網際網路協定進行通訊。基本的電腦標準不是造就單一性的唯一來源。根據國土安全部於二〇一一年的研究指出，在十五種重要基礎設施領域中，有十一種領域必須採用 GPS。若在前述那些常見功能與協定中，或在其他數不盡的各式功能、協定中出現任何類別漏洞，很容易就會對幾百萬台裝置與幾百萬個人造成影響。現在，物聯網展現了更豐富的多樣性，然而我們必須對經濟政策實施某些極為基本的變更，才能讓這種多樣性繼續留存。未來，市面上只會存在幾種物聯網處理器、幾種物聯網作業系統、幾種控制器及幾種通訊協定。[123]

　　類別漏洞會帶來蠕蟲、病毒和其他惡意軟體，那將是「一次攻擊，多方受害」的情境。我們向來相信選舉舞弊是某些沒有選舉權的人嘗試投票的行為，而不是某人或某組織從遠端操控連網投票機或線上選民名冊。然而那正是電腦系統出問題的原因，也就是有人透過駭客行動侵害機器。

　　請想像有一位扒手，他需要花點時間才能培養出偷竊技巧。對那位扒手來說，每個受害者都是一件新工作，成功得手一次不代表下次也會成功。另一方面，安裝在飯店房間等位置的電子門鎖則具有不一樣的漏洞。攻擊者可以從設計中找出缺陷，進而製作出能開啟每一扇門的鑰匙卡。如果那位攻擊者公開發布他的攻擊軟體，到時候不只他本人能開鎖，而是所有人都能開鎖了。如果那些鎖都連線至網際網路，攻擊者或許就可從遠端開啟門鎖，而且還能從遠端同時開啟所有門鎖。這就是類別漏洞。

　　奧尼提公司（Onity）在二○一二年就發生這種情況。奧尼提是製作電子門鎖的公司，在萬豪飯店（Marriott）、希爾頓飯店（Hilton）和洲際飯店（InterContinental）等連鎖飯店中，有超過六百萬間客房皆裝設該公司的電子門鎖，而駭客利用一個自製裝置，就能在幾秒內開啟那些門鎖。當時有人發現了這種手法，於是裝置的製作說明很快就傳開了。奧尼提公司在經過幾個月之後，才察覺自己成為駭客行動的受害者。但因為沒有任何方式能夠修補系統（我稍後會

在第二章討論這部分），所以在經過好幾個月、甚或好幾年之後，飯店房間還是一樣容易侵入。[124-125]

就風險管理而言，類別漏洞不是新概念，那就像是住家竊案與火災也跟洪水和地震不同一樣。在幾年的時間中，某一鄰里可能會偶爾發生不同的幾戶住家遭竊或失火的事件，但洪水和地震等事件則只會造成兩種後果，一種是影響到鄰里內的所有人，另一種則是對當地毫無影響。然而電腦同時具有前述兩種層面，並且也具有公共健康風險模型的特性。

電腦問題這種與生俱來的特性改變了安全問題的本質，同時完全顛覆了我們抵禦這類問題的所需手段。我們不在乎一般攻擊者施加的威脅，我們擔憂的是擁有最高超技術的人，那種能夠幫所有人毀滅一切的人。

攻擊總是會變得更高明、更簡易、更迅速

資料加密標準（DES，Data Encryption Standard）是可追溯至七〇年代的一種加密演算法，此演算法的安全性經過精心設計，強度足以抵抗當時可行的攻擊行動，但也只是可以勉強抵禦而已。一九七六年，密碼學專家估計建置一台可破解資料加密標準的機器要價兩千萬美元，在我於一九九五年出版的《應用密碼學》一書中，我估計該成本已下降到一百萬美元。到了一九九八年，電子前哨基金會花了二十五萬美元打造出一台客製化機器，可以在不到一天之內破解資料加密

標準。今天，我們只要使用筆記型電腦就可以辦到了。[126-128]

在另一個領域內，九〇年代的手機設計為自動信任基地台，並未利用任何認證系統，這是因為當時認證作業困難，而且難以部署假的基地台。接著將時間快轉到五年之後，那時「魟魚」（stingray）這種假的行動基地台成為聯邦調查局的祕密監控工具。再繼續快轉到五年後，當時建立假的行動電話基地台已經太過容易，駭客還曾在會議講台上現場示範。[129-130]

同樣地，電腦速度逐漸加快，因此電腦執行暴力密碼猜測法的速度，也就是嘗試每個密碼直到找出正確密碼為止的速度，也呈指數般加快。另一方面，一般人願意且能夠記住的典型密碼長度與複雜度卻從未改變。所以，十年前安全無虞的密碼現在已經不再安全。[131]

我最初是從一位國家安全局職員口中聽到以下警句：「攻擊總是會變得更高明，永遠不會變糟。」攻擊會更迅速、更廉價、更簡易。現在的假設概念，未來將會實際可行。由於資訊系統持續運作的時間，遠長於世人原先規畫的時間，因此我們必須針對掌握未來技術的攻擊者進行規畫。

攻擊者也會學習與適應，這導致安全性跟安全之間有所不同。龍捲風是安全問題，我們可以一邊討論不同的防範方式及相對效果，一邊猜測未來科技進步後，是否可能為我們提供更妥善的防護，讓大家免受龍捲風的破壞威力摧殘。但是無論我們選擇採取或不採取哪些行動，龍捲風永遠都不會適應我們的防範方式，進而改變自己的行為，畢竟它們只是龍捲風而已。

但人類敵手就不同了，人類具有創意與智慧，會更改策略、創新發明，而且會持續適應轉變。攻擊者會測試我們的系統，尋找類別漏洞。一旦其中某位攻擊者找到類別漏洞，他們就會一再加以運用，直到漏洞被修復為止。現在能夠保護網路的安全性措施，或許未來就會失去效果，因為攻擊者會找出可以越過安全性措施的方法。

上述一切意味著專業知識會逐步向下傳遞。過去還是最高機密的軍事能力，現在可能已成為博士論文的內容，而未來或許將化為駭客工具。例如差分密碼分析（differential cryptanalysis）就屬於這種能力。美國國家安全局在一九七〇年前就已發現這項方法，但是在七〇年代期間，IBM 的數學家又於設計資料加密標準時再次發現這項方法。雖然國家安全局將 IBM 的發現列為機密，但到了八〇年代晚期，學術界的某些密碼學家又再度察覺這項技巧。[132-133]

防禦措施總是不斷變化，以前有效的做法，或許現在已經變得不可行，而且幾乎可以確定在未來勢必行不通。

第二章

修補已無法作為安全性典範

安全性的基本典範有兩種，第一種典範源自現實世界中具有危險性的技術，例如汽車、飛機、製藥、建築與營造、醫療器材等領域。這種典範是我們的傳統設計方式，最適合用來形容這種典範的總結是「第一次就要做對」。在這個領域中，需要執行嚴格的測試與安全性認證，而且工程師必須持有證照。但就最極端的情況而言，那是一段緩慢又昂貴的流程。只要想想波音公司對新型飛機執行的所有安全測試，或是任何製藥公司在市面上推出新藥之前所進行的測試，就可察覺這一點。此外，這類領域的修改程序同樣緩慢而昂貴，因為所有更動都需要歷經同樣的流程。

大家會這麼做的原因在於犯錯的代價極其高昂。我們不希望被壓在倒塌的建物下、飛機從空中墜落，也不希望看到數千人因為藥物的副作用或交互作用而喪命。雖然我們無法完全消除上述所有風險，卻可藉由執行大量前置作業來降低風險。

另一種安全性典範來自至今大致無害的軟體領域，這是一個快速變動、自由進展且高度複雜的環境。在此大家秉持的格言是「確保安全措施敏捷靈活」，或用 Facebook 的行話來說是「快速行動，打破陳規」。在這個模型中,我們希望能確保自己可在發現安全性漏洞時迅速地更新系統。我們試圖建置能夠倖存、可從攻擊中復原、能實際緩和攻擊的系統,而且那些系統皆須能根據變化無常的威脅進行調適。不過在大多數情況下,我們建置的都是可快速有效修補的系統。雖然可以辯稱自己已多麼完美地實現了上述目標,但其實大家卻因犯錯的代價沒有那麼高,因此選擇接納相關問題。[134]

在網際網路+安全性領域裡,上述兩項典範正在崩壞,無論是在汽車、家電、電腦化的醫療器材、家用調溫器、電腦化投票機、交通控制系統裡,或是在化工廠、水壩、發電廠等各式環境中,我們一再看到這兩種典範崩壞消散。此外,因為失敗可能會對生命財產造成影響,所以風險也逐漸攀高。

我們一直不斷地修補軟體,那通常稱為「更新」,並且是用來確保系統安全的主要機制。我們必須了解這種機制如何奏效(與無法奏效)、未來會造成何種代價,才能完全理解我們面對的安全性挑戰。

每個軟體內都有尚未發現的漏洞,這些漏洞會默默潛伏數個月或數年之久。從公司、政府、獨立研究人員到網路罪犯等等,隨時都會有某人發現新的漏洞。而目前維護安全性的過程如下:(一)發現漏洞的人員向軟體廠商與大眾揭露漏洞;(二)廠商迅速發布安全性修補程式以修復漏洞;(三)使用者安裝該修補程式。

我們花了頗長的時間才建立起這段流程。在九〇年代初,研究人員只會向廠商告知漏洞,廠商的回應基本上就是什麼都不做,或許要等到好幾年後才會想辦法修復漏洞。後來,研究人員開始公開宣布自己找到漏洞,希望藉此讓廠商有所作為。然而那只是導致廠商開始無視研究人員、聲稱研究人員的攻擊性言論只是「理論」、表示那都是不需擔憂的問題，同時威脅會對研究人員提出法律訴訟等等。此時廠商依舊像從前一樣，不做任何修復。為了刺激廠商採取行動，研究人員唯一的解決辦法是公開漏洞的細節。現在，研究人員發現漏洞時，會預先向軟體廠商提出警告，但隨後研究人員就會公開漏洞細節。公開細節的做法成為鞭策廠商快速發布安全修補程式的手段，而且研究人員也可藉此互通有無，並為自己的成果贏得好評。這種公開細節的方式能讓其他研究人員了解更多資訊、獲得激勵，因此可進一步提升安全性。如果各位曾聽過「負責任的揭露」（responsible disclosure）一詞，它指的就是上述過程。[135]

從獨行駭客、學術研究人員到企業工程師，許多研究人員都會在發現漏洞時，以負責任的方式揭露漏洞。若駭客發現漏洞後並未公開漏洞或用於犯罪，而是告知相關公司存在漏洞，該公司即會給予他們漏洞回報獎勵。Google 有一整個團隊專責尋找常用軟體中的漏洞，這個名為「零日專案小組」（Project Zero）的團隊會在公眾領域軟體與專有軟體內尋找漏洞。研究人員的動機或許引人爭議，因為許多人是為了知名度或競爭優勢而投入這項作業，並不是為了找出漏洞。雖然軟體漏洞似乎永無止境地不斷現身，但在找出漏洞並進行修補後，所有軟體都會變得更安全。[136-137]

不過這不代表從此以後可以過著幸福快樂的日子。找出漏洞後再行修補的體制存在幾項問題，而網際網路＋正導致其中許多問題逐漸惡化。前述生態系統由研究漏洞、向製造商揭露漏洞、撰寫並發布修補程式，以及安裝修補程式等數個階段組成，現在讓我們以反向的順序來看看這整個生態系統的情況。

安裝修補程式：我還記得早年使用者都不願意安裝修補程式，尤其企業網路的使用者更是如此。過去的修補程式常常沒有經過妥善測試，而且造成的問題遠超過能修復的問題，無論發布軟體的是作業系統廠商或大型軟體廠商，情形都相同。然而這些年來，事態已有所改變。大型作業系統公司在發布修補程式前的測試作業已大有改善，尤其微軟、蘋果、Linux 等公司更是如此。隨著大家對修補程式更感放心，也更擅長較快速且頻繁地安裝修補程式。在此同時，廠商則持續簡化安裝修補程式的作業。

但是，不是每個人都會修補自己的系統。根據業界的經驗法則，有四分之一的人會在發布修補程式當天就安裝修補程式；四分之一的人會在一個月內安裝；四分之一的人會在一年內安裝；四分之一的人則是根本不會安裝。此外，由於軍事系統、工業系統與健康照護系統的軟體高度專業，所以重要功能較可能因修補程式而毀損，導致這類系統安裝修補程式的比率甚至比前述數值更低。

使用盜版軟體的人通常無法取得更新，有些人是不想受到打擾，其他人則是完全忘了。某些人之所以不安裝修補程式，是因為他們厭倦了廠商偷偷在更新中加入他們不想要的功能與軟體。另外，某些物聯網系統單純就是比較難更新。各位有多常更新路由器、冰箱或微波爐內的軟體？我猜應該從來沒有更新過吧。而且，沒錯，它們不會自動更新。[138]

有三起二〇一七年的案例可說明這種問題。艾可飛公司（Equifax）並未幫該公司的 Apache 網路伺服器安裝一個在兩個月前就已提供的修補程式，導致該公司遭到駭客攻擊。WannaCry 惡意軟體雖然造成全球性的災難，但它只會影響沒有安裝修補程式的 Windows 系統。Amnesia 物聯網殭屍網路所利用的數位視訊記錄器漏洞，早在前一年就已遭到揭露並獲得解決，然而我們卻無法對既有機器進行修補。[139-140]

物聯網裝置的內嵌電腦情況還要更糟。無論系統價格高低，使用者都必須為許多系統手動下載並安裝相關的修補程式。修補程序通常冗長繁雜，而且超出一般使用者技能可駕馭的程度。有時，網際網路服務供應商能夠從遠端修補路由器與數據機等裝置，然而這也是極為少見的情況。雪上加霜的是許多嵌入式裝置都無法透過任何方式修補。現在，對於駭客可侵入的那些數位視訊記錄器，唯一更新韌體的方法就是丟掉原有裝置，再買一台新的。[141-142]

於是在最近五到十年來，低端市場內有幾億台連接網際網路的裝置都未經修補，毫無安全性可言。一位安全性研究人員曾在二〇一〇年分析三十台家用路由器，結果他可侵入其中一半的路由器，包括某些最受歡迎與常見的品牌在內。之後的情況並無改善。[143-144]

駭客已經開始注意到這一點。DNSChanger 惡意軟體會攻擊家用路由器及電腦。在二〇一二年，巴西有四百五十萬台 DSL 路由器遭到侵入，以供進行金融詐騙之用。在二〇一三年，出現一個以路由器、攝影機與其他嵌入式裝置為目標的 Linux 蠕蟲。在二〇一六年，Mirai 殭屍網路則是使用在數位視訊記錄器、網路攝影機與路由器中的漏洞。因為裝置都設有預設密碼，所以 Mirai 殭屍網路即利用了這種新手常犯的安全性錯誤。[145-149]

大家可能以為昂貴的物聯網裝置設計較佳，但是這類裝置也會受到修補不易的問題所擾。在二○一五年，克萊斯勒集團（Chrysler）召回一百四十萬台汽車，以修補本書最初提及的安全性漏洞。克萊斯勒集團唯一能修補漏洞的方式，是向每位車主郵寄一個 USB 隨身碟，再由車主將隨身碟插入汽車儀表板上的連接埠以執行修補。在二○一七年，亞培藥廠（Abbott Labs）告知四十六萬五千位使用心律調節器的患者必須前往授權診所，以進行重大的安全性更新，幸好這些患者不需動開胸手術。[150-151]

前述可能只是暫時性的問題，至少對於較昂貴的裝置而言是如此。若產業尚不習慣執行修補作業，未來將學會修補方式。而若公司銷售內嵌電腦的高價設備，未來將學會如何設計能自行修補的系統。讓我們拿特斯拉公司（Tesla）與克萊斯勒集團做個比較。特斯拉公司會自動向汽車推送更新與修補程式，而且隔夜即可完成系統更新。Kindle 的作業方式也一樣，持有 Kindle 的人無法控制修補程序，而且通常不知道自己的裝置已經獲得修補。[152]

撰寫並發布修補程式：廠商發布安全性修補程式的速度可能偏慢。根據二○一六年的一份調查發現，在所有漏洞中，約有 20% 都不會在揭露當天即推出修補程式，而且其中還有 7% 的漏洞是位於「前五十大應用程式」裡（說句公道話，相較於前幾年，情況已有所改善。因為在二○一一年時，所有漏洞中有約三分之一都不會在揭露當天推出修補程式）。更糟的是另外只有約 1% 的漏洞會在揭露後的一個月內獲得修補，這代表如果廠商沒有立即執行修補，那可能短時間內都不會著手修補。例如若 Google 發布了某個修補程式，那麼

Android 使用者經常得等上好幾個月後,才能等到手機製造商提供該修補程式。這造成約半數的 Android 手機已有超過一年時間未進行修補。[153-155]

　　修補程式並沒有我們期盼的那麼可靠,這些程式偶爾還是會破壞它們原應修補的系統。在二〇一四年,一個 iOS 修補程式讓部分使用者無法收到手機訊號。在二〇一七年,一個有缺陷的修補程式導致 Lockstate 公司的網路式門鎖變磚(brick),讓使用者無法將門上鎖或解鎖。在二〇一八年,微軟為了因應電腦 CPU 中的 Spectre 和熔毀漏洞而發布作業系統的修補程式,但該修補程式卻導致某些電腦變磚。此外還有其他更多不同例子。[156-159]

　　在嵌入式系統和物聯網裝置的領域內,事態更為雪上加霜。電腦與智慧型手機能像現在一樣安全,是因為有安全工程師團隊專責編寫修補程式。這類裝置的製造商能夠支撐如此龐大的團隊,除了因為其軟體能直接或間接地帶來高額營收外,部分也是因為這些公司可將安全性作為競爭優勢。可是對數位視訊記錄器或家用路由器等嵌入式系統來說,就不是如此了。這種嵌入式系統的銷售利潤不但低上許多,銷售數量也更少,而且通常是由公司以外的第三方設計。為了設計產品,相關人士會迅速組成工程團隊著手設計,完成之後,該工程團隊就會解散,或改為建置其他產品。程式碼中可能有某些部分已經老舊過時,卻一再遭到重複使用。此外,因為現在可能已無法取得原始碼,導致編寫修補程式的困難度大幅提高。而相關公司則是單純沒有預算可用在維護產品安全上,而且也缺乏讓他們這麼做的商業論證。

　　在軟體出貨後,大家都會失去修補軟體的誘因,導致事態更為雪上加霜。晶片製造商忙著將新版晶片出貨，裝置製造商則忙著升級產品以搭配新版晶片運作，而產品盒上標示的廠商名稱其實只是產品的轉售商。所有人的優先要務都不是維護舊版晶片與產品。

即使有誘因吸引製造商採取行動，卻還存在另一個不同問題。若微軟作業系統內含安全性漏洞，微軟就需要對該公司支援的所有版本分別撰寫一份修補程式。維護眾多不同作業系統的費用十分昂貴，因此微軟、蘋果及其他所有廠商都只會支援少數幾個最新版本。舊版 Windows 或 macOS 的使用者無法獲得安全性修補程式，因為那些公司已不會再編寫相關的修補程式。[160]

前述做法不適合用在較耐久的產品上。我們可能每隔五年或十年才會買一台新的數位視訊記錄器、每隔二十五年才買一台新冰箱。例如我們現在買了一台車，並在開了十年後賣給其他人。那位買家在開了十年後又把車賣給另一個人，那個人則將車運送至第三世界國家，隨後車子再次被轉賣，於是又再行駛了十年或二十年之久。各位可以嘗試將一台一九七八年的 Commodore PET 電腦開機，或執行同一年推出的 VisiCalc 軟體，看看會發生什麼事。我們真的不懂該如何維護四十年前的軟體。

現在，請想像有一家汽車公司每年可能會銷售十幾種不同車款，並且配備十幾種不同版軟體。即使假設該公司每兩年才更新一次軟體，且只對車款提供二十年的支援，那麼該公司將需要保有可更新二十種到三十種不同版軟體的能力（對於如博世公司〔Bosch〕等需為許多不同製造商供應汽車零件的公司來說，這個數值可能會超過兩百）。因此為了測試車輛與相關設備，可能需要高昂的費用與龐大的倉庫。

現在請換個角度想，若汽車公司宣布不再為推出超過五年或十年的車款提供支援，那就可能會對環境造成嚴重影響。

有些系統可能已舊到讓廠商停止修補作業，甚或廠商根本已經倒閉，現在這類過舊系統所造成的影響已然浮現。部分受到 WannaCry 影響的組織當時仍在使用 Windows XP，此作業系統已推出十七年，而微軟在二〇一四年即已停止提供支援，因此無法獲得修補。可是包括大部分自動櫃員機在內，現今全球仍約有一億四千萬台電腦採用 Windows XP 作業系統。國際海事衛星公司（Inmarsat Group）以前曾銷售一款備受歡迎的船載衛星通訊系統，然而即使此系統現在含有重大安全性漏洞，該公司卻已不再提供修補。這對工業控制系統來說是重大問題，因為許多工業控制系統所執行的軟體和作業系統已相當老舊，但由於都是極度專業的軟體與作業系統，所以升級成本高昂到令人卻步。這類系統可能會持續運作多年，而且通常不會獲撥相關的高額資訊技術預算。[161-164]

認證作業則讓問題加劇。在各式裝置成為電腦之前，如汽車、飛機、醫療器材等具危險性的設備，都需要先通過多層安全認證後，才可上市販售。若要在產品獲得認證之後更動產品，必須進行重新認證。就拿飛機來說，若要更改飛機內含的一行程式碼，可能得耗費百萬美元的成本與一年的時間才能完成修改。這在類比的世界中十分合理，因為類比產品少有變化，但是修補作業的目的卻在於修改產品，而且是快速修改。[165]

揭露漏洞：不是每個人都會在發現安全性漏洞時加以揭露，某些人會為了執行攻擊行動而隱瞞漏洞。當攻擊者利用漏洞侵入系統後，我們才會首次得知漏洞的存在。這類漏洞稱為「零日漏洞」（zero-day vulnerability），負責任的廠商都會試圖迅速修補這些漏洞。美國國家安全局、網戰司令部與外國同等機關等政府單位，同樣會為了能在當下與未來利用漏洞，而將部分漏洞保密，我們會在第九章更深入探討這一部分。現在，我們只需要理解即使隱瞞漏洞的是我們所信任的人士，但所有遭到發現卻未揭露的漏洞，之後都可能會被其他無關的人士發現，並用來對付我們。

就算是在發現漏洞後打算揭露的研究人員，有時都會碰上裝置製造商的冷眼相待。新涉足電腦事業的產業，例如咖啡機製造商之類，皆缺乏與安全性研究人員往來、負責任的揭露、實施修補等相關經驗，而且表露無遺。這種缺乏安全性專業的問題是致命關鍵。軟體公司的核心專長是撰寫軟體，冰箱製造商或大型公司的冰箱部門的核心專長則不同，他們擅長的應該是將食物保冷，而編寫軟體只是這類組織的副業。

就像九〇年代的電腦廠商一樣，物聯網產品製造商吹噓無人可侵入他們的系統、否認所有遭曝光的問題，並且威脅要對公開問題的人士提起訴訟。亞培藥廠雖在二〇一七年發布修補程式，但前一年，在不含任何攻擊細節的首版安全性漏洞報告公諸於世時，亞培藥廠卻聲稱該報告「錯誤且造成誤導」。類似的做法可能適用於電腦遊戲或文字處理機上，但對汽車、醫療器材、飛機而言卻顯得危險，因為若這類裝置的程式問題遭到濫用，可能會有人因而喪命。但是研究人員是否無論如何都應該發表相關細節呢？我們都不知道在這種新環境中該如何進行「負責任的揭露」。[166]

最後一項，研究漏洞：為了讓前述生態系統能夠運作，需要由安全性研究人員尋找漏洞並提升安全性，但是名為《數位千禧年著作權法》（DMCA，*Digital Millennium Copyright Act*）的法律卻阻止了這類行為，我們在第四章將會探討這項反複製法。此法律包含禁止對安全性進行研究的規定，因為某些產品功能可防止在未經授權下重製著作權作品，所以該規定是從技術層面防範規避上述功能的手法，然而此法律的效力範圍卻遠大於此。根據《數位千禧年著作權法》規定，若對負責保護著作權的軟體系統進行逆向工程、找出並發表漏洞，即屬於違法行為。因為軟體具有著作權，所以製造商一再利用此法律騷擾讓他們臉上無光的安全性研究人員，並藉此堵住那些研究人員的嘴。

最初發生這類騷擾行為的其中一個案例發生在二〇〇一年。聯邦調查局在 DEFCON 駭客技術會議中逮捕斯克拉雅羅夫（Dmitry Sklyarov），因為他於簡報時說明如何繞過 Adobe Acrobat 用以防止他人複製電子書的加密程式碼。惠普公司在二〇〇一年也利用《數位千禧年著作權法》，向發表該公司 Tru64 產品安全性漏洞的研究人員施加威脅。一位工程師曾研究動視公司某個電動遊戲中的安全系統，於是動視公司在二〇一一年利用這項法律關閉了該工程師架設的公開網站。另外還有許多類似的案例。[167-169]

在二〇一六年，美國國會圖書館（沒錯，這就是負責《數位千禧年著作權法》的單位）在此法中增加了一條適用於安全性研究人員的豁免規定，但是這項豁免規定偏於狹隘，所以仍留有不少可對研究人

員施加騷擾的空間。[170-171]

　　其他法律也遭用來壓制研究行動。波士頓麻薩諸塞灣交通局在二〇〇八年利用《電腦詐騙與濫用法》（*Computer Fraud and Abuse Act*），阻止一場說明地鐵票卡漏洞的會議簡報。福斯汽車公司在二〇一三年對發現該公司車用軟體漏洞的安全性研究人員提出控告，並藉此阻止漏洞曝光達兩年之久。網際網路安全性公司火眼（FireEye）於二〇一六年取得法院禁制令，以阻止遭第三方發現的火眼產品漏洞細節公諸於世。[172-174]

　　這類讓人心涼的法律效力攸關重大。許多安全性研究人員都不會花心思尋找漏洞，因為他們不但可能因此被告，也可能一直無法發表研究成果。對於在意任期、成果發表，而且想要避免官司纏身的年輕學者來說，還是別冒這種險比較安全。[175]

　　基於以上所有原因，目前的修補體制將隨著內嵌電腦的產品逐漸增多而逐漸變得不適用，但問題是我們沒有更理想的替代方案。

　　於是我們得回到本章開端所提到的兩項典範，那就是第一次就要做對，以及在出現問題時迅速修復。

　　這兩種典範在軟體開發產業中都有類似的選擇。「瀑布式」（Waterfall）一詞代表軟體開發的傳統模型。首先浮現需求，接著出現規格，然後依序展開設計、實作、測試和部署作業。「敏捷式」（Agile）則是較新穎的軟體開發模型。首先建置可滿足基本客戶需求的原型，接著查看原型會發生何種問題並快速修復之後，再繼續更新要求與規格，隨後不斷重複這段流程。敏捷式模型似乎是更為理想的軟體設計與開發方式，而且能夠整合安全性設計要求與功能設計要

求。[176-177]

　　例如從 Microsoft Office 與智慧型手機應用程式就可看出其中差異。Microsoft Office 每隔幾年即推出新版本，那是一項浩大的軟體開發作業，最後的成果會包含許多設計變更和新功能。而某個 iPhone 應用程式可能每隔一週就會發布新版本，每版都包含漸進的小幅變更，偶爾再多加一個新功能。微軟內部或許採用敏捷式開發程序，但是該公司發表新版本的方式絕對是老派做法。

　　我們需要整合這兩種典範。因為我們缺乏必要的安全性工程技術，難以第一次就做對，所以我們除了迅速修補問題之外，沒有其他選擇。然而我們也必須找出方法來降低這項典範固有的失敗成本。網際網路＋天生繁雜難解，所以我們不但需要具備瀑布式典範的長期穩定性，也需要具備敏捷式典範的反應能力。[178]

第三章

辨識網際網路使用者
的身分愈發困難

在《紐約客》（*New Yorker*）雜誌於一九九三年刊載的一篇著名漫畫裡，有兩隻狗正在交談，對白是：「在網際網路上，沒人知道你是狗。」接著在二〇一五年《紐約客》的一篇後續漫畫中，另外兩隻狗討論道：「還記得當年在網際網路上大家都不知道你是誰的時候嗎？」[179-180]

在網際網路上，這兩種說法都正確無誤。我們隨時都在證明自己就是我們所聲稱的那個人，通常是靠輸入應當只有我們知道的密碼來證明這一點。同時，某些系統讓罪犯和異議分子可在祕密通訊的同時，向主管機關隱瞞自己的身分。不過有許多案例顯示主管機關最後還是能找出那些人是誰。另外，有部分系統提供匿名通訊的功能，其中某些簡單到在建立使用者帳戶時根本無須提供關聯的姓名。最後，駭客可在身分未遭識破下侵入地球另一端的網路，但是同樣地，安全性公司與政府有時也能識別出駭客身分。

如果各位覺得上述所有內容聽來令人困惑又彼此矛盾，那是因為確實如此。

認證程序漸趨困難，竊取認證資料則漸趨容易

美國國家安全局特定入侵行動單位組織的首長基本上等於是美國的首席駭客。二〇一六年，時任特定入侵行動單位的喬伊斯（Rob Joyce）罕見地發表了公開談話。簡而言之，喬伊斯表示大眾都高估了零日漏洞，他反而會透過竊取認證資料來侵入網路。[181-182]

喬伊斯說的沒錯。雖然軟體漏洞如此糟糕，但駭客最常使用的網路入侵手段卻是濫用認證程序。駭客會竊取密碼，也會策畫中間人攻擊（man-in-the-middle attack）好趁有人合法登入時搭個順風車，或者假冒成獲得授權的使用者。竊取認證資料不需要找出零日漏洞或未修補的漏洞，遭發現的機率也比較低，同時還讓攻擊者能更靈活地施展手段。

上述說法不只適用於美國國家安全局，也適用於所有駭客。中國駭客正是利用這種手段在二〇一五年侵入美國人事管理局。塔吉特公司在二〇一四年遭遇的犯罪攻擊行動，也是從竊取登入認證資料開始。伊朗駭客在二〇一一年到二〇一四年期間，竊取了美國、以色列與其他國家的政治和軍事領袖登入認證資料。某個激進駭客（hacktivist）在二〇一五年利用竊取的認證資料，侵入網路武器製造商駭客小隊公司，而且將該公司幾乎所有專利文件都公諸於世。俄羅斯在二〇一六年攻擊美國民主黨全國委員會時，也是利用竊取的認證

資料。根據一份調查顯示，有百分之八十的外洩事件都是因濫用或錯誤使用認證資料所致。Google 曾從二〇一六年中旬至二〇一七年中旬期間觀察 Gmail 使用者，發現每星期都會有一千兩百萬起釣魚攻擊成功。[183-189]

由於認證程序無所不在，所以也使竊取認證資料成為有效的攻擊手段。所有個人或專有資料都會受到某種形式的認證程序防護，因此存在許多破解認證程序的機會。我們難以讓認證程序兼具易用與安全的特性，而且在許多情況下，那是不可能達成的目標。此外，大多數系統的設計都是讓某人在獲得認證後，就可執行幾乎所有作業。

使用者名稱與密碼是最常見的認證機制，大家都非常熟悉這種機制。由於需要記住的密碼太多，因此我們可能採取了所有會大幅降低體制安全性的行為，例如選擇弱式密碼、重複使用重要密碼，或是將寫下的密碼留在公共場合中。

攻擊者會利用我們的這類行為。他們會猜測密碼、從電腦和遠端伺服器竊取密碼，在竊得某系統的密碼後，攻擊者會嘗試於其他系統上使用該密碼。他們會猜測用來備援認證程序的「祕密問題」的答案，也會欺騙使用者，讓使用者自行揭露答案。[190]

在二〇一六年三月十九日，當時擔任希拉蕊總統競選陣營主席的波德斯塔（John Podesta）收到一封聲稱是 Google 安全警示的電子郵件，但其實寄件者是代號「魔幻熊」（Fancy Bear）的俄羅斯情報單位。IT 部門向波德斯塔提供了錯誤建議，導致他按下信中連結，並在偽造的 Google 登入頁面內輸入密碼，讓俄羅斯情報單位能存取他十年來的電子郵件。[191]

波德斯塔是釣魚攻擊的受害者，雖然取笑他很容易，但我反而更感到同情。受害者可能極難辨別經過精心設計的釣魚郵件，對不熟悉科技的人來說更是如此。而且即使波德斯塔抵抗了三月十九日那封電子郵件的誘惑，魔幻熊駭客可能會一次又一次地繼續嘗試，而且他們只要走運一次，即可達成目標。

釣魚攻擊可以是鎖定對象的行動，也可是大規模攻擊。在一起於二〇一七年發現的大規模釣魚攻擊中，詐騙者在駭入帳戶後，即傳送電子郵件給該帳戶使用者的聯絡人。該電子郵件內含有一個偽裝成 Google 文件檔案的蠕蟲，會在受害者登入時收集他們的 Google 認證資料，隨後該蠕蟲又會再將自己轉寄給受害者的所有聯絡人。Google 在發現蠕蟲後將其禁用，不過 Google 估計已有一百萬名 Gmail 使用者受到該蠕蟲影響。[192]

若要說我們從以上所有事件學到了什麼教訓，那就是密碼非常不安全。雖然低安全性需求的應用可使用密碼機制，但對安全性要求較高的應用就不適合使用密碼了。

現在有三種基本方法可用來認證身分：知道的資訊、身體的特點、擁有的品項。密碼是我們知道的資訊。我們之所以能使用密碼進行認證，是因為應該只有我們本人才知道這項資訊。

如生物辨識等機制則是利用我們身體的特點。生物辨識可透過指紋、臉部掃描、虹膜掃描、掌形等等許多不同方法進行。例如 iPhone 和 Google Pixel 手機都讓使用者能利用指紋或臉部進行身分識別，藉此登入裝置。[193]

擁有的品項則是指某種認證裝置（token），這是可隨身攜帶並用來認證身分的東西。以前這類品項可能是實體裝置，在裝置的螢幕上會顯示一個不斷變換的數字，也可能是需要插入電腦的卡片或加密鎖（dongle），或是可用來解鎖系統的實體鑰匙。現在則比較可能是某種應用程式或手機簡訊。[194]

我們可以透過某些方法駭入上述所有系統。利用照片、假手指之類即可愚弄生物辨識系統。攻擊者只要挾持手機，就能存取儲存在手機中的應用程式或簡訊。一般而言，以密碼取代上述任何一種認證程序，也無法帶來多少改善。

但若同時採用其中兩種機制，也就是雙因素認證（two-factor authentication），即可提升安全性。Google 和 Facebook 都提供透過智慧型手機簡訊進行的雙因素認證（當然這也不是完美的措施，已有某些版本遭到駭客破解）。斯普林特公司（Sprint）、T-Mobile、威訊無線（Verizon）和 AT&T 正聯手合作，以建置一個類似的體系。Google 在二〇一七年為高風險使用者推出進階保護計畫（Advanced Protection Program），除了採行其他安全性保護措施之外，此計畫還要求使用者必須隨身攜帶認證裝置，並利用該裝置進行認證。我在哈佛大學的網路也採用其中一種體系，除了需要密碼（我知道的資訊）外，亦需與我的智慧型手機互動（我擁有的品項）。[195-198]

目前我們也開始看到另一種選擇，那就是差異化認證（differential authentication）。當我們使用自己的電腦時，Facebook 可能允許我們只使用密碼進行認證，但如果我們用的是新電腦或陌生的電腦，Facebook 可能就會要求進行更廣泛的認證。就銀行而言，如果我們執行例行交易，或許銀行只會要求我們完成一般認證程序；但若我們想進行高額轉帳，或轉帳到其他國家的帳戶，銀行可能就會要求我們完成更多認證程序。此外也有研究探討以生物辨識特徵為基礎的連續驗證程序，例如若某系統了解我們打字或滑動畫面的習慣，就可在我們突然出現異常行為時，向我們的帳戶提出警告。

認證程序總是需要在安全性與易用性之間做出取捨。無論麻煩的系統有多麼安全，覺得麻煩的使用者都會避免使用該系統。例如我們會把密碼寫在便利貼裡，並將便利貼貼在螢幕上（在新聞稿照片與影片的背景中，常會看到上面寫有密碼的便利貼）。相較於密碼，生物辨識的最大優勢之一是較容易使用。我有個朋友過去從不鎖住智慧型手機，因為她覺得輸入密碼太麻煩。後來她改用內含指紋讀取機的 Google Pixel 後，因為用起來實在太輕鬆了，所以她開始鎖住手機。雖然我們可以爭論是否使用複雜密碼才是更安全的選擇，但無庸置疑的是比起完全停用認證功能，我朋友現在已經安全多了。[199]

經營認證系統並不容易，Google 和 Facebook 都為第三方提供認證服務，而許多零售商、部落格與遊戲都讓使用者利用自己的 Google 或 Facebook 帳戶登入，如此即可有效地將身分識別和認證作業外包給前述公司。某些國家也採取同樣做法。例如我在第一章曾提到具有安全性漏洞的愛沙尼亞國民身分識別系統，該系統讓愛沙尼亞公民與外國居民可存取多種公家服務，包含投票在內。印度已建立了一個生物辨識國民身分證系統，未來會供政府機關和公司行號採用。就連美國都設有 Login.gov，這是提供公部門使用的服務，可進行集中化的身分識別與認證作業。

這類系統一方面相當好用，因為許多服務都可利用單一的強認證與身分識別系統作為建置基礎。然而從另一方面來說，這類系統會成為單點故障（single point of failure）的隱憂，因此帶有龐大風險。

智慧型手機現在已進化為幾乎所有事務的中央化安全樞紐，我們可透過智慧型手機存取所有帳戶，電子郵件、聊天客戶端、社群網站、銀行和信用卡網站等等都包含在內。手機也是物聯網的中央控制器中樞，我們在控制手邊的物聯網裝置時，可能都是透過智慧型手機來進行，從 Tesla、調溫器到連網玩具皆不例外，而前述所有系統都需仰賴手機的認證功能。我們不需要分別登入電子郵件、Facebook、Tesla 或調溫器的個別帳戶，因為這些公司全都假設只要我們能存取自己的手機，那麼我們就是本人。[200]

這是重大的單點故障問題。駭客可以取信於威訊無線或 AT&T 等手機通信商，讓該公司將受害者手機號碼的控制權，轉移到駭客本人控制的裝置上。一旦駭客成功得手，而且其實意外地容易辦到，駭客就可重設受害者所有使用手機號碼備援的帳戶，例如Google、推特、Facebook、蘋果等等。駭客會重設銀行帳戶，隨後偷走裡面的所有財產。未來，我們將需要對周遭一切進行認證，例如汽車、家電、環境等，因此帳戶遭侵入的影響將會格外深遠。[201-202]

其他某些攻擊行為則企圖利用有效認證之便。駭客可以監視使用者的電腦，等到使用者登入真正的銀行交易網站時，駭客就會操控使用者看到的畫面與傳送至銀行的資料，藉此更改使用者的轉帳目的地等等。這稱為「中間人攻擊」，而且即使銀行設立雙因素認證措施，這種手段同樣能夠奏效。[203]

若要防禦這類攻擊，相關人員可以監視系統，找出帳戶遭駭客侵入的跡象，隨後再實施差異化認證程序。也就是說，銀行可能注意到某個客戶剛才試圖轉五萬美元到一個位於羅馬尼亞的帳戶，然而他從未與該帳戶進行過任何金融交易，於是銀行會打電話給該客戶，好在放行轉帳前再次確認。若使用信用卡購買高額商品的地點，跟信用卡的實際所在地點不同，或是出現使用信用卡購買禮物卡的交易時，信用卡發卡公司就可能會提出警示，並且暫緩交易以進行驗證。某些銀行應用程式會透過智慧型手機應用程式監視使用者的所在位置。當使用者的信用卡出現在其他地點的購物交易時，銀行就會鎖卡。在企業網路方面，有一整個產業的產品可用來監視網路，藉此找出駭客成功侵入的跡象。不過那些產品的品質不一，而且又是一場攻擊者與防禦者之間的軍備競賽。[204]

我們需要簡單易用且高度安全的認證程序，這兩者是彼此牴觸的需求，因此需要激盪出聰明的發想才能獲得進展。然而即使能夠有所進展，認證程序仍舊會變得比現在更不方便，這是必然的結果。

這種情況總是會讓我想起我祖父母那一輩的人從未習慣過使用住家鑰匙。他們老是不鎖上大門，更厭惡因為必須鎖門而造成的各種不便，例如必須記得鎖門、要一直隨身攜帶鑰匙、朋友得有鑰匙才能進來等等。然而對我而言，那全是我這輩子早已習慣的不便。當然，我曾經把自己鎖在家門外，結果必須打電話請妻子幫忙，或是偶爾得付錢請鎖匠開鎖。可是在我眼裡，為了擁有一個防盜措施更為妥善的住家，這些不便都是小事。安全帶也一樣。在我小時候，沒有人會繫安全帶，但現在的小孩會要求大人繫上安全帶後才能開車。同樣地，我也適應了雙因素認證系統，為了換取能更妥善抵禦駭客的帳戶，那只是小小的不便而已。

認證是網際網路＋的核心。幾乎所有電腦化設備都會使用某種認證系統，藉此了解應與誰對話、應聽命於誰、可受誰控制。未來從汽車與核能廠等大型裝置與設施，到玩具、智慧型燈泡等小型裝置與設備等等，都會採用認證系統。我們將需要隨時向周遭一切認證自己的身分，而周遭一切也會向我們認證其身分。

網際網路＋將有許多部分需仰賴身分識別與認證程序，但是目前我們仍未打造出任何可擴充的可靠系統，以執行這些作業。未來調溫器需要與暖爐通訊，家電則需與電表通訊，玩具也需要彼此通訊。

更新作業需要經過認證，以防攻擊者欺騙我們安裝惡意更新程式，那也是電腦蠕蟲 Stuxnet 所使用的其中一種伎倆。不過多年來，駭客一直利用有效的簽署授權機構來建立有效的認證簽章，以供惡意更新之用。隨後在第五章所探討的許多供應鏈漏洞，都是源自錯誤認證。[205-206]

前述某些通訊作業事關重大，例如汽車將會彼此通訊，以傳達車載感測器的偵測結果與其用意。醫療器材除了會彼此通訊外，也會跟醫生通訊，並據此改變行為。地方電力公司將需跟社區內所有大型電器通訊。不同的建築系統也會彼此通訊。就像我們在第二章所了解的一樣，未來所有裝置都需要接收經過認證的安全性修補程式。未來，前述所有程序將需要自動執行，每天的執行次數都會達到數百萬次，而且是持續不斷地進行。

我們不知道該如何據此向上進行調整。現在我們用來讓鄰近裝置對彼此認證的協定是藍牙協定，而藍牙協定只有在人類參與設定程序時才能運作。例如在配對手機和汽車時，其實是藉此將手機和汽車彼此認證，好讓它們可在無須人力介入下互相通訊。但是，這種做法只有在需配對的裝置數量不多時才可行。如果需要互相通訊的裝置有好幾千個，我們就不可能以手動方式將所有裝置一一配對。此外，雖然可透過智慧型手機等中央認證樞紐進行所有認證作業，也就是採用軸輻模式（hub-and-spoke model），但那仍舊只能解決部分問題。

攻擊將會造成慘重後果。如果我可以向某人的裝置假冒成他，就可以利用那個人。這是未來盜用身分的寫照，那將相當駭人。如果我可以向某人的裝置饋送錯誤資訊，就能操控裝置造成傷害。如果我可以矇騙某位人士的裝置，讓裝置以為我比實際上更值得信任，就能代表那位人士下指令。我們無法全然了解這類攻擊會造成的後果，因為我們尚未完全了解那些系統的規模。

因此我們需要身分識別。當我們親自或在網際網路上設定帳戶時，需要證明自己的身分，而身分識別程序的強度則視帳戶類型而定。若為銀行，我們需要前往分行辦公室，進行面對面互動的強式身分識別程序。若使用信用卡購物，則要進行強度較弱的認證，這種認證會根據我們知道的各種個人資訊來執行。有時身分識別會與電話號碼、地址、國民身分證或駕照相關聯。Facebook 採用「實名」政策：Facebook 使用者應使用自己的真實姓名，然而除非發生某種爭議，否則 Facebook 不會進行任何驗證作業。Google 則會在使用者建立 Gmail 帳戶時要求提供電話號碼，但使用匿名的「拋棄式手機」電話號碼同樣能完成建立程序。有時進行身分識別還不需要任何根據。例如我的 Reddit 帳戶只是一個獨特的使用者名稱，唯一可用來識別身分的項目就是使用者名稱本身，以及我透過該使用者名稱發表的所有貼文，因此 Reddit 帳戶就像是假名一樣。[207-208]

　　若將某種事物跟我們的身分建立關聯，代表我們能透過某種可靠方式證明自己就是本人，且他人無法冒充我們。這也包含認證程序在內，不過這類可靠方式的強度還要更高一些。我們可以對匿名銀行帳戶進行認證，證明自己跟上星期存錢的人是同一個人。而對銀行帳戶進行身分識別程序，即可證明帳戶中的財產在我們的名下。

　　身分識別向來都不是萬無一失的措施。我第一次申請護照時，需要親自前往政府的辦事處。若要假冒他人身分，我必須要能偽造護照辦事處要求的「原始證明文件」，也就是為了取得新的身分證明文件而需要的身分證明文件，雖然偽造很難，但並非不可能。某些人曾偽造原始證明文件，以假名取得真正的駕照。如果政府從人民一出生就開始追蹤人民，那麼上述手法會較難成功，但是那種做法本身也有其他問題。

　　從遠端假冒身分向來比較容易成功。同樣地，這也是安全性和便利性之間的權衡。那些希望贏得我們注意的大公司總是偏好選擇便利性，我們也是一樣。於是到頭來，大眾與企業都需要由某種力量推一把，才能朝安全性邁進。

責任歸屬可能漸趨困難，
也可能漸趨容易，端視情況而定

對那些不想被得知身分的人所執行的身分識別作業，就是歸屬（attribution）。雖然那些人希望保持匿名，主管機關卻想要識別他們的身分。或許那些人正在進行詐騙，或試圖從某核能廠取得未獲授權的存取權限。或許他們在某些國家中發表了批評政府的題材，或是嘗試下載色情影片等等。在上述所有例子中，執法機關都希望能將那些行動歸屬到可識別身分的個人或團體上。

在大部分的時間裡，歸屬都頗為容易。如果某人使用的帳戶跟他的信用卡號碼、真實姓名或電話號碼相關聯，那麼只要從擁有該資訊的服務供應商取得資料，就可完成歸屬作業。雖然可能會出現法律層面的障礙，例如執法機關可能必須取得搜索票，或者也可能因為所需資訊位於其他國家境內，因此受到管轄權問題阻礙等等，但就技術層面而言，通常不會出現妨礙。

有時歸屬作業雖然相當困難，但仍舊可以成功。因為即便是特意大費周章隱藏身分的人士也會犯錯。

Silk Road 網站是交易非法商品與服務的電子商務網站，網站的美籍管理者烏布利希（Ross Ulbricht）就化身為「恐怖海盜羅伯特」（Dread Pirate Roberts）。一位鍥而不捨的聯邦調查局探員將多年前的聊天室貼文、舊電子郵件地址，以及調查其他事件的聯邦調查員碰巧與烏布利希談話的資訊彼此拼湊集結，進而找出了烏布利希。[209]

過去相關人員曾利用照片的背景細節，識別出戀童癖者的身分，例如某個在明尼蘇達州的露營場、長袖運動衫上的模糊標誌或一包洋芋片等等，並在識別身分後逮捕了那些人。經營龐大 Andromeda 殭屍網路的一名白俄羅斯人，不小心重複使用了與他真實姓名相關的即時傳訊帳號，導致他的身分被識出，隨即遭到逮捕。德州駭客奧喬亞（Higinio O. Ochoa III）則因調查人員依循一張照片中的位置元資料，找到了他的女友，進而識別出奧喬亞的身分並將其逮捕。[210-212]

這類歸屬作業可能成本高昂又耗時。某人是否能在向警察隱瞞身分的情況下出現在網際網路上，不但需要視他的技巧與細心程度而定，也需要看試圖揭穿其身分的警察擁有多少技能和資金而定。然而在大多數情況下，其實並不值得對網際網路上的個別行動進行歸屬作業。

但若是美國國家安全局等國家情報組織，情況又大不相同，因為這類組織對網際網路的監視範圍廣闊。所以對這類組織而言，歸屬作業更為輕鬆容易。

在二〇一二年，時任美國國防部部長的帕內塔（Leon Panetta）公開表示，對於網路攻擊，美國（應指國家安全局）已在「識別來源上……有了大幅進展」。其他美國政府官員則曾私下表示他們已解決了所謂的歸屬問題。我們不知道前述說法有多少是在虛張聲勢，但我相信那些發言中有許多內容都是事實。[213-214]

我曾在本章稍早提到國家安全局喬伊斯在二〇一六年的談話，他當時表示：

國土安全部、聯邦調查局、國家安全局擁有的律師人數十分可觀，因此若美國政府也表示我們已確認歸屬結果，大家即應謹記在心。歸屬作業極度困難，所以當政府做出這類發言時，代表我們運用了所有來源和方法找出相關資訊。〔但是〕因為進階持續性滲透攻擊（advanced persistent threat）不會消失，……所以我們無法將所有資訊都放到檯面上，並且完全透明公開我們所知的一切與得知的途徑。[215]

這是國家層級的歸屬作業。雖然國家安全局有時會識別個人的身分，例如美國曾在二〇一四年因侵入美國企業而起訴五名中國駭客，也曾因干預二〇一六年的美國選舉而起訴十三名俄羅斯人，不過相較之下，將攻擊行動歸屬到特定國家比較容易。[216-217]

基本上，國家安全局已透過大規模監控消除了匿名的功效。如果可以監視一切，就更容易拼湊起彼此乖離的線索，進而釐清情勢發展跟人員身分。這類作業甚至也能自動進行，如中國和俄羅斯等國家即試圖透過對國內網際網路進行無遠弗屆的監控來完成作業。

不過別以為沒有公開歸屬結果，就代表沒有找出責任歸屬。如果某國無法在找出歸屬後採取有效的回應措施，那麼公開歸屬結果只會讓該國顯得無能為力而已，同時就國家的角度而言，除非能夠對網路攻擊做出回應，否則公開責任歸屬通常是無用之舉。[218]

此外，美國國家安全局收集到的許多證據皆屬機密。雖然發表資訊可能沒有問題，但其中的細節常會透露資料收集方式的蛛絲馬跡，也就是喬伊斯所指的「來源和方法」，而這部分亦屬於機密。這代表美國政府通常無法解釋為何將某起攻擊歸屬到某個特定國家或組織上，也就是說，政府無法獨立地證明其歸屬結果。對於對政府抱持懷疑心態的人來說，這可不是好事。顯然國家安全局需要將資訊來源與取得途徑保密，但如果政府希望大眾相信政府的歸屬主張，並且支援政府欲採取的任何報復行動，那麼政府官員即需要公開資訊來源和取得途徑。

此處的主要重點如下：（一）歸屬作業可能難以執行，對於沒有廣泛監控網際網路的國家，或體系內部缺乏鑑識專業的國家來說更是如此。（二）歸屬作業十分耗時。受害國家可能要經過好幾週或好幾個月的時間，才能得知攻擊者是誰。（三）這類攻擊本質上屬於虛擬行為，而且隱藏攻擊的起源地相當容易，所以執行攻擊的國家向來都能否認自己涉入其中。（四）歸屬結果可能需要倚賴機密資訊作為證據，因此難以對那些否認的言論提出反駁。（五）非民族國家的行為者也擁有許多能夠媲美國家的技能，因此更難釐清某國的領導階層實際上是否必須負責。[219]

北韓在二〇一四年對索尼影視娛樂公司進行駭客攻擊，並且公布了索尼的專有資訊與未推出的電影。該事件是很適合用來說明歸屬問題的案例。發生攻擊後，展開了一場合理的爭辯，眾人議論著攻擊究竟是擁有兩百億美元軍事預算的民族國家所為，還是待在某處地下室的一群人所為（我在那場爭辯中選錯了邊，因為我猜想是一群人所為）。過了三週後，美國才能肯定地將攻擊行動歸屬到北韓身上。因為有許多歸屬證據都屬於機密，所以很多電腦安全專家就是不相信政府的答案。直到《紐約時報》報導了來自國家安全局的部分情資證據後，我才相信美國政府的歸屬結果。[220-221]

擅長與不擅長責任歸屬的國家之間存在著能力差距，例如中國等國家雖擔憂美國可能公開將攻擊責任歸屬到自己身上，但這些國家卻無法以相同方式點名並譴責其他國家。對愛沙尼亞和喬治亞等小國來說，就更不可能找出是誰在網路空間內攻擊他們了。責任歸屬並非不可能達成的任務，例如防毒軟體公司常常能找出攻擊行動的責任歸屬，但是這項作業不但艱難，需要消耗的時間更多。而且沒有任何國家的水準能媲美美國國家安全局。

就國家層級而言，這種差距會導致展開軍備競賽，那將是一場偵測與迴避偵測之間的競爭。我認為未來迴避偵測會變得比較容易，至少對能力最高超的攻擊者來說應是如此。現在，俄羅斯並未花多少功夫隱瞞自己的蹤跡，除了因為鮮少遭到報復外，也因為俄羅斯已經不再在意自己是否會被點名。隨著歸屬技術愈發精密，如果我們開始施加報復行動，那麼執行攻擊的國家將會花更多心力隱瞞身分，或是將譴責目標誤導到第三方的身上。[222]

就個人層級而言，則會展開不同類型的軍備競賽。人會繼續犯錯，執法機關則會愈來愈擅長歸屬攻擊的責任。不過，到時候還是會有某些人因為技術高超、運氣好或只是因為不夠重要，所以同樣能夠隱姓埋名。

第四章

大家都偏愛不安全的環境

現有的網際網路之所以如此不安全，不只是因為科技相關法律使然。另一個重要原因，甚至可能是主要的原因，在於政府和企業等最強勢的網際網路架構大師巧妙地操控了網路，好讓網路環境能符合自己的利益。

雖然我們都希望彼此能擁有安全性，但政府和企業卻是例外。Google 願意提供大家安全性，但前提是 Google 可以監視我們，而且能利用所收集的資訊來銷售廣告。Facebook 想跟我們做的生意也差不多，Facebook 能提供我們安全的社群網路，不過前提是可以監視我們的一舉一動，以供行銷之用。聯邦調查局希望大家能擁有安全性，前提是他們可以視需要破壞安全。國家安全局也是這麼想，而且英國、法國、德國、中國、以色列與其他各地的同等機關都是相同想法。[223]

雖然大家的理由不一，而且相關人士永遠不會坦率承認這一點，但基本上，不安全的環境對企業與政府都有利，他們不但可從安全性破綻中獲得好處，而且還會花心思維護那些破綻。企業希望不安全的理由是為了獲利，政府則是為了執法、社會控制、國際間諜和網路攻擊行動等。這一切層面的情勢變動相當複雜,因此我會在以下內容逐一說明。

監控資本主義仍是推動網際網路的要素

企業想要我們的資料。我們造訪的網站都試圖識別我們是誰、想要什麼,而且會兜售這些資訊。智慧型手機中的應用程式會收集並販賣我們的資料。我們熟悉的社群網站要不就是會銷售我們的資料,要不就是根據我們的資料向我們銷售存取內容。哈佛大學商學院教授祖博夫(Shoshana Zuboff)稱此為「監控資本主義」,這是網際網路的商業模式。企業所建置的系統則以服務換取對使用者的監視。[224]

這種監控很簡單,因為電腦天生就能執行這些作業。資料是電腦處理程序的副產物。我們與電腦相關的所有行為都會產生處理紀錄,例如瀏覽網際網路、使用手機甚或只是攜帶手機、進行網路購物或使用信用卡購物、從電腦化的感測器旁走過,或是在亞馬遜 Alexa 所在的房間中說話等等。資料也是我們使用電腦從事社交行為時的副產物,電話通話、電子郵件和 Facebook 聊天等行為都會產生處理紀錄。就像我以前的撰文所述,每個人生活時都會留下數位廢氣(digital exhaust)。

過去那些資料會遭到拋棄,因為其價值微不足道又難以運用,但那種時代已經結束了。現在資料儲存的成本非常低廉,因此所有這類資料都可以妥善儲存,而那就是成為「大數據」的原材料。這些資料基本上皆為監控資料，網際網路的大部分環節都是構築在廣告模型上，而企業會收集並使用上述資料的主因，就是為了支撐該廣告模型。

若檢視過去十年間全球價值最高的公司清單，即可發現裡面包含投入監控資本主義的公司，例如字母公司（Alphabet，Google 的母公司）、Facebook、亞馬遜和微軟等。蘋果則是例外，蘋果僅靠銷售硬體賺取利潤，所以產品價格才會高於競爭對手。

現在網際網路的廣告模型愈來愈個人化，各家公司都在嘗試理解我們的情緒，他們不但試圖判斷我們關注的內容、反應的方式，也想要得知我們會有反應的圖像，以及能討好我們的確切方式。企業會從事這一切行動，都是為了能更精確有效地向我們打廣告與販賣商品。[225-227]

沒有人知道在美國境內營運的線上資料掮客與追蹤公司究竟有多少家，我看過的估計數值從兩千五百家到四千家都有。這些企業透過我們使用與攜帶的裝置來了解我們，而且從中得知的資料量驚人。我們的手機無時無刻都會透露我們的所在位置，無論是居住地點、工作地點，或是我們正和誰在一起皆不例外。手機知道我們何時起床、何時睡覺，因為大家每天做的第一件事和最後一件事都是查看手機，此外，因為每個人都有手機，所以手機也知道是誰睡在我們身邊。[228]

現在請花點時間想想，其他還有誰會因為知道我們智慧型手機的所在位置，進而得知我們的所在地點。這份清單包含了我們賦予追蹤位置權限的所有應用程式，也包含了某些可透過其他方式追蹤我們位置的應用程式。Google 地圖和蘋果地圖是較明顯的例子，另外也有一些較不顯眼的例子。在二〇一三年，研究人員發現如憤怒鳥、潘朵拉網際網路電台（Pandora Internet Radio）及 Brightest Flashlight（對，這是手電筒應用程式）等應用程式，亦會追蹤其使用者的位置。[229-230]

今日的智慧型手機內建許多不同感測器。當我們的手機連接到任何 Wi-Fi 網路時，該 Wi-Fi 網路即可定位出我們的確切位置，就算手機只是在我們行走時嘗試聯繫某個 Wi-Fi 網路也一樣。手機的藍牙功能可以向鄰近的電腦通知我們人在附近。阿逢索公司（Alphonso）提供的應用程式，能使用手機麥克風收集使用者觀看的電視節目資料。Facebook 有一項專利可利用多支手機的加速度計和陀螺儀讀數，偵測出彼此是否正面對面或一起行走等等。類似的例子不勝枚舉。[231-233]

其他還有某些能判斷我們所在位置的方法。各位曾在店裡使用信用卡嗎？曾使用自動提款機嗎？或許各位曾從市裡數千台安全攝影機的其中一台旁邊經過（雖然攝影機可能沒有識別出大家的身分，但是過不了多久，自動臉部辨識功能將會大為普及，攝影機即可執行身分識別作業）。是否有某台車牌掃描器記錄了各位的車輛？[234]

擁有監控能力的公司對我們的了解十分透澈，Google 或許是其中的最佳範例。網際網路搜尋是極度私密的行為，因為我們絕不會向搜尋引擎說謊。所以那些代表我們在網際網路上執行搜尋的公司，會將我們有興趣及感到好奇的事物、希望與恐懼、渴望和性傾向等等盡數收集並儲存。[235-236]

不過在此要澄清一點，我所謂的「Google 知道」或「Facebook 知道」，並不是指這些公司有意識甚或有認知能力。我指的其實是非常具體的兩件事。第一，無論某人是否獲得授權，只要他能存取

Google 電腦內含的資料，並且選擇這麼做，他就可得知道電腦內存放的真實資訊。第二，Google 的自動演算法能使用前述資料來推測我們的一舉一動，並且據此執行自動化作業。

　　未來，我們的裝置將能根據我們的身分、思考方式、前往的地點與從事的行為，重建出私密到令人震驚的模式。冰箱會監視我們攝取的食物，因此更廣義地來說，冰箱也可監督我們是否健康。我們的汽車會知道我們違反交通規則的時間和頻率分別為何，或許還會將這些資訊告知警察或我們的保險公司。健身追蹤器會嘗試弄清我們的心情如何；床鋪會知道我們睡得如何。現在，豐田（Toyota）的所有新車都會追蹤速度、轉向、加速度和煞車，甚或是駕駛人有沒有將手放在方向盤上。[237]

　　「自由和便利」是監控資本主義的兩大誘因，超過二十年來，監控資本主義一手打造出商業網際網路的型態。很快地，監控資本主義將會繼續促成其他更多進展，而監控資本主義必須利用不安全的特質，才能以最高效率運作。只要公司能隨心所欲地盡量收集我們的資料，就不會充分維護系統安全。只要公司會購買、銷售、交易並儲存那些資料，就存在資料遭竊的風險。此外，只要公司會使用那些資料，那些資料就可能遭用來對付我們。

企業的下個目標是控制顧客與使用者

　　電腦不只讓我們遭監控的程度超越以往，也讓我們會受到控制。

這是一種新的商業模式，藉此強迫我們付費購買個別功能、只能使用特定配件，或是必須訂購先前可買斷的產品和服務等等。而這種控制方式需仰賴網際網路的不安全性質。

假設有位農夫向強鹿公司（John Deere）買下一台曳引機，他可能覺得曳引機是屬於自己的，過去或許是如此，但現在已經不同。因為曳引機內含軟體，而且其實現在的曳引機只是加裝了引擎、車輪和耕耘機的電腦，所以強鹿公司的商業模式已經從持有模式轉變為授權模式。強鹿公司於二〇一五年向著作權機關表示，農夫所獲得的是「可操作載具的暗示授權，且在載具的使用壽命期間皆適用該授權」，而且該授權包含了各式各樣的規則和限制條款。例如，現在農夫無權修理或修改其曳引機，而是必須使用獲得授權的診斷設備、零件和維修設施，而那都是強鹿公司已壟斷控制權的品項。[238]

蘋果向來嚴格控管在 App Store 中提供的應用程式，各個應用程式都必須在獲得蘋果核准之後，才可銷售或提供給 iPhone 使用者。此外，蘋果對於允許與否的門檻設有嚴格規定。色情應用程式當然是禁止項目，關於童工或人口販賣的遊戲亦遭禁止，而政治應用程式同樣不行。最後一項規定代表蘋果會排除能追蹤美國無人機攻擊行動的應用程式，或是內含「嘲弄公眾人物內容」的應用程式。這類限制讓蘋果有能力實踐政府的審查要求，而且蘋果已經這麼做了，因為該公司在二〇一七年從中國的 App Store 移除了某些安全性應用程式。[239-241]

雖然蘋果是個極端的例子，但卻不是唯一會刪減網際網路內容的公司。Facebook 會定期審查刪除貼文、圖片和整個網站；YouTube 會刪去影片；Google 會刪去搜尋結果。此外 Google 亦禁用了一個會從

Google Chrome 瀏覽器隨機點按廣告的應用程式，因為該應用程式干擾了 Google 的廣告商業模式。[242]

　　一般而言，某公司在決定提供哪些產品時的決策，不會造成我們的問題。如果沃爾瑪（Walmart）不銷售標有「家長指導」警告標籤的音樂 CD，我們都可以去其他地方購買這類專輯。然而，許多網際網路公司的勢力可能強大到遙遙超越主要經營實體店面的公司，即使是沃爾瑪等大型連鎖店也望塵莫及。這是因為網際網路公司可從所謂的「網路效應」（network effect）獲得助力，也就是說隨著使用的人數增加，這些公司的實用度亦會提升。單獨一支電話毫無用處，兩支電話會稍微有點用，而一個完整的電話網路就會非常實用。同樣道理也適用在傳真機、電子郵件、網際網路、簡訊、Snapchat、Facebook、Instagram、PayPal 和其他一切上。使用的人愈多，就會愈實用，因此掌控那些商品的公司勢力也會隨之漸增，進而讓這些公司可對我們施加更多控制。

　　除非我們知道可將手機越獄以移除其中限制的技巧、手動載入應用程式的方法，並且願意忍受那些得費盡心力才能獲得更新的無保固裝置，否則我們只能選擇前往 iTunes Store 取得 iPhone 應用程式。因此，如果蘋果決定不提供某個應用程式，一般客戶就無法取得該應用程式。

　　在大多數情況下，控制等於利潤。Facebook 掌控了獲得新聞消息的途徑，進而奪走傳統報紙和雜誌的勢力，以及他們的廣告收益。亞馬遜控制了購買商品的方式，進而奪走傳統零售商的勢力。Google 掌控了尋找資訊的方式，進而奪走各種較傳統資訊系統的勢力。那些針對網路中立性所掀起的戰爭，都跟那些企圖控制我們網際網路使用體驗的電信商有關。

我在以前的文章中曾將網際網路上的情勢形容為封建社會，為了換取服務，因此大家放棄了對自己資料和能力的控制權。我曾寫道：

> 我們其中某些人已向 Google 宣誓效忠。這些人擁有 Gmail 帳戶、使用 Google 日曆（Google Calendar）和 Google 文件，並且擁有 Android 手機，或許還是 Pixel 手機。某些人則是向蘋果宣誓效忠。這些人擁有麥金塔筆記型電腦、iPhone 和 iPad，並且讓 iCloud 自動同步並備份一切資料。還有某些人則是讓微軟執行一切作業。我們也可能是從亞馬遜購買音樂與電子書，而亞馬遜會記錄我們擁有的品項，並允許我們將內容下載到 Kindle、電腦或手機上。某些人則因為使用 Facebook……而幾乎完全放棄了電子郵件。[243]

這些公司宛如封建時代的君主，因為他們不但能保護我們免受外界威脅所害，還能驚人地全盤掌控我們可看見與從事的一切。

企業對網際網路＋的觀感也一樣。飛利浦公司（Philips）希望自家的控制器成為燈泡和其他電子裝置的中樞。亞馬遜希望 Alexa 成為智慧家庭全體的中樞。蘋果和 Google 都希望旗下手機成為我們用來控制所有物聯網裝置的唯一裝置。大家都希望成為不可或缺的中心角色，並且能控制所有人的世界。

企業為了獲得這等存取權限，都願意免費提供服務。正如 Google

與 Facebook 透過供應服務來換取監視使用者的能力一樣，各家公司也會透過物聯網這麼做。未來，企業會提供免費的物聯網裝置，藉此換取監督使用者所獲得的資料。擁有自動駕駛汽車車隊的公司可能會提供免費乘車服務，藉此換取向乘客顯示廣告或探勘乘客聯絡人的能力，或是藉此安排行車路線，讓乘客經過或中途停靠特定商店與餐廳。[244]

　　未來幾年裡，對顧客與使用者的控制大戰會愈演愈烈。雖然如亞馬遜、Google、Facebook 和康卡斯特公司（Comcast）等擁有獨占地位的公司，能夠對使用者施加龐大控制力，然而如強鹿公司等等較不像是科技公司的小型公司，也都在嘗試這麼做。

　　這種企業權力爭奪戰皆以濫用《數位千禧年著作權法》為基礎，也就是先前在第二章提及會妨礙修補軟體漏洞的同一法案。娛樂產業為了保護著作權而擬定《數位千禧年著作權法》，這項帶有不良影響的法案讓企業能根據法律規定，強制執行該公司的商業偏好。因為軟體受到著作權保護，因此若為了保護軟體而採用數位權利管理的複製保護軟體，即是援引了《數位千禧年著作權法》規定。根據此法的規定，分析與移除複製保護皆屬犯罪，進而導致分析與修改軟體也成為犯罪行為。強鹿公司對該公司曳引機的內建電腦實施複製保護，藉此強制禁止農夫維護曳引機。

　　克里格公司（Keurig）的咖啡機須使用 K-Cup 膠囊來沖調單杯咖啡。由於克里格咖啡機使用的軟體會確認印在 K-Cup 上的編碼，所以該公司享有排他性，導致只有付款給克里格的公司才可製作克里格咖啡機的膠囊。惠普（HP）印表機現在已無法使用未獲授權的墨水匣，或許之後惠普就會規定大家只能使用獲得授權的紙張，或是拒絕列印未付費購買的著作權內容。同樣道理，未來的洗碗機可能會強制我們使用特定品牌的清潔劑。[245-246]

隨著網際網路＋讓各式裝置都成為電腦，未來所有相關軟體都會涵蓋在《數位千禧年著作權法》的規範範圍內。運用相同的法律手段，即可將周邊商品跟產品一起搭售，迫使消費者只能購買獲授權的相容元件，或是只能從授權代理商購買維修服務等等，智慧型手機、調溫器、智慧型燈泡、汽車和醫療用植入裝置等等都會受到相關影響。雖然某些公司曾因過分延伸其《數位千禧年著作權法》主張，結果在法院中敗訴，但是這類權力爭奪戰仍是企業普遍採用的策略。[247]

對使用者的控制力通常跟監控關係密切。公司為了確保顧客與使用者能依循該公司的限制要求，因此常會密切監視顧客和使用者的一舉一動，但隨後這些公司卻拒絕讓客戶存取前述資料，於是顧客開始反抗。

現在有愈來愈多人試圖對自己的醫療器材運用駭客技術，肯波斯（Hugo Campos）就是其中一人。多年來，肯波斯一直植有心臟去顫器，此裝置可調控他的心臟狀態，但也會持續收集他心臟的資料，各位可以把這個裝置想像成具有電擊功能的 Fitbit 智慧手環。但是肯波斯的植入性裝置跟 Fitbit 智慧手環不同，這個植入性心臟去顫器具有專利，而肯波斯一直無法存取其中資料。他試圖對製造商提出訴訟，但至今仍未成功。無論是美敦力公司（Medtronic）、波士頓科技公司（Boston Scientific）、亞培藥廠與百多力公司（Biotronik）等等，所有製作植入性裝置的公司皆不允許病患存取自己的資料，而大家對此都無能為力，這類資料全歸相關公司所有。[248]

同樣地，從二〇〇四年開始，一直有人透過駭客手法更動自己的豐田 Prius，試圖改善燃油效率、停用煩人的警告、獲得更清楚的引擎診斷資訊、修改引擎效能，以及存取美國車型未提供的歐洲與日本車型選用功能。這類駭客行為可能會使保固無效，但是汽車製造商無法阻止。另外也有針對其他眾多車款執行的駭客手法與作弊程式碼。[249-250]

汽車的黑盒子資料也一樣，警察和保險公司在發生撞車事件後會利用黑盒子的資料，但是使用者卻無法存取該資料（加州一項允許個人存取汽車資料的法案受到汽車製造商反對，因而遭到延宕）。強鹿曳引機的車主則為了維修自己的曳引機，轉從烏克蘭購買盜版韌體。[251-254]

這不是非黑即白的問題。我們不希望大家都能隨心所欲地利用駭客手段更動自己的消費性裝置。例如廠商特意對調溫器的控制設下廣泛的限制，若修改軟體以維持一定的溫度，可能會迫使加熱系統過度頻繁地開開關關，導致加熱系統損壞。烏克蘭的盜版曳引機軟體也可能會意外或刻意移除某個保護變速箱的軟體，導致曳引機更常故障。如果強鹿公司必須負責維修故障的變速箱，那麼前述情況就會造成問題。

同樣地，我們不希望大家利用駭客手法更動汽車，導致違反排氣控制法，或是設法規避與裝置使用相關的禁止法規，藉此改動醫療器材。例如某些人會以駭客手法改動自己的胰島素幫浦[255]，藉此製作人工胰臟裝置，此裝置能夠測量血糖水準及持續自動輸送適當的胰島素劑量。我們會希望一般人有能力這麼做嗎？還是希望確保只有受到規範的製造商才能製作並銷售這類裝置？我無法確定這其中的適當平衡點究竟位於何處。

隨著網際網路＋在生活裡愈來愈普及，未來各處都會上演這類衝突。大家會想要存取健身追蹤器、家電、家用感測器和汽車內的資料。大家都是自己想要取得資料，而且希望資料格式是能直接用於所需用途的格式。大家會希望自己能修改裝置以增添功能，但裝置製造商和政府會試圖防堵這類強化功能的行徑。他們這麼做可能是為了利潤或反競爭、可能是為了法規規範，也可能只是因為廠商不願費工讓大眾能夠存取資料或擁有控制能力。

這一切行為都會導致安全性降低。公司為了能按照自己希望的方式控制大眾，因此會建置可遠端控制的系統。更重要的是這些公司所建置的系統會假設顧客都是攻擊者，因此需要加以管束。這種設計需求與良好的安全性背道而馳，因為該設計會為外部攻擊者鋪設出獲得存取權限的途徑。同時，駭客可透過顧客偷偷進行的修改作業奪取控制權，讓環境更加不安全。

政府同樣利用網際網路進行監視與管制

政府為了自身的目的而想要監視人民，並且會利用企業提供給我們的那些不安全系統來執行監控。

在二〇一七年，多倫多大學公民實驗室研究中心的報告指出，墨西哥政府會監控該國視為政治威脅的目標。墨西哥向網路武器製造商NSO集團公司（NSO Group）買進監控軟體，也就是間諜軟體，藉此監視記者、異議分子、政治對手、國際調查人員、律師、反貪腐組織，以及支持對軟性飲料課稅的人士。[256-261]

許多其他國家則使用網際網路間諜軟體監控當地居民。在二〇一五年，我們發現波士尼亞、埃及、印尼、約旦、哈薩克、黎巴嫩、馬來西亞、蒙古、摩洛哥、奈及利亞、阿曼、巴拉圭、沙烏地阿拉伯、塞爾維亞、斯洛維尼亞、南非、土耳其和委內瑞拉等國，都採用了另一家商用間諜軟體公司 FinFisher 的產品。這些國家部署軟體來對付異議分子、行動主義分子、記者，以及該國政府企圖逮捕、威脅，或只是想要監視的人士。[262]

在現今的網際網路世界中，政府為了實施政治和社會控制而執行監控的情形已是常態。為世界帶來監控資本主義的相同科技，也讓政府能夠自行實施監控。直到最近幾年，我們才開始得知政府從事了多少監控行為，而且毫無減緩的跡象。事實上隨著網際網路＋的出現，政府的監視幾乎肯定會更加嚴密，雖然其中部分行動的用意良善，但大多數卻是試圖為惡。

現代政府進行監控時，會利用企業現行的監控活動之便。國家安全局並非在某天早上醒來後想說：「我們來監視所有人吧。」而是：「既然美國企業在監視大家，那我們也來如法炮製吧。」於是國家安全局就這麼做了。他們透過賄賂、壓迫、威脅、法律上的強迫與直接竊取等方式，收集手機定位資料、網際網路 Cookie、電子郵件及簡訊、登入認證資料等等。其他國家也採行類似的做法。[263-264]

網際網路監控通常需要電信供應商協同合作，將傳經該公司交換器的所有資料複本交予情報機關。在這方面，國家安全局是箇中高手。他們會收集穿越美國邊境的資料，同時透過與合作國家訂立的協議，收集海外的資料。我們知道國家安全局在美國境內的 AT&T 交換器上安裝了監控設備，並且會從威訊無線和其他公司收集手機元資料。俄羅斯的做法與此類似，會從境內的網際網路服務供應商存取大批資料。[265]

大多數國家的預算或專業能力都不足以開發出前述規模的監控和駭客工具，所以他們轉為向網路武器製造商購買監控和駭客工具，例如 FinFisher 的銷售商伽馬集團（德國和英國）、駭客小隊公司（義大利）、VASTech（南非）、賽博比特公司（Cyberbit）（以色列）與 NSO 集團公司（也是以色列）等等。這些公司會向本段開頭所列的那類國家銷售產品，讓該國能夠駭入電腦、電話和其他裝置內。這些公司甚至會舉辦又名「竊聽者的舞會」（Wiretappers' Ball）的「情報支援系統世界大會」的會議，而且會特意向專制政權行銷公司產品，以供監控之用。[266-267]

從網際網路問世後，大家也一直利用網際網路監控來執行國外間諜行動。國家安全局在這方面或許領先群雄，不過其他國家並沒有落後多少。早期針對美國展開的間諜行動包含一九九九年的「月光迷宮」（Moonlight Maze，可能是俄羅斯所為）、二〇〇〇年代初期的「驟雨」（Titan Rain，幾乎可肯定是中國所為），以及二〇〇八年的「洋基鹿彈行動」（Buckshot Yankee，不清楚幕後黑手是誰）。[268-270]

中國對美國政府執行網路間諜行動的時間已有數十年之久，而在這幾十年期間，中國已竊走包含 F-35 戰機在內的數種武器系統藍圖和設計文件。中國曾在二〇一〇年駭進 Google，以取得台灣社運分子的 Gmail 帳戶。在二〇一五年，我們得知中國正在存取美國政府高層官員的電子郵件帳戶。同樣在二〇一五年，中國駭入美國人事管理局竊取檔案，其中包含了所有具安全許可的美國公民詳細人事檔案。[271-274]

過去十年來，防毒公司已公開了好幾個精密複雜的駭客與監控工具，這些工具出自俄羅斯、中國、美國、西班牙和幾個其他未指明的國家之手，並且也有美國與以色列聯手製作的工具。在二〇一七年，北韓透過駭客行動，從南韓軍方偷走機密的戰時應變計畫。[275-280]

這類行為並非僅限於針對政治或軍事情報，企業的智慧財產也是他國政府廣泛竊取的目標。例如中國已從美國偷走了許多商業智慧財產，因此歐巴馬總統與中國總理習近平在二〇一五年進行會談時，其中一項討論要點正是中國的間諜活動，而兩國當時議定停止這等行動（中國似乎確實因此減少了經濟網路間諜活動）。[281-282]

大家都將這一切視為正常行為。間諜活動在和平時期屬於合法行動，而且一般而言，各國只要能夠安然脫身，就能恣意妄為。就像美國國家安全局曾監視德國總理梅克爾的智慧型手機一樣，也曾有其他人監視白宮幕僚長凱利（John Kelly）的智慧型手機。即使美國人事管理局的資料外洩案對兩千一百五十萬位美國人民造成影響，美國仍無法實際譴責中國，因為美國也在這麼做。沒錯，國家情報總監克拉珀（James Clapper）那時曾經表示：「似乎得舉杯向中國的行動致敬。」[283-284]

就國家而言，我們最了解美國所執行的活動。美國國家安全局之所以獨一無二，是基於以下幾項原因：第一，國家安全局的預算大幅高於全球所有類似的機關。第二，世上大多數的大型科技公司都位於美國境內，或位於跟美國合作的某個國家內，因此國家安全局更容易存取這些公司的資料。第三，由於全球主要網際網路纜線的實際設置地點使然，許多國際間的通訊都會在某一階段經過美國。第四，因為國家安全局與其他國家訂有祕密協議，所以可對全球的原始通訊網路獲得更廣泛的存取權。[285-286]

美國的執法機關也會進行監視，但基本上跟國家安全局的行動完全不同。執法人員受到多項更嚴格的法律規範，而且執行搜查與逮捕時，皆須依循相關的正當法律程序。雖然大家可能會爭議那些法律是否經過妥善擬定、警察是否盡職地遵守法律等等，但無論如何，這類法規確實攸關緊要。執法機關的監控目標是個別嫌疑犯，但國家安全局卻不是。執法機關所收集的證據需要是法庭可採納的證據，但國家安全局卻不是。執法機關通常是在發生犯罪行為後介入，但國家安全局則是對進展中的活動執行間諜行動。

某些將監控行動發揮到極致的國家，會利用網際網路來監視該國所有人民。中國在這方面獨占鰲頭。該國的社群媒體平台全都受到政府監視，任何冒犯的言論都可能遭到刪除（中國政府的主要目標不是為了限制言論，而較偏向藉此限制人民發起社會運動、組織抗議與從事其他類似行為的能力）。[287-288]

除了利用網際網路實施監控外，許多國家也利用網際網路進行審查並管制人民。獨裁政府將二○○○年代初期的阿拉伯之春（Arab Spring）運動及「顏色革命」（color revolutions）視為威脅自身存亡的運動，他們相信必須執行前述那類管制措施，才能讓政權留存。諸如俄羅斯、中國和伊朗等國家都會直接起訴發表特定資料的人士、強迫公司代政府執行審查，或是引導線上討論朝無害的方向發展，而中國在此同樣獨占鰲頭。中國審查制度的無遠弗屆，勝過其他所有國家。他們的「防火長城」（Great Firewall）是全面涵蓋的系統，可限制從中國境內存取國際網際網路。中國政府還計畫在二○二○年實施「社會信用」系統，屆時每位中國人民都會根據受到監控的所有活動，獲得對應的分數，隨後可利用該分數取得各種不同的權利和特權。此外，中國也將自己在社會控制上的專業技術出口給其他極權國家。[289-290]

並非所有審查制度都是有害的行為，例如法國和德國會以審查刪去關於納粹的發言[291]，許多國家則會刪去視為違反著作權的言論。而且幾乎所有國家都會以審查刪除兒童色情內容。

為了成功執行上述所有間諜活動、監控和管制行動，民族國家會利用網際網路的不安全特質，之後在第九章將更深入討論這一部分。這種情況短時間內都不會消失，而且將持續扮演推動各國網際網路＋安全性政策的背後推手。[291]

網路戰是新常態

有些人說網路戰即將到來，有些人說網路戰已展開，有些人則說網路戰已無所不在。事實上，大家都使用「網路戰」這個詞，但是大家對網路戰的看法卻各不相同，而且也沒有一致同意的定義。不過，無論我們如何稱呼這類行為，各國都在利用網際網路固有的不安全特質攻擊彼此。相較於防禦能力，各國更重視攻擊能力，導致我們繼續身處在不安全的網際網路內。[292-295]

在二○一○年發現的 Stuxnet，是由美國和以色列一起開發的精密武器，用以攻擊伊朗納坦茲的核武工廠。Stuxnet 經過特別設計，會將西門子品牌的可程式邏輯控制器（programmable logic controller）作為攻擊目標，利用這款可程式邏輯控制器，即能讓濃縮武器級鈾的離心機等工廠設備自動執行作業。透過 Windows 電腦傳播的 Stuxnet 會尋找特定的西門子離心機控制器，找到控制器後，Stuxnet 會讓離心機一再地加速與減速運轉，造成離心機自毀，同時 Stuxnet 也會隱匿行徑，讓操作人員無法察覺。[296]

網際網路上的所有軍方人員和國家情報機關都會侵入外國電腦，有時還會同時在虛擬與實體環境中造成損害。目前在國際規則和常規中，對於哪些是受到允許的行為、哪些是正當合宜的回應等相關標準，大都仍缺乏明確定義。現在這種環境有利於攻擊而非防禦，正如網際網路的安全性技術使攻擊比防禦更容易一樣，而且其中的變動方式跟傳統武器大相逕庭。

現在的攻擊目標不僅限於軍事基地和系統，更延伸到工業站址上，例如石油生產、化學加工、製造和發電廠房等等，這類設施現在全都透過網際網路控制。[297]

網路攻擊可能會是大規模行動的其中一個環節。以色列曾在二○○七年攻擊敘利亞的核工廠，那不是一起網路攻擊，而是以傳統戰機轟炸工廠的行動，但是其中卻包含了網路元素。在戰機起飛前，以色列駭客先執行了網路攻擊，藉此停用敘利亞與鄰近國家的雷達和防空系統。俄羅斯在二〇〇八年對喬治亞發起攻擊時，聯合實施了傳統行動和網路行動。美國在一九九〇年至一九九一年的伊拉克戰爭期間，曾執行一連串的網路行動。歐巴馬總統於二〇一六年承認，為了對伊斯蘭國（ISIS）實施規模較大的進攻行動，因此美國正在執行其中的網路相關行動。[298-301]

攻擊行動有時是為了試探或預做準備。我們在二〇一七年得知一群俄羅斯駭客侵入了美歐境內至少二十家電力公司的網路，而且在某些案例中，駭客還取得了停用系統的能力。伊朗在二〇一六年也對紐約上州（upstate New York）的水壩採取了相同行動。根據專家推測，前述行動都是為了未來可能展開的活動所做的勘察。這稱為「準備戰場」（prepare the battlefield），而且似乎許多國家都會對彼此這麼做。[302-305]

隨著我們周遭的環境更為電腦化與標準化，連線程度也愈來愈高，導致相關風險隨之日漸攀升。在冷戰期間，大多數軍用電腦和通訊系統都跟民用電腦和通訊系統不同，但如今已非如此。美國國防部的幾百萬台電腦都執行 Windows 作業系統，連控制武器系統的電腦也不例外。在幾乎所有國家中，負責控制重要基礎設施的電腦與網路，都跟大家在家中與在辦公室裡使用的電腦和網路一樣，因此也導致網際網路本身成為潛在攻擊目標。

雖然俄羅斯曾在二〇〇七年攻擊愛沙尼亞的網路、在二〇〇八年攻擊喬治亞的網路，而且還一再攻擊烏克蘭的網路等等，但這類情形並非僅限於大國攻擊小國的事件。小國也可能基於第一章所探討的多項理由，在網路空間中對目標施加跟國力不成比例的傷害。例如敘利亞電子軍就在二〇一三年攻擊美國的新聞網站，伊朗則在二〇一四年攻擊拉斯維加斯的金沙飯店（Sands Hotel）。[306-307]

各國擁有的能力大不相同，高端的國家擁有已完全成熟的軍方網路指揮單位和情報機關，能夠根據需求打造自有的攻擊工具，如美國、英國、俄羅斯、中國、法國、德國和以色列皆屬此列。這些國家有著充沛資金、優異技能，而且難以說服他們收手。他們是少數菁英，不過這些國家大多數的網路行動都不是精密複雜的行動，這是因為安全性普遍過於低劣，所以行動也不需要多精密。比高端國家低一階的國家，會向先前提及的網路武器製造商購買市售工具和服務，更低階的國家則會直接使用從網際網路上下載的違法駭客軟體。這兩類等級較低的國家也可能會雇用網路傭兵（cyber mercenary）。提升能力似乎已成為各方的優先要務。若連北韓這類與世隔絕且受到嚴厲制裁的國家，都可在不到十年內，從網路中無足輕重的小角色化身為重大威脅，那麼所有人都可以辦到。[308-311]

民族國家執行網路攻擊的風險正逐漸增高，各國政府對此都格外關注。美國國家情報總監每年皆會向參議院和眾議院的特定情報委員會提交全球威脅評估（Worldwide Threat Assessment）文件。這份評估是個良好的指南，說明了大家所擔憂的事項。二〇〇七年的評估完全沒有提到網路威脅，即使是二〇〇九年的報告，也只有在文件的末尾才論及「與日俱增的網路和組織犯罪威脅」，似乎像是事後才想到加入的內容。到了二〇一〇年，網路威脅已名列這份年度報告中的首

要威脅，而且自此之後，用來描述網路威脅的詞彙也愈發駭人。以下內容摘自二〇一七年的報告：[312-314]

> 我們的敵人愈來愈擅長利用網路空間威脅我們的利益，並藉此提升自身利益。雖然我們的網路防禦機制有所改善，但在未來多年期間，幾乎所有資訊、通訊網路和系統都會處於險境之中。
>
> 網路威脅已使大眾對全球機構、治理體系與規範的信任和信心面臨考驗，同時增添了美國和全球各個經濟體背負的成本。隨著關鍵部門的重要基礎設施整合網路科技之後，網路威脅對公眾的健康、安全與繁榮所帶來的風險亦與日俱增。由於我們持續將決策、感測與認證等職責指派給可能易受攻擊的自動化系統執行，導致前述威脅進一步加劇。如果發生網路攻擊和濫用事件，那麼這種指派職責的做法會使對實體、經濟和心理層面造成重大影響的可能性進一步提升。[315]

慕尼黑安全會議是全球最重要的國際安全性政策會議，但同樣地，此大會在二〇一一年之前都不曾設立網路安全專家小組。現在大家卻會獨立舉辦關於網路安全性的活動。[316]

我們所有人都位於武器的爆炸半徑內，即使是 Stuxnet 等目標明確的網路武器，都會對伊朗納坦茲核子廠遠處的網路造成傷害。在二〇一七年，國際船運巨擘快桅公司（Maersk）因 NotPetya 的影響而暫停營運，但 NotPetya 其實是俄羅斯用來對付烏克蘭的網路武器。快桅公司是被捲入國際網路攻擊交戰的旁觀者。[317-318]

　　至今為止，大多數網路攻擊都不是在戰時發生。美國和以色列在二〇一〇年使用 Stuxnet 攻擊伊朗時並無戰爭；伊朗在二〇一二年攻擊沙烏地阿拉伯國有石油公司時也非戰時；北韓在二〇一七年利用 WannaCry 鎖住全球各地電腦時亦然。在發生 WannaCry 事件的幾年前，美國曾企圖執行網路行動以破壞北韓的核計畫，但那時也沒有發生任何戰爭。俄羅斯一位高階將軍在二〇一二年發表了一篇文章，其中闡述的概念後來成為我們所知的「格拉西莫夫準則」（Gerasimov Doctrine）。文中呼籲應「利用特種部隊和內部反對勢力，建立永續留存的行動前線」，包含應透過「資訊行動、裝置和管道」，藉此「對敵人執行遠距離的無接觸行動」。上述論點聽來跟俄羅斯於二〇一六年美國選戰期間所從事的駭客行動非常類似。在現今的世界裡，戰爭與和平間的界限已變得模糊不明，而本章所討論的網路行動等祕密戰術則漸趨重要，其他國家似乎也都同意這一點。這也是為何某些人說我們已身陷網路戰。[319-321]

　　未來，某些網路攻擊可能會被視為戰爭行為，而美國已聲明回應行動不一定僅限於網路空間內。但是網路內的進攻行動，大多數都是在介於和平與戰爭之間的灰色地帶內執行，政治學家凱羅（Lucas Kello）稱此為「無和平」（unpeace）狀態。大家都不確定該如何回應這類行動。當北韓攻擊索尼，美國的回應是實施了幾項輕微的制裁。對於俄羅斯在二〇一六年選舉時的駭客行為，美國的回應則是關閉俄羅斯領事館，並且將俄羅斯外交官驅逐出境。若國家決定回應攻

擊行動，大多數都選擇以嚴詞譴責。[322-325]

有幾項理由導致回應行動如此有限。首先，我們尚未確立清楚的界線，因此難以區分哪些行動屬於戰爭行為。大家一般認為國際間諜行動是和平時期的合理行為，而大肆殘殺則屬於戰爭行為。其他行為則介於這兩者之間。

如同我在第三章所述，歸屬責任可能並不容易，特別是政府還會不斷介入網路攻擊行動。網路政策專家希利（Jason Healey）曾建立一套完整的攻擊頻譜，頻譜內涵蓋了國家鼓勵的攻擊、國家策畫的攻擊與國家執行的攻擊等等，並且也包含其他多種介於中間地帶的介入形態。因此，即使我們能將某起攻擊歸屬到特定的地理位置，也可能難以釐清某國政府是否應對攻擊負責，或是應擔負多少責任。[326]

最後一個讓對攻擊的回應行動偏於低調的原因，在於大家可能難以分辨網路間諜行為和網路攻擊，等到能夠辨別的時候，往往已經太遲。這是因為不管未獲授權的侵入者只是複製了所有資料，或其實是施放了毀滅性的武器，直到最後一刻之前，所有舉動看來都如出一轍。

長久以來，軍事網路攻擊一直嚴重缺乏成效。執行間諜活動很容易，若要造成短期有害但轉瞬即逝的影響，也很容易，例如烏克蘭大停電事件就是一例。但是任何效力更強的行動似乎就相當困難。雖然 Stuxnet 行動獲得成功，但此行動最多只是將伊朗的進度拖慢了幾年，而且對國際談判只帶來極其微弱的影響。美國也曾利用網路攻擊阻撓北韓製作原子武器和發射系統的企圖，但是此行動同樣未能帶來多少長期成效。雖然網路武器曾用在近期的烏克蘭武裝衝突及敘利亞

內戰中，可是造成的影響一樣微乎其微。[327-328]

此外還有幾項問題凸顯出在現代網路戰略裡，攻擊行動的重要性與普及性都高於防禦。網路武器變動不定的本質讓它成為了獨樹一格的武器。換句話說，如果某人擁有的網路武器需利用特定漏洞來施加攻擊，那麼我只要找出該漏洞並進行修補，就能讓該網路武器失效。這代表當某國發現自己暫時占有優勢時，即必須權衡輕重，判斷究竟是發起先制攻擊行動的風險較嚴重，還是為了持續鑽研防禦措施而耗盡自家軍火庫存的風險更嚴重。這種不穩定性讓網路武器更易於吸引大家使用，而且當下就要使用，以免有其他無關人士也發現這些網路武器。[329]

此外，網路武器遭竊和受到運用的方式可能跟傳統武器不同。在二〇〇九年，中國從洛克希德馬丁公司和多家分包商處滲漏洩出美國F-35戰機的藍圖與其他資料。相較於美國花在開發上的五百億美元成本，中國這起竊取智慧財產的行動無疑助其省下部分成本與多年的辛勞，但是中國軍方仍需自行設計並製作飛機。相較之下，從美國國家安全局和中央情報局偷走網路武器的攻擊者，卻只需要另行投入極少的時間和成本，即可開始運用竊得的網路武器。而且當這些駭客工具遭到外洩公開後，外國政府和犯罪者就會立刻將工具部署至自己的所需用途上。[330]

現在各國的攻擊行動也愈發明目張膽。俄羅斯、中國和北韓持續對美國施加的攻擊，以及伊朗、敘利亞和其他國家偶爾執行的攻擊行動，在在都證明了他國攻擊美國後無須遭受任何懲罰。[331]

老實說，在這方面美國只能怪自己。因為美國將進攻看得比防禦更重要。美國也是率先利用網際網路執行間諜活動與攻擊行動的國家。國家安全局的所作所為削弱了大眾對美國科技公司的信心。我們逾越了可接受行為的極限。因為美國覺得自己擁有勝過其他國家的優勢，所以不曾嘗試談判協定或建立規範。同時，我們將網際網路作為商業空間開發，如果其中具備任何安全性措施，都是事後才加進去的。我們採取了目光短淺的行動，因此現在必須承擔那些行動造成的負面後果。

前述下場就是外交政策學者所謂的「安全困境」（security dilemma）。攻擊不只比防禦容易，成本也比防禦低。所以若某國希望在網路空間中更加強大，那麼較明智的做法是將資源集中在進攻上，也就是利用網際網路與生俱來的不安全特質。但是如果所有人都這麼做，整個環境將會更為不穩定，網際網路的安全性也會進一步降低。這就是網路戰軍備競賽，也是各國發現自己現在所陷入的處境。[332]

西方民主國家不但是全球最脆弱的國家，也是對網路攻擊最缺乏準備的國家，但是這不代表其他國家並未像西方國家一樣感到擔憂。英國軍情六處（MI6）前首長索爾斯爵士（Sir John Sawers）曾在二○一七年提及此事：「我想中國和美國都認為相較他們發起攻擊的能力，自己似乎更容易受到攻擊傷害，而且可能俄羅斯也有同樣感受。」[333]

國家安全記者卡普蘭（Fred Kaplan）曾在文中如此描述美國：「雖然美國用來丟擲他國房屋的網路武器石塊更為好用，但是我們的房子卻比他們含有更多玻璃。」我會在第九章更深入討論這個主題。[334]

最後，各國都已發現自己陷入這種全新的恆久無和平狀態中，這裡尚未訂立任何交戰規則，周遭陌生的一切也尚未達到平衡。每個強國都察覺到自己存在弱點，因此當然不願放棄自家的網路軍備，而這些軍備全都需要仰賴網際網路漏洞才可使用。所以在這個不熟悉的戰區中，各國為了保有並強化自己的攻擊能力，都費盡工夫，試圖讓環境能永遠處於不安全的狀態。在第九章和第十章中，我將更深入探討各國如何達成這項目標、為何他們的邏輯完全錯誤，以及各國需採取哪些行動來逆轉進展方向。

不安全的特性有利於犯罪分子

犯罪分子當然偏愛不安全的網際網路環境，因為那對他們來說更有利可圖。

薩頓（Willie Sutton）犯下惡名昭彰的銀行搶案是因為「那裡有錢」。現在，金錢都在線上，因此線上的犯罪者也逐漸增多。犯罪分子會從我們的銀行帳戶竊取金錢、偷走我們的信用卡資料並用來詐騙，或是盜用我們的身分資訊。犯罪分子也會鎖住我們的資料，接著試圖脅迫我們付錢贖回資料，這就是勒索軟體的運作方式。

在二〇一八年年初，美國印第安納州的漢考克保健（Hancock Health）醫院成為網路攻擊的受害者。罪犯（仍不清楚其身分）將醫院電腦加密，並且要求醫院支付價值五萬五千美元的比特幣以將資料解鎖。醫療人員無法存取電腦化的病歷，雖然醫院有備份資料，但他們擔心復原資料的所需時間可能會讓病人陷入險境，因此選擇付錢了事。[335]

　　勒索軟體現在不但愈來愈普遍，也愈來愈好賺。從上述案例的醫院等組織團體到個別人士，都是勒索軟體的受害者。卡巴斯基實驗室公司的報告指出，在二〇一六年的九個月期間，以企業為目標的攻擊數量成長了三倍，而勒索軟體的各式變異版本數量則增加了十一倍。賽門鐵克公司（Symantec）則發現勒索贖金的平均金額一路飆升，二〇一五年的平均贖金為兩百九十四美元，二〇一六年是六百七十九美元，二〇一七年成長到一千零七十七美元。碳黑公司（Carbon Black）的報告指出從二〇一六年到二〇一七年，勒索軟體在黑市中的總銷售額增加了二十五倍，增加到六百五十萬美元。現在的勒索軟體會隨附詳盡的付款方式說明，而且某些勒索軟體背後的罪犯甚至還設置電話熱線，好為受害者提供協助（如果各位以為電話熱線會對罪犯帶來風險，別忘了電話熱線具有國際化的性質，因此犯罪者無須擔心在母國遭到起訴）。總而言之，這是價值數十億美元的生意。[336-340]

　　網路犯罪是規模龐大的國際性業務。雖然大家信賴的分析結果各不相同，不過根據相關分析，網路犯罪業務的每年淨值從五千億美元到三兆美元不等。據信因智慧財產竊行所造成的額外損失，還會再帶來每年兩千兩百五十億美元到六千億美元的成本。[341-343]

　　許多網路犯罪都涉及假冒身分，也就是摧毀在第三章探討的認證系統。若為了賺一票而走進銀行偽稱自己的身分，是相當危險的手法，但在銀行網站上這麼做就容易許多，而且風險也較低。通常犯罪分子只需要取得受害人的使用者名稱和密碼就能辦到。信用卡也一樣，如果罪犯擁有受害人的信用卡卡號和姓名、地址等等其他資訊，罪犯就可隨意運用那張卡。這就是盜用身分。盜用身分有許多不同形態，全都需要靠竊取的認證資料和假冒身分來完成。

執行長詐騙（CEO fraud）又稱「商務電子郵件入侵」，是一種特殊的盜用身分形態。竊賊會假冒為某公司的執行長或其他高階主管，並傳送電子郵件給負責付款的人員，告知對方需寄送支票給罪犯。竊賊也可能寄發所有員工的 W-2 稅務表格複本，佯稱是預先通知退稅事項。竊賊亦可能會轉移不動產銷售案的所得。如果罪犯有好好地做功課，那麼這類計謀將帶來出色成效，畢竟我們都習慣將老闆的電子郵件視為正當且重要的郵件。[344-345]

但網路犯罪不只如此。許多網路犯罪都是源自以下問題：「我駭進這些電腦裡了，現在我可以用這些電腦做什麼事？」答案是「很多事」。犯罪分子曾將大量遭駭的電腦馴服成機器人（bot），藉此組成殭屍網路。殭屍網路可用在各式各樣的用途上，例如高速寄送垃圾郵件、解開驗證碼和挖掘比特幣等等。駭客會利用機器人從事點擊詐騙（click fraud）。這種詐騙手法是在駭客控制的網站上重複點按廣告，藉此從張貼廣告的第三方獲取利潤，或是點按競爭對手打的廣告，以迫使對方付費。駭客也會利用大型殭屍網路，向其他受害者發動分散式阻斷服務攻擊。[346-348]

如果能夠控制幾百萬個機器人，即可利用這些機器人癱瘓個人甚或公司的網際網路連線，並且切斷對方的網際網路連線。這類攻擊可能難以防禦，而且是一場貨真價實的規模競賽，因為一切都得看防禦者的資料通道是否大到足以處理所有流入的流量。此外，有時攻擊者則會威脅公司以勒索金錢。

國際犯罪組織會運用全球各地的法律和管轄漏洞；他們會銷售攻擊工具，甚至提供又名 CaaS 的「犯罪軟體即服務」（crimeware-as-a-service）。國際刑警組織指出：

從入門層級到金字塔頂端的犯罪分子，整個犯罪體系都能透過「犯罪軟體即服務」模型輕鬆取得工具和服務，就連秉持其他動機的激進駭客甚或恐怖分子也不例外。因此，即便是初階的網路犯罪分子所執行的攻擊，攻擊規模也可能跟他的技術能力不成比例。[349]

個人犯罪分子專精如認證資料竊取、付款詐騙和洗錢等等罪行，他們會銷售駭客工具並提供殭屍網路服務。某些政府甚至會親自投入犯罪活動，也有某些政府面對在該國境內從事海外犯罪的罪犯時，會睜一隻眼、閉一隻眼。北韓在這方面格外離譜，因為他們會雇用駭客來為國庫掙錢。在二〇一六年，北韓就從孟加拉銀行竊走了八千一百萬美元。[350-353]

當然，利潤不是唯一的犯罪動機。世人犯罪的原因從怨恨、恐懼、復仇到政治等等各有不同。我們很難找到相關資料，了解在所有犯罪中有多少比率的犯行跟金錢無關，但我們知道大家常會犯下跟錢有關的罪行。而且現在愈來愈多人在網際網路上犯罪，例如網路跟蹤（cyberstalking），或是因政治利益或個人怨恨而竊取並公開個人資訊，也可能是透過其他方式造成傷害。

每天都會出現更多可成為駭客行動目標並受到操控的電腦，也會出現更多可以竊取的資料。這類事件已在我們的眼前上演了。我們曾看到網路攝影機、數位視訊記錄器和家用路由器遭受駭客行為攻擊，進而成為殭屍網路的一部分，並用來執行散式阻斷服務攻擊。我們也曾看到冰箱等家電遭用來傳送垃圾電子郵件。攻擊者亦曾將物聯網裝置變磚，讓那些裝置再也無法運作。[354-356]

雖然至今尚未發生透過網際網路進行謀殺的案例，但這種能力是存在的。例如回溯到二〇〇七年，當時美國副總統錢尼（Dick Cheney）所裝入的心律去顫器曾受到修改，讓他較不容易遭暗殺。在二〇一七年，某人傳送的推特推文故意設計為容易導致癲癇患者的癲癇發作。同樣在二〇一七年，維基解密發布了中央情報局試圖從遠端透過駭客手法影響汽車的資訊。[357-359]

勒索軟體也開始進入物聯網。嵌入式電腦對勒索軟體的抵抗力並沒有比筆電好多少，犯罪分子都已知道當人命危在旦夕時，利用備份來復原資料這種顯而易見的電腦勒索軟體防禦措施將無法派上用場。駭客已經示範過如何將勒索軟體用在智慧調溫器上。在二〇一七年，一家奧地利飯店的電動門鎖遭到駭客攻擊並勒索贖金。汽車、醫療器材、家電和其他一切都是駭客未來可以下手的目標，所以締造更多犯罪收入的潛力亦相當龐大。[360-361]

造成嚴重傷害的潛力也同樣龐大。若汽車變磚，並顯示要求支付價值兩百美元的比特幣，會是個昂貴的麻煩，但如果在車輛高速行駛時出現前述要求，則將威脅生命存亡。醫療器材也一樣。NotPetya 勒索軟體在二〇一七年導致美國和英國各地的醫院關閉。某些英國醫院因為作業大規模癱瘓，導致他們必須延後手術、將送來的急診病患引導到他處，而且需要更換受損的醫療設備。在未來幾年，大多數攻擊將會轉以物聯網裝置和其他嵌入式電腦為目標。Mirai 殭屍網路已在二〇一六年讓我們看到這股趨勢的前兆。那時，許多物聯網裝置都被吸收至這個全球最大的殭屍網路中，雖然沒有人利用該殭屍網路散播勒索軟體，但那其實是輕而易舉的事。[362-365]

第五章

風險漸趨慘重

　　諸如科技的現實局面、政治與經濟趨勢等等，在前四章中提及的所有趨勢都不是新鮮事。現今正在變化的其實是社會利用電腦的方式，例如電腦的決策幅度與行動自主性，以及電腦跟實體世界的互動等等，這也提高了某些領域所面對的威脅。

攻擊完整性與可用性的行動漸增

　　傳統上將「資訊安全性」形容為一個由機密性（confidentiality）、完整性（integrity）與可用性（availability）所構成的三角形，大家稱之為「CIA 三角」（CIA triad），這個名稱在國家安全範疇中無疑會造成混淆。不過基本上，我們可以對他人資料採取的行動有三種，即竊取資料複本、修改資料或刪除資料。[366]

　　直至目前為止，威脅大都與機密性相關。這類攻擊可能帶來高昂代價，例如北韓在二〇一四年攻擊索尼的駭客行動。這類攻擊可能讓人羞窘，例如蘋果 iCloud 在二〇一四年發生的名人照片遭竊事件，或是 Ashley Madison 成人網站在二〇一五年的資料外洩事件。這類攻擊可能造成損害，例如俄羅斯在二〇一六年對美國民主黨全國委員會執行的駭客行動，或是艾可飛公司在二〇一七年遭不知名駭客竊走一億五千萬筆個人資料的事件。這類攻擊可能威脅國家安全，例如美國人事管理局於二〇一五年發生的資料外洩事件。以上案例全都是侵害機密性的事件。[367-371]

不過，當我們賦予電腦影響世界的能力後，完整性與可用性威脅的影響會更為重大。隨著系統的功能和自主程度漸增，資訊操作的威脅性也隨之提升。隨著系統愈發不可或缺，阻斷服務的威脅性也隨之提升。隨著系統會對人命與財產造成影響，駭客行為的威脅性也隨之提升。我的車具有網際網路連線功能，雖然我擔心駭客可能會侵入車中，並透過藍牙連線竊聽我的對話（機密性威脅），但我更擔心駭客可能會讓煞車無法作用（可用性威脅），或修改自動車道導正與跟車距離系統的參數（完整性威脅）。機密性威脅影響我的隱私，而可用性與完整性威脅則可能置我於死地。

資料庫也是一樣。雖然我擔心自己病歷的隱私，但我更擔憂某人可能會更改我的血型或過敏原清單（完整性威脅），或是某人可能會關閉維生設備（可用性威脅）。這也可以理解為機密性威脅攸關隱私，但完整性與可用性威脅卻會實際影響到我們的安全。[372]

規模較大的系統同樣容易受到侵害。在二〇〇七年，愛達荷州國家實驗室曾演示攻擊工業渦輪機的網路攻擊行動。該攻擊導致渦輪機的旋轉失控，最後自毀。Stuxnet 在二〇一〇年對伊朗核離心機的所作所為，基本上跟二〇〇七年的演示一模一樣。在二〇一五年，駭客侵入德國某個不具名的煉鋼廠，並破壞廠房的控制系統，導致高爐無法正常關閉，進而造成大規模的損害。另外在二〇一六年，美國司法部起訴了一位伊朗駭客，因為他取得紐約州拉伊鮑曼水壩的存取權限。根據起訴內容，那名駭客能從遠端操作水壩水門。雖然該駭客沒有利用存取權限從事任何行動，但他其實有可能那麼做。[373-375]

這類工業控制系統稱為「資料擷取與監控」（SCADA）系統。我們的水壩、發電廠、煉油廠、化工廠與其他所有設備都連接網際網路，而且容易受到傷害。此外，因為前述所有設備都會直接對環境造成實質影響，所以當設備受到電腦控制時，風險將會遽增。

這類系統會故障，有時故障會造成嚴重影響，而且除了意外故障之外，也可能因攻擊而故障。在一九八四年，研究複雜性與意外事件的社會學家裴洛寫下一段深具先見之明的話：

> 在那些可能致命且緊密連結的複雜系統中，我們無法避免發生意外及可能隨之而來的災難。我們應當更努力嘗試減少失效情形，如此將能帶來極大幫助，然而這麼做對某些系統來說仍嫌不足。……我們必須與系統的風險同生共死、關閉系統，或是徹底重新設計系統。[376]

在二〇一五年，一名十八歲的少年為了做科學專題研究，因此在無人機上裝配了手槍，並將從遠端操控開槍的影片張貼到 YouTube 上。[377]

那只是可利用網際網路＋執行謀殺的其中一種方式。某人也可控制受害者疾速行駛的汽車，或是駭入醫院的給藥幫浦，並向受害者注入達致死劑量的某種藥物，還可以在熱浪侵襲時侵入電力系統。這些都不是理論上的疑慮，因為安全性研究人員已經示範過執行前述所有行動。[378-379]

汽車容易受到傷害，飛機、商用船隻、電子道路號誌與龍捲風警笛也一樣。我們幾乎可以肯定核武系統容易受到網路攻擊傷害，而且負責向我們警示這類事件的電子系統同樣容易受到傷害。衛星也不例外。[380-385]

為了讓社會正常運作，我們需要信任那些左右我們生活的電腦程序，可是攻擊資料完整性的行為會降低大眾的信任，許多例子都能說明這一點。在二〇一六年，俄羅斯政府駭客侵入世界反禁藥組織，竄改運動員藥物測試的資料。在二〇一七年，可能受雇於阿拉伯聯合大公國政府的駭客侵入卡達某家新聞社。接著駭客置入推崇伊朗與哈瑪斯（HAMAS）的煽動性言論，並且誤導大家以為那是來自卡達酋長的發言，導致卡達與鄰國之間的外交危機加速惡化。[386-388]

證據顯示在二〇一六年美國選舉前夕，俄羅斯曾存取美國二十一州的選民資料庫。雖然那時的影響輕微，但若發生較廣泛的整體性或可用性攻擊，將會造成毀滅性的下場。[389]

美國國家情報總監在二〇一五年的全球威脅評估中做了以下描述：

公眾對網路威脅的討論大都集中在資訊的機密性與可用性上。網路間諜有損機密性，阻斷服務行動與資料刪除攻擊則降低了可用性。但是，未來可能會有更多網路行動的目標不再是刪除資料或阻礙存取資料，而是欲透過改變或操控電子資訊的手法，破壞資訊的完整性（即準確性與可靠性）。若政府高官（文官與武官）、企業高階主管、投資人或其他人士無法信任自己獲得的資訊，將會對他們的決策造成負面影響。[390]

在二〇一五年，當時的國家情報總監克拉珀及國家安全局局長羅傑斯（Mike Rogers），曾在分別於眾議院與參議院的幾個委員會前作證時，提及這類威脅。他們認為這類威脅的嚴重性遠高於機密性威脅，並且認為美國易於受到傷害。[391-392]

以下是二〇一六年的全球威脅評估對威脅的描述：

我們幾乎可以肯定未來的網路行動，將更著重於透過改變或操控資料的手法，破壞資料的完整性（即準確性與可靠性），進而影響決策、降低對系統的信任感，或造成負面的實質影響。例如在商業網站張貼假資訊的俄羅斯網路行動者，可能企圖利用竄改線上媒體的手法，進而影響輿論並製造混淆。根據中國軍事準則的概述，採用網路騙局行動的宗旨在於隱瞞意圖、修改儲存的資料、傳輸假資料、操控資訊流或影響大眾情緒等等，全都是為了引發錯誤，並使決策出現誤判。[393]

犯罪分子也讓我們感到憂心。在二〇一四年至二〇一六年期間，美國財政部進行了一連串的演練，協助銀行對攻擊交易與貿易的資料操控行動做好準備。隨後財政部建立計畫，以在發生大範圍攻擊後輔助銀行還原客戶帳戶。若某人在金融系統中插入假資料，可能會造成重大傷害。沒有人知道哪些交易是真實的交易，而如果靠人工整理，可能得花上好幾星期的時間才能完成。[394-395]

這一切都讓安全性占據前所未見的關鍵地位。使某人的電腦當機導致他失去試算表資料，以及讓某人的心律調節器當機導致他喪命，這兩件事從根本上即完全不同。即使這兩種情境牽涉到的電腦晶片、作業系統、軟體、漏洞與攻擊軟體可能完全一樣，但這兩種情形仍舊大相逕庭。

演算法的自主程度與能力皆逐漸提升

電腦的核心為執行軟體演算法。在第一章中，我曾討論程式問題與漏洞，以及隨著複雜性而惡化的弱點，不過有個全新層面甚至會讓問題雪上加霜。

機器學習是一種特殊的軟體演算法類型。基本上，機器學習是指導電腦學習的方法，其運作方式為向電腦饋送大量資料，並告知電腦何時表現較佳或較差。機器學習演算法會自行修正，以提高表現較佳的頻率。[396]

機器學習演算法能比人類更迅速妥當地執行作業，尤其在需要處理大量資料時更是如此，因此現在機器學習演算法正如雨後春筍般湧現。機器學習演算法能向我們交付研究成果、判斷應放在我們社群網路消息來源上的內容、為我們的信用等級評分，還能判斷我們符合使用哪些公家服務的資格。機器學習演算法在得知我們曾觀看與閱讀的內容後，會使用該資訊推薦我們可能會喜歡的書籍和電影。這些演算法能將照片分類、把某種語言的文字翻譯成另一種語言，也可像遊戲高手一樣玩《精靈寶可夢 GO》、閱讀 X 光片並診斷癌症，或是為保釋金、判刑與假釋決策提供豐富資訊。機器學習演算法可分析言論以評估自殺風險，也可分析臉部以預測同性戀傾向。若要預測波爾多美酒的品質、雇用藍領勞工，以及在打橄欖球時決定是否應棄踢等等，機器學習演算法的表現都優於人類。機器學習可用來偵測垃圾郵件與釣魚電子郵件，也可用來提高釣魚電子郵件的個人化程度與可信度，進而獲得更高斬獲。[397-406]

　　因為這類演算法本質上會自行編程，所以人類可能無法理解演算法的行為。例如 Deep Patient 機器學習系統在預測思覺失調症、糖尿病與某些癌症時的成功率意外地高，在許多案例中的表現更勝過人類專家。然而即使這個系統成效良好，卻沒有人了解其中奧妙，甚至在分析機器學習演算法與演算法結果後，大家依舊無法理解。[407-408]

　　大致上，以上皆是我們樂見的情況。即使機器學習診斷系統無法解釋自己的行為，但相較於人類技師，我們反而偏愛更準確的機器學習診斷系統。因此，機器學習系統在許多社會領域中正逐漸普及化。

　　基於相同原因，我們也願意讓演算法更為自主。「自主性」指系統在無須人類監視或控制下，即可獨立行動的能力。很快地，自主系統將會無所不在。在二〇一四年出版的《自主技術》（*Autonomous Technologies*）一書中，有幾章內容為探討農用自動載具、自主造景應用程式和自主環境監控器。現今的汽車擁有自主功能，例如將車身維持在道路標線內、以固定距離跟車，也可在無須人力介入下煞車，以免發生碰撞等等。現在「代理」（agent）這種可代替我們執行作業的軟體程式也已相當普及，例如可在股價低於特定門檻時幫忙買進股票等等。[409]

我們現在也允許演算法擁有實體代理媒介。我將網際網路＋形容為能直接透過有形方式影響世界的網際網路時，指的正是這個意思。只要看看周遭，即可發現到處都是具有實體代理媒介的電腦，例如嵌入式醫療器材、汽車、核能廠等等。

某些演算法可能看來不具自主性，但實際上卻是自主演算法。雖然從技術層面來說，保釋金決策的確是由身為人類的法官判定，但若法官相信演算法的偏見程度較低，因此完全根據演算法的建議做出決策，那麼該演算法等於具備自主性。同樣地，如果醫生因為害怕發生醫療過失訴訟，因此從不違背演算法對癌症手術的判斷，或是軍官從不違背演算法對無人機攻擊目標的判斷時，那麼這些演算法也如同具備自主性。除非最後實際做決定的是人類，否則把人類放進作業迴圈裡不會造成任何差異。

上述所有事例的風險都極為可觀。

演算法可能會遭到駭客行動影響。執行演算法時需使用軟體，而如同第一章探討的內容，軟體可能會遭駭客侵害。前幾章提及的所有例子，都是駭客軟體的傑作。

演算法必須獲得準確的輸入資料。演算法需要資料才可正確運作，而且通常必須是關於真實環境的資料。我們得確保演算法可在需要時取得資料，而且資料皆準確無誤。不過資料有時原本就存在偏見。有一種攻擊演算法的手法是操控演算法的輸入資料。基本上，如果我們讓電腦代替人類思考，但基礎輸入資料卻已經毀損時，將致使演算法以錯誤的方式思考，而我們可能永遠不會察覺這件事。

在稱為「對抗式機器學習」（adversarial machine-learning）的情況下，攻擊者會嘗試找出向系統饋送特定資料的方法，藉此使系統以特定方式當機。在一項以影像分類演算法為主題的研究專案裡，大家發現研究人員可以建立人類完全無法辨別差異的影像，但機器學習網路卻能以高信賴度完成影像的分類作業。另一項相關研究專案能夠使用假的道路號誌騙過車載視覺感測器，但那些道路號誌卻無法愚弄人類的眼睛和大腦。此外還有一項專案在完全不了解演算法的設計之下，卻能成功矇騙演算法將來福槍分類為直升機（現在，欺騙影像分類工具已成為大學電腦科學課程中的標準作業）。[410-412]

就像微軟 Tay 聊天機器人曾受到故意饋送的資料影響，因此變得具有種族歧視與厭女症一樣，駭客也能以類似方式訓練各種機器學習演算法，讓演算法採取非預期的舉動。垃圾郵件寄件者則可如法炮製地欺騙反垃圾郵件機器學習演算法。隨著機器演算法愈發普遍、強大，未來應該會發生更多這種攻擊。[413]

演算法的速度也存在新的風險。電腦做決策與執行作業的速度都比人類快上許多，電腦可在數毫秒內執行股票交易，或在同樣的數毫秒內中斷幾百萬個家庭的電力。我們可以重複將演算法複製到不同電腦中，而演算法的每個例項都能在每一秒做出幾百萬個決策。這一方面非常理想，因為演算法能以人類無力實現的規模進行擴充，至少人類無法像演算法般輕易地以低成本實現一致的擴充。然而，速度也可能使我們難以對演算法的行為實施有意義的檢查。

通常唯一會拖慢演算法速度的因素是跟人類互動。當演算法以電腦的速度彼此互動時，合併產生的結果可能很快就會失控。而且因為自主系統可能在人類介入前就先造成嚴重傷害，導致自主系統更加危險。

在二○一七年，道瓊通訊社意外刊出 Google 收購蘋果的報導，那顯然是個惡作劇，而且所有看到報導的人類都會立即察覺這一點，可是自動化的股票交易機器人卻被騙倒了，股價因此受到影響，直到該報導在兩分鐘後撤下為止。[414]

以上情況只是個小問題而已。在二○一○年，自主高速金融交易系統意外地引發「閃電崩盤」（flash crash）。短短幾分鐘內，非預期的機器互動導致一兆美元的股市價值蒸發，而造成問題的公司最後則因這起事件破產。在二○一三年，駭客侵入美聯社的推特帳戶並發表白宮受到攻擊的假報導，導致股市在幾秒內即下跌百分之一。[415-416]

我們也應預期未來攻擊者可能會利用自主機器學習系統。他們可藉此發明新的攻擊技術、探勘個人資料以進行詐騙、製作可信度更高的釣魚電子郵件等等。這類系統未來只會變得更為精密複雜，並且擁有更多功能。[417]

美國國防高等研究計畫局（DARPA）在二○一六年的 DEFCON 駭客技術會議中，曾主辦一場新穎的駭客比賽。「攻防搶旗賽」

（Capture the Flag）是個頗受歡迎的駭客比賽。策畫者建置一個內含許多程式問題與漏洞的網路，而各個小組則要一邊防禦自己的網路陣地，一邊攻擊其他小組的陣地。「網路大挑戰」（Cyber Grand Challenge）跟攻防搶旗賽差不多，不過小組必須傳送程式，由程式自動執行前述行動。這場比賽的最後結果令人印象深刻。某個程式在網路中發現一個先前未偵測到的漏洞，於是該程式在針對發現的程式問題自行修補之後，就開始利用那個漏洞攻擊其他小組。而在之後一場人類團隊和電腦團隊都有參與的比賽裡，部分電腦小組的表現比人類小組更出色。[418-420]

這些演算法只會變得更精密複雜，並且擁有更多功能。攻擊者會利用軟體分析防禦機制、開發新的攻擊技巧，隨後發動攻擊。大多數安全性專家都認為攻擊性自主攻擊軟體近期會更為普遍，屆時就只是看技術的改善情況而已。電腦攻擊者進步的速度將大幅超越人類攻擊者，再過五年，自主程式打敗所有人類團隊的情況可能會成為家常便飯。[421-422]

如同美國網戰司令部指揮官暨國家安全局局長羅傑斯在二○一六年所說：「人工智慧和機器學習……是未來網路安全性的基礎。……我們必須投注心力，找出應採取的因應措施。在我看來那並非假設情境，只是時間早晚而已。」[423]

就軟體自主性結合實體代理媒介而言，最能夠引起共鳴的例子是機器人。研究人員已經利用過機器人的漏洞來從遠端掌控機器人，而且也曾在遙控的手術機器人與工業機器人中發現漏洞。[424-426]

在此特別值得一提的是自主軍事系統。美國國防部對自主武器的定義為不需要人類操作員干預，即可自行選擇目標並發射的武器。所有武器系統都能致命，而且全都容易發生意外。提高自主性會大幅增加意外致死的風險。在武器化身為真正機器人士兵的許久之前，武器會先電腦化，因此也容易受到駭客行動侵害。攻擊者可停用武器或讓武器故障，如果是自主武器，或許駭客會讓大量武器將槍口對準彼此或人類盟友。若武器無法召回或關閉，而且又以電腦的速度運作，可能會使盟友和敵人陷入各種死亡險境。[427-429]

　　這一切都會與人工智慧一同降臨。過去幾年來，我們已看到某些駭人的預測指出人工智慧的危險。未來的人工智慧可能化身為智慧機器人或採用某種較不像人類的構造，而比爾‧蓋茲、伊隆‧馬斯克與霍金等科技人和哲學家博斯特倫（Nick Bostrom），都曾警告未來人工智慧可能會強大到足以掌控世界，進而奴役人類、讓人類滅絕或無視人類的存在。他們指出或許風險還很遙遠，但卻十分嚴重，因此我們不能愚蠢地忽略相關風險。[430-431]

　　我比較不擔心人工智慧，在我看來，大家害怕人工智慧是因為那如同一面反映人類社會的鏡子，而不是因為那是預示未來的徵兆。人工智慧與智慧機器人是結合機器學習演算法、自動化及自主技術等多種先驅技術後的顛峰之作。這些先驅技術的安全性風險早已伴隨在我們左右，而且隨著技術愈發強大、普遍，前述安全性風險也會增加。因此，雖然我對智慧汽車甚或無人駕駛車感到憂心，但跟這類車輛相關的風險早已普遍存在於有人駕駛的連網車輛中。同時，雖然我對機器人士兵感到憂心，但大部分相關風險已普遍存在於自主武器系統中。[432]

機器人專家布魯克斯（Rodney Brooks）也曾經指出：「未來，早在那類機器崛起前，會先出現智慧程度與好戰程度較低的機器，不過在那之前會先出現十分乖戾的機器，而在那之前還會先出現相當惹人厭的機器，同時再那之前則會先出現傲慢惱人的機器。」我認為在機器人技術邁入前述領域的許久之前，我們就會先看到新的安全性風險浮現。[433]

供應鏈愈來愈容易受到傷害

我們先前曾提及屬於另一種攻擊類別的「供應鏈攻擊」，不過只是略微說明。這類攻擊的目標是電腦、軟體與網路設備等等各種產品的生產、配送與維護作業，全是構成網際網路＋的要素，因此等於是我們周遭的一切。

例如，大家廣泛懷疑中國華為公司製作的網路產品含有中國政府控制的後門，而卡巴斯基實驗室的電腦安全性產品則遭到俄羅斯政府滲透。在二〇一八年，美國情報官員警告不應購買華為與中興通訊等中國公司的智慧型手機。此外回溯到一九九七年，以色列的 Check Point 公司受到流言紛擾，指稱以色列政府在該公司的產品中加入了後門。在美國，國家安全局悄悄在 AT&T 設施中安裝了竊聽設備，並且從行動通訊供應商收集手機通話的資訊。[434-438]

以上所有駭客行動的目標，都是大眾在網際網路上使用的基本產品與服務，以及大眾對那些產品與服務的信任感。這些駭客行動證明了科技產品的國際供應鏈十分脆弱。[439]

在網際網路的進化過程中,大家從未考量過這些風險。這類風險大都是因網際網路的成長與成功超出預期而意外導致的後果。我們的硬體是在生產成本低廉的亞洲製作,程式設計師則來自世界各地,而且因為印度與菲律賓等國家的人力費用比美國低廉,有愈來愈多程式設計作業都是在那些國家完成。這導致供應鏈一片混亂。首先在第一個國家製造產品的電腦晶片,並到另一個國家完成組裝。接著在第三個國家編寫執行的軟體後,再到第四個國家整合為最終系統。隨後至第五個國家完成品質測試,再銷售到第六個國家的顧客手上。在前述任何一個步驟中,最終系統的安全性都可能遭到供應鏈內的人員破壞。供應鏈中的每個國家皆有各自的政府與誘因,而任何一個國家都能脅迫該國人民聽從國家的要求。在製造電腦晶片期間加入後門很簡單,而且能夠防止遭到大多數偵測技術察知。[440]

為了防範部分這類攻擊,各國政府採用的方法之一為要求檢視採購軟體的原始碼。中國會要求檢視原始碼,美國也是。卡巴斯基在遭指控產品包含俄羅斯政府插入的後門後,就開放讓所有政府檢視原始碼。當然,檢視原始碼的做法有好有壞,因為各國可透過企業提交的原始碼來找出能利用的漏洞。在二〇一七年,慧與科技公司(HP Enterprise)就因將旗下 ArcSight 網路安全性產品系列的原始碼提供給俄羅斯而飽受抨擊。[441-444]

各國政府不只會侵入該國產品與服務的設計和生產程序作業,也會個別或大規模地阻斷配送作業。根據史諾登外洩的美國國家安全局文件指出,國家安全局打算在華為設備中加入自己的後門。我們從史諾登的文件得知，國家安全局員工會定期在思科系統公司將網路設備出貨給外國客戶前先行攔截，並在設備中安裝竊聽裝置。思科對此一無所知，所以在發現真相後怒不可遏，但我確信一定有其他比思科更樂於跟政府合作的美國公司。在瞻博網路公司（Juniper）的防火牆，以及友訊科技公司（D-Link）的路由器中都曾發現後門，而且無法得知置入後門的幕後黑手究竟是誰。[445-449]

　　駭客曾在 Google Play 商店推出偽造的應用程式，這些應用程式的外觀與運作方式都跟真正的應用程式一樣，名字也相似到足以騙過大家，但卻會收集我們的個人資料以用在惡意的用途上。一份報告指出在二〇一七年，大家曾毫無戒心地下載了四百二十萬個假應用程式。其中包含一個假的 WhatsApp 應用程式，不過使用者相當幸運，因為假的 WhatsApp 的設計是為了竊取廣告收益，而不是竊聽你我的對話。[450-451]

　　以下是更多發生在二〇一七年的案例。CCleaner 是一款備受歡迎的 Windows 工具。某些與中國有關的駭客侵入 CCleaner 的合法下載網站，讓幾百萬名不曾戒備的使用者下載了受到惡意軟體感染的 CCleaner 軟體。不知名的駭客破壞了烏克蘭某會計軟體的合法軟體更新機制，藉此將 NotPetya 散布至烏克蘭各地。另一個組織利用假的防毒更新來散播惡意軟體。研究人員曾示範如何透過感染第三方廠商製作的替換螢幕來侵入 iPhone。此外，發生類似攻擊的次數已經多到讓某些人提出警告，表示大家不應從 eBay 等網站上購買二手物聯網裝置。[452-456]

　　較大型的系統也容易受到這類攻擊傷害。中國於二〇一二年資助非洲聯盟在衣索比亞的阿迪斯阿貝巴建立新總部，並由中國的公司負責建造，建物的電信系統也由中國建置。隨後在二○一八年，非洲聯盟發現中國利用該基礎設備監視非洲聯盟的電腦。這讓我想起俄羅斯承包商在冷戰期間於莫斯科建造的美國大使館，因為那棟大使館裡到處都裝有竊聽裝置。[457-458]

供應鏈漏洞是嚴重的安全性問題，也是我們大都會忽略的問題。現今的商業高度國際化，因此任何國家都不可能將整個供應鏈局限在該國境內。幾乎每家美國科技公司都在馬來西亞、印尼、中國與台灣等等不同國家生產硬體。美國政府偶爾會觸及這項問題，或許是因為需要阻止特殊的合併或收購行動，也可能是因為需要禁止特定的硬體或軟體產品，不過都只是對更廣泛問題所做的小幅干預而已。

局面只會每況愈下

我們對網際網路的嚴重依賴性逐漸變得事關重大。在二○一二年，當時的美國國防部部長帕內塔（Leon Panetta）於演說時警告：

> 任何侵略國家或極端分子組織都可能利用這類網路工具，以取得重要開關的控制權。他們可讓載有乘客的火車出軌，甚或引發更危險的事件，例如讓載滿致命化學物的火車出軌等。他們可以汙染主要都市的供水系統，或關閉某國大部分地區的電網。[459]

以下內容取自二〇一七年的全球威脅評估：

隨著關鍵部門的重要基礎設施整合網路科技之後，網路威脅也加重了公眾健康、安全和繁榮所承擔的風險。由於我們持續將決策、感測與認證等職責指派給可能易受攻擊的自動化系統執行，造成這類威脅進一步加劇。[460]

以下則取自二〇一八年的版本：

在幾十億個數位裝置彼此連線之後，未來網路領域的驚人潛力還會繼續提升，可是內建的安全防護卻相對極少。而民族國家與惡意行為者在採用日益普及的網路工具組後，將會擁有更佳設備，也會更膽大包天。因此在可能爆發戰爭的危機下，敵人對美國執行網路攻擊的風險正逐漸升高，例如刪除資料、使重要基礎設施局部暫時停擺等等。[461]

不可否認前述言論有些是誇大其辭，但大部分描述卻屬實。

在二〇一五年，勞合社建立了一個假設情境，模擬美國電網受到大規模網路攻擊的情形。那是符合現實的攻擊情境，其複雜程度近似於俄羅斯在二〇一五年十二月與二〇一七年六月對烏克蘭執行的攻擊，並且結合了愛達荷州國家實驗室攻擊發電機的演示。根據勞合社研究人員的預測結果，大停電會影響十五州內的九千五百萬位人民，延續時間則從二十四小時到數週不等，而根據情境採用的詳細條件而定，大停電的衍生成本將介於兩千五百億美元到一兆美元之間。[462]

本書的書名無疑是個誘人上鉤的標題。*它描繪了一個仍屬於科幻小說情境的世界：那個世界緊密互連，電腦與網路都嵌入最重要科技基礎設施的深處，因此某人可能只要點幾下滑鼠，就能摧毀人類文明。那是遙不可及的未來，我也不認為人類能夠將那種未來化為現實。但是風險確實漸趨慘重。

現在有一條有效的通用原則。科技進步使攻擊能夠擴大規模，而更佳的科技代表能以更少攻擊者造成更大傷害。持槍人士造成的傷害比持劍者更大，若他持有的是機關槍，還能造成更嚴重的傷害。持有塑膠炸藥的人所造成的傷害比持有炸藥棒的人更大，而持有放射性核彈的人則可造成更慘重的傷害。裝設槍枝的無人機製作成本與難度將會降低，或許未來用 3D 印表機就可輕鬆完成製作，而且現在於 YouTube 上已可找到展示這種拼湊成果的影片。[463-464]

在網際網路上已能看見這種規模擴張的情形。相較於靠雙腳行動的罪犯，網路罪犯可更迅速地從更多銀行帳戶中偷出更多錢。相較於過去必須使用 VHS 錄影帶的時代，數位海盜可以更快速地複製更多電影到雲端伺服器上。相較於過去的電話網路，全球各國的政府都已發現網際網路可使竊聽作業更有效率。利用網際網路，就能將攻擊擴展到只有靠電腦與網路才能實現的規模。

還記得在第一章中曾提到距離不是問題、類別漏洞，以及可將技

---

*編按：原文書名 Click Here to Kill Everybody，即前文之「點這裡以害死所有人」。

術存放在軟體內的趨勢嗎？隨著電腦系統在基礎設施內的地位更為關鍵，前述趨勢的危險性也會進一步提升。例如某人可以使**所有**車輛撞毀（不過老實說較可能的情況，是讓某一特定車廠內所有使用相同軟體的特定年式車款全數撞毀），或是關閉**所有**發電廠等等，都是可能出現的風險。我們擔心某人能一口氣洗劫**所有**銀行。我們擔心某人會掌控某一製造商的**所有**胰島素幫浦，藉此大開殺戒。過去在網際網路促成互連、自動化與自主化之前，根本不可能出現這些災難般的風險。

但在網際網路＋環境中，電腦會滲透至我們生活的每個層面，因此隨著我們逐漸邁入網際網路＋環境，類別漏洞亦會更為危險。結合自動化與超距作用後，攻擊者即可享有超越以往的強大能力與影響力。美國向來自視為願意冒險犯難的社會，我們總是偏好在先採取行動後，才著手處理善後，但若風險過高，我們可以繼續依循這種模式嗎？

那正是讓我夜不成眠的風險。那並非「網路珍珠港事變」般的情境，亦即某國對另一國發起突襲的行為，而是會升級到超出控制範圍的違法攻擊行動。

此外，各國之間存在不對稱的差異。自由民主國家比極權國家更容易受到傷害，部分是因為我們對網際網路＋的依賴性更高、仰賴網際網路＋處理的重要事務更多，另外也是因為我們不會施加高壓的集權控制。歐巴馬總統在二〇一六年的記者會中已承認這點：「我們的經濟較為數位化且較為脆弱，部分是因為……我們擁有更開放的社會，而且加諸在網際網路上的控管與審查也較少。」[465-466]

這種不對稱讓威懾行動及預防情勢升級的難度提高，同時使我們陷入比世上其他國家更危險的處境。[467]

當能力益發高超的攻擊者與社會互動時，會出現一種耐人尋味的現象。由於科技提升了每名攻擊者擁有的能力，因此大眾能夠容忍的攻擊者人數也隨之減少。基本上這像個數字遊戲。因為人類是以群體和社會的型態活動，因此每個社會都會出現一定比率的惡意行為者，代表存在一定的犯罪率。同時，社會只能容忍某一特定程度的犯罪率。當每名罪犯的犯罪成效提升時，一個社會能容忍的罪犯總數將會隨之減少。

請想像以下情境：假設普通竊賊在合理情況下能每星期搶劫一戶住家，若現在有一個內含十萬戶住家的城市，且該城市願意忍受的住家遭搶比率可能是 1%，這代表該城市能夠容忍的竊賊是二十人。但如果科技突然提升了每名竊賊的效率，讓一名竊賊一星期可以洗劫五戶住家，那麼該城市就只能容忍四名竊賊。因此該城市必須把另外十六名竊賊關起來，才能維持相同的 1% 搶劫率。

社會確實會這麼做，雖然大家不會明確計算其中的等式，但實際上正是如此。如果犯罪率過高，我們會開始抱怨警察不夠多；如果犯罪率過低，我們會開始抱怨花太多錢在警力上。過去當罪犯的效率沒那麼好時，我們願意忍受的社會罪犯人口可達到某一特定比率。隨著科技提高了每名罪犯的效率，我們能夠容忍的比率也跟著下降。

這是未來恐怖主義會帶來的真實風險。因為利用現代科技，恐怖分子就可能造成規模遠勝以往的傷害，所以我們必須確保能使恐怖分子的比率降低，才會一直有許多議論都在探討擁有大規模毀滅性武器的恐怖分子。發生九一一事件後，我們最害怕的技術是核子、化學與生物技術，接著放射性武器也加入前三者之列。那些人施用網路武器的方式跟其他武器並無二致，主要是因為大家對網路武器的傷害程度知之甚少。電磁脈衝武器經過特別設計，可停用電子系統。我相信隨著未來技術發展，將會造就現今無法想像的大規模毀滅性技術，不過前述武器才是我們現在憂懼的對象。[468-471]

網路恐怖主義得再過幾年才會出現。即使在二〇一七年的全球威脅評估中，對恐怖主義和網際網路的關切仍僅限於協調與控制上：

> 包含伊斯蘭國（ISIS）在內的恐怖分子亦將繼續利用網際網路，藉此組織、招募、散播政治宣傳、募集資金、收集情報、鼓勵追隨者行動，以及藉此協調各項行動。真主黨（Hizballah）與哈瑪斯會以其網路成就為根基，繼續在中東地區的內外發展。為了激發攻擊行動，伊斯蘭國將持續尋找機會，藉此將目標對準美國公民的敏感資訊並釋出該等資訊，一如他們在二〇一五年揭露美軍人員資訊的行動。[472]

據我猜測，在網際網路能以圖像呈現網路的殺人行徑之前，網路恐怖主義都不會出現。中斷上百萬人的電力無法造成同樣的恐怖威嚇，那是經常意外發生的情況，即使有人因此喪命，也只會成為停電事件的一條補充資訊而已。而雖然駕駛卡車撞進人群中是低科技的行為，卻肯定能成為晚間新聞的吸睛頭條。不過，網際網路攻擊者的侵略性、巧妙程度與韌性都逐年提升，因此，未來可能出現牽連飛機或汽車的網路恐怖主義事件。

這類攻擊之所以與傳統攻擊大相逕庭，在於攻擊可造成的傷害程度不同。因為潛在後果太過嚴重，所以我們相信即使只是發生一起嚴重事件，都會造成我們無法承擔的後果。現在請回到先前的假設情境。我們害怕技術進步會賦予每名攻擊者更強大的能力，屆時即便只有一起攻擊成功，都會超出我們的忍受範圍。

根據記者蘇斯金（Ron Suskind）的描述，前副總統錢尼在二〇〇一年十一月對「百分之一論」的闡述如下：「即使恐怖分子只有 1% 的機率能取得大規模毀滅性武器，而且發生這類情形的機率向來非常低，但美國仍必須將其視為肯定的事實，現在就立刻採取行動。」事實上，我剛才正是為錢尼的論點提供了另一項理據。[473]

部分新風險與敵對國家或恐怖分子無關，而是源自網際網路＋幾乎涵蓋並連結一切的本質，導致一切容易**同時**受到傷害。就像大型公共事業與金融系統一樣，網際網路＋是一個大到不容許故障與失效的體系，或者至少攸關緊要的安全性防護不能失效，除了因為攻擊者過於強大，我們不能讓他們得手，也因為攻擊者造成的後果可能慘重到讓人不敢想像。

這類失效的事件可能源自規模較小的攻擊甚或意外，但卻會傳遞負面影響。長久以來，我一直認為二〇〇三年那場涵蓋美國東北部與加拿大西南部大多數地區的大停電事件，是網路攻擊造成的後果。這不是我發揮想像力揣摩後所得到的結論，而是因為發生攻擊的時候，正好是 Windows 蠕蟲「Blaster」四處肆虐並造成許多電腦當機的日子。關於大停電事件的官方報告特別指出，所有可直接控制電網的電腦皆非執行 Windows 作業系統，但監控前述電腦的其他電腦則是執行 Windows，而且報告指出其中某些電腦曾離線。雖然該病毒的作者不知道會造成大停電，也可能不是為了證明可造成大停電而故意那麼做，但我認為該病毒的責任在於它曾長時間掩飾初期的小規模停電，直到病毒足以造成災難性的影響為止。[474-476]

同樣地，Mirai 殭屍網路的作者不清楚自己的攻擊會影響迪恩公司，並使許多熱門網站因而離線。我認為他們甚至不知道哪些公司使用迪恩公司的網域名稱系統服務，也不知道該服務是毫無備份的單點故障所在。事實上，Mirai 是三名大學生為了在電玩遊戲《當個創世神》（*Minecraft*）中贏得上風而編寫的殭屍網路。[477-478]

控制實體系統的電腦所受到的傷害會如輻射般向外擴散。在二○一二年，一起攻擊沙烏地阿拉伯國有石油公司的行動，其實只對該公司的 IT 網路造成影響。但由於那起攻擊將超過三萬台硬碟上的所有資料清除殆盡，導致該公司有好幾個星期的時間都無法正常運作，對石油生產作業的影響則達數月之久，進而對全球的供應造成衝擊。船運巨擘快桅公司因為受到 NotPetya 嚴重打擊，導致該公司必須暫時中止在全球七十六個港口碼頭的營運。[479-480]

一般跟重要基礎設施無關的裝置也可能造成災難。我先前曾提及針對汽車（特別是無人駕駛車）與醫療器材等系統的類別漏洞攻擊。在這類攻擊裡還可以加入其他情境，例如派出一批批裝設武器的無人機進行大屠殺、利用規模更龐大的殭屍網路破壞重要系統、使用生物印表機製作致死病原體、會奴役人類的惡意人工智慧系統、從駭進地球的外星人所收到的惡意程式碼，以及其他所有我們尚無法想像的一

切情況等等。[481-483]

　　夠了，讓我們都停下來喘口氣。只要想想過去那些從未成真的所有末日情境，就會發現世人常會對未來感到過度恐慌。在冷戰期間，許多人確信人類會因熱核戰爭而自取滅亡，於是他們減少存入長期儲蓄帳戶的錢。某些人則決定不生小孩，畢竟都要滅亡了，何必生呢？事後看來，有許多原因都阻止了美國或蘇聯展開第三次世界大戰，但當時卻不甚明顯。部分是因為世上的領袖其實沒有我們以為的那麼偏激。多年來，美國與蘇聯的飛彈偵測系統都曾出現許多技術上的小毛病，例如在設備上清楚顯示國家受到核武攻擊之類，但各國都不曾因此實施報復行動。就政治層面而言，古巴飛彈危機可能是讓我們最接近核戰爆發的事件。雖然一九八三年的那個假警報差一點就可以奏效，但同樣沒有引起核戰。[484-488]

　　發生九一一恐攻後，大眾也出現了類似的恐懼。那起事件共造成三千人死亡、一百億美元的財產與基礎設施損失，規模遠超出全球有史以來所經歷的所有恐攻事件（雖然相較於每年因汽車、心臟疾病或瘧疾而死亡的總人數，九一一事件的傷害其實低上許多）。然而大家並未將九一一事件視為短期內不可能再次發生的單一事件，而是決定將其視為新常態。事實上，波士頓馬拉松爆炸案才比較像是典型的恐攻行動，這起事件造成三人死亡、兩百六十四人受傷，並未造成太多附加傷害。但平均而言，美國每年因浴缸、家電與鹿而死亡的總人數，遠超過因恐怖分子而死亡的人數。雖然大眾似乎已擺脫了因九一一事件而起的創傷後壓力症候群反應，但相較於實際風險，我們對恐怖分子威脅的恐懼仍遠遠超出合理範圍。普遍來說，人類非常不擅長

評估風險。[489-494]

　　多年來，我一直在文章中提到我稱為「電影情節型威脅」（movie-plot threats）的情境，也就是有某些安全性威脅過於稀奇古怪，因此雖然可成為絕佳電影情節，但發生的機率卻極低，所以我們不應再浪費時間擔心那種威脅。我在二○○五年發明了這個詞，用來奚落媒體四處散播的恐怖主義報導。那些報導不但駭人聽聞，又過於特定狹隘，例如擁有水肺設備的恐怖分子、透過農用飛機散布炭疽病的恐怖分子、汙染牛奶供應的恐怖分子等等。我的論點有兩面。第一，人類是喜愛說故事的物種，詳盡的故事情節可以喚起我們心中的恐懼，而針對恐怖分子的普通探討無法辦到。第二，防範特定計謀不是合理的做法，我們應該更注重可因應任何計謀的一般安全性措施上。就恐怖主義而言，那代表應著重情報、調查與緊急應變措施。面對其他威脅時，則採取不同的明智安全措施。[495-497]

　　將本章內那些較極端的情境貶低為電影情節型威脅輕而易舉。單獨看來，某些情境可能確實是電影情節型威脅。但整體而言，這些威脅類型過去都曾浮現徵兆，而且未來將會漸趨普遍。其中幾類威脅現在已經出現，只是頻率各有不同。雖然我確實無法提供完全正確的細節，但廣義的概述應當無誤。對抗恐怖主義時，不應像玩打地鼠遊戲一樣，只阻止幾起格外顯眼的威脅。我們的目標應當是從零開始著手設計，打造出更難讓攻擊得逞的系統。

第二部分

解决方案

網際網路＋安全性的前景似乎極為黯淡。威脅不斷增加、攻擊者更加明目張膽，防禦機制則愈來愈不足。

我們不應將譴責矛頭全對準科技。現在的工程師已知道如何抵禦我曾提及的某些部分問題。數百家公司及更多的學術研究人員，都在研發更為良好的新穎技術，以對抗新興威脅。儘管我們面臨艱鉅挑戰，不過挑戰的難度是「把人類送上月球」的程度，而不是「比光速移動得更快」的程度。雖然沒有萬靈丹，但工程師的創意其實並未受到任何限制，因此他們還是可以想出新穎的解決方案來解決艱難問題。

但是同樣地，我不認為情勢能在短時間內好轉。我的悲觀論調主要源自政策上的挑戰。網際網路安全性的現況，是由企業的商業決策，以及政府的軍事與間諜行動決策所直接造就的結果，也就是我在第四章提及的所有內容。我們從過去幾十年所學到的教訓指出，電腦安全性是較偏向人性層面的問題，而不是技術層面的問題，法律、經濟學、心理學與社會學都是重點，而政治和治理則是關鍵。

就以垃圾郵件為例。多年來，垃圾郵件是我們必須在電腦上自行對付的問題，除非網際網路服務供應商提供地區性的反垃圾郵件服務，我們或許就能獲得該公司的協助。若要識別並刪除垃圾郵件，最有效率的方式是在網路內執行這些作業，但是網際網路骨幹公司都不會費心這麼做，因為他們其實並不在乎，而且也沒辦法向使用者收取這些作業的費用。直到電子郵件的經濟體系發生變化後，上述情況才有了轉變。當大部分使用者都是從少數幾家大型電子郵件供應商中，挑選某一家的電子郵件帳號使用時，突然之間，供應商就覺得由自己向所有使用者自動提供反垃圾郵件服務是個合理的選擇。許多能偵測並隔離垃圾郵件的技術也因此誕生。現今在所有電子郵件中，垃圾郵件所占的比例仍略高於五成，但是其中的 99.99% 都會遭到封鎖。這是電腦安全性的成功事例之一。[498-499]

現在讓我們以信用卡詐騙為例。早期使用信用卡時，銀行會將大部分的詐騙成本轉移到消費者身上，因此當年由銀行實施的詐騙防制措施寥寥無幾。這種情形在一九七四年發生轉變，美國制定了《公平信用票據法》（*Fair Credit Billing Act*），將消費者責任限制為僅需負擔第一筆詐騙中的五十美元。美國國會透過強制要求銀行支付詐騙成本，向銀行提供了減少詐騙的誘因。於是，現行的所有反詐騙措施應運而生，例如即時信用卡認證、能搜尋交易流有無詐騙跡象的後端專家系統、手動開卡要求、晶片卡等等。這些措施皆協助減少了整體詐騙數量，而且更重要的是，這些措施顧客都無法自行執行。

英國的銀行過去能更輕易地將詐騙成本轉移到消費者身上，所以較晚才採行上述措施。歐盟的《支付服務指令》（*Payment Services Directives*）希望能讓當地的消費者保護措施更接近美國的標準，但卻為銀行留下了辯駁的餘地，讓銀行能主張事由一定是因顧客嚴重疏忽而起（驚人的是英國可能還讓前述情況變得更糟）。美國的簽帳金融卡也是類似情形，一直到另一項法律迫使銀行必須仿照處理信用卡詐騙的方式，支付簽帳金融卡的詐騙成本之後，才得以確保簽帳金融卡的安全。[500-502]

上述兩個例子都是在提供正確的安全性誘因後，進而發展出可實現安全性的技術。就垃圾郵件而言，因為電子郵件生態系統發生改變，讓電子郵件供應商的誘因跟著轉變。就信用卡而言，則是因為法律而讓銀行的誘因跟著變化。同樣道理，網際網路＋安全性的主要問題在於誘因，以及政策。

截至目前為止，我們大都讓市場與政府得以獨自私下祕密作業，而市場與政府選擇打造出我在第一部分所描述的環境。這種令人不滿的安全性狀態是因我們目前實施的政策所造成。只要市場能透過監視我們、銷售我們的資料、向消費者和使用者隱瞞安全性細節，以及忽視安全性並祈禱一切往好的方向發展，藉此賺入更多短期利潤，市場就不會做出改善。只要掌控政府的大都是企業說客，以及那些偏愛監視而非安全性的組織單位，例如國家安全局與司法部等等，政府就不會做出改善。

安全性不佳導致產生損失，改善安全性則導致產生支出，若我們希望改變損失與支出間的平衡，就必須改變誘因。這需要由我們的代議政府透明作業，才能實施變革、朝好的方向邁進。在今日的網際網路＋安全性領域中，政府是我們缺失的那塊拼圖。雖然為了實現目標，勢必需要面對各式各樣的問題，但我不認為有其他方式能夠奏效。政府可透過法規、責任或直接資助等多種形式參與相關程序。雖然政府的投入不是能解決一切的萬靈藥，但若政府缺席，同樣無法解決問題。在最佳的情況下，政府能讓所有人克服集體行動問題，也能資助短期報酬看似偏低的行動，同時針對可接受的行為建立底線。在最糟的情況下，政府會成為私人利益的俘虜，或是成為根深柢固的官僚組織，更關心自己的生存而非治理。現實世界的情況則可能介於上述兩者之間。

我在以信任為主題的《當信任崩壞》一書中，寫道「安全性是對誠實徵收的稅金」。我的意思非常直接：大家之所以需要背負額外成本，是因為其中有些人不誠實。店主為了對付商店竊案，因此雇用保全並安裝安全攝影機，所以我們得支付較高的店面價格來換取安全性。[503]

安全性支出是毫無作為的重擔，它不會帶來任何具生產力的行動，而是減少發生壞事的機率。如果銀行不需要對安全性撥款，銀行的服務會更便宜。如果政府不需要對警方或軍方撥款，政府即可減稅。如果我們無須擔心搶劫，就可以不用購買門鎖、防盜警報器與窗柵，進而省下一筆錢。在某些國家裡，當地所有勞工中可能有四分之一左右都能定義為「保全勞工」。[504]

網際網路＋安全性也一樣。高德納科技分析公司估計在二〇一八年，全球的網際網路安全性支出為九百三十億美元。如果我們希望提升安全性，將需要花錢才能取得安全性。我們需要對電腦、電話、物聯網裝置、網際網路服務及其他一切支付更高的價格，沒有其他選擇。而我們付款換取安全性的方式則涵蓋在政策問題內。[505-506]

有時讓大家個別支付安全性成本比較合理，例如居家安全就是如此。我們每個人都會自行購買門鎖，而某些人還會購買防盜警報系統。某些人則會買槍放在家中。最富裕的人可能會聘雇保鑣、設置安全室，或者如果有人是電影《007》中的惡棍，那可能會選擇雇用一票黨羽。這些都是支出，不過是個人支出。別人的行動不會影響我，我的行動也不會影響別人。

有時讓大家共同支付安全性成本則比較合理，例如警務就是如此。大家不會說：「想要有警察維持治安的話，就自己付錢吧。」而是會從我們所有人繳納的稅金中撥出一部分，投入社區警務。大家之所以會這麼做，是因為透過集體決策與投資才能最有效地提供共同利益。不管特定的個人是否希望受到保護，警察都會普遍維護社會的安全（至少理論上是如此）。

最後我們可能會一併利用個人與集體的支出，藉此提升網際網路＋安全性，這都是我將在第二部分探討的內容。個人支出包含電腦的安全性程式與網路的防火牆。集體支出包含警方的網路犯罪調查、軍方的網路戰單位，以及對網路基礎設施的投資。公司需要在產品中內建安全性，除了因為市場有此需求外，也因為政府強制要求公司這麼做。未來會出現控訴不安全事例的訴訟、能提供損失保障的保險，進而使安全性繼續提升，以預防發生訴訟案件並且降低保費。安全性不只是單一的事務，而是由許多事務拼湊接合而成，就像真實世界的安全性一樣。

所需成本會相當高昂，但重點是我們終歸得支付。雖然難以正確估算出網際網路安全性的成本，不過我們知道大致範圍。根據波耐蒙研究機構在二〇一七年報告中所做的歸納，每四家公司中就有一家公司會受到駭客行動侵害，每次造成的平均成本為三百六十萬美元。賽門鐵克公司的報告估計在二〇一七年中，位於二十個國家的九億七千八百萬位人士曾受到網路犯罪影響，造成的成本為一千七百二十億美元。蘭德公司在一份二〇一八年研究中所做的分析，是我至今看過最詳盡的，提供了豐富多元的分析結果：[507-508]

我們發現最終的值會受到輸入參數的高度影響。例如，若利用取自現有研究與自有資料分析的三組合理參數，會得出網路犯罪的全球直接國內生產毛額（GDP）成本是兩千七百五十億美元到六兆六千億美元，而總 GDP 成本（直接加上系統性）則為七千九百九十億美元到二十二兆五千億美元（占 GDP 的 1.1％至 32.4％）。[509]

無論使用哪個估計值，都是天價。此外，不管我們是在發生損失後承擔所有成本，或是支付部分成本以換取能大幅降低損失的安全性措施，這些成本都會拖累經濟。我們對損失所付出的任何成本都是浪費。但我們對強化安全性所做的任何投資，都能使安全性更佳、犯罪者更少、企業實務更安全等等，這一切在未來的所有年頭裡，都會為我們帶來回報。

有人開玩笑說科技人員期待法律能解決科技人員的問題，而律師則期待科技能解決律師的問題。事實上，若想要實現其中任何一者，科技與法律需要相輔相成，這是史諾登洩密文件讓我們學到最重大的教訓。大家向來都知道科技可以顛覆法律，而史諾登則讓我們看到法律，特別是祕密法等法規，也能夠顛覆科技。這兩者必須相輔相成，否則兩者都會失去效用。

第二部分說明了我們可透過哪些方式達成這項目標。

第六章

安全的網際網路＋是什麼模樣

　　挪威消費者委員會曾在二〇一六年評估三種連網玩偶，結果發現製造商的使用條款與隱私政策「對基本消費者權利與隱私權的漠視令人感到不安」，而且「關於資料保存的資訊普遍模糊不清」，其中兩種玩具「會將個人資訊傳輸至商業第三方，且該第三方保留權利，可將該等資訊用於與玩具本身功能無關的幾乎所有用途上。」雪上加霜的是：[510]

> 我們發現其中兩種玩具實際上並未內建安全性機制，這代表任何人都可在不需實際接觸產品之下，取得對玩具麥克風與揚聲器的存取權……此外，測試得到的證據指出語音資料皆傳輸至一家位於美國的公司，且該公司亦專精於收集聲紋辨識等生物辨識資料。最後，研究顯示其中兩種玩具經過預先編程，內嵌推薦其他商品的詞句，因此已實際構成在玩具內部進行置入性行銷的行為。

　　我曾在哈佛甘迺迪學院的網際網路安全性政策課堂上，使用其中一種「我的朋友凱拉」（My Friend Cayla）玩偶做示範。即使是我那些非科技領域的學生都能夠侵入該玩偶，而且容易到荒謬的地步。他們只要在座位上開啟手機的藍牙控制面板並與玩偶連線之後，即可竊聽玩具所聽到的一切音訊，也可透過玩具的揚聲器傳送訊息。這場令人不寒而慄的示範說明了商品的安全性能低落到何種程度。由於「我的朋友凱拉」實質上等同於竊聽裝置，而且會將錄製的音訊毫無防護地放在網際網路上，因此德國已禁止銷售該玩偶，不過仍有其他國家持續販售。「我的朋友凱拉」不是唯一有此問題的玩偶，美泰兒公司的芭比娃娃（Hello Barbie）也有類似問題。[511-512]

在二○一七年，消費者信用報告機構艾可飛公司公布有一億五千萬位美國人民的個人資料遭竊，這數字幾乎達美國人口總數的一半。攻擊者取得權限，可存取民眾的全名、社會安全號碼、生日、地址與駕照號碼，這些正是為了進行第四章提及的身分盜用詐騙所需取得的資訊。那不是精密複雜的攻擊，但我們至今仍不知道犯行者是誰。攻擊者利用了 Apache 網站軟體內的一個重大漏洞，雖然在事件發生的兩個月前就已提供該漏洞的修補程式，Apache、美國電腦緊急應變小組與國土安全部也曾向艾可飛通知該漏洞的存在，但艾可飛卻沒有動手安裝修補程式，直到攻擊者利用該漏洞侵入網路的幾個月後才著手安裝。艾可飛公司的安全性低劣到不可思議的地步。我在向眾議院能源及貿易委員會對此事件作證時，稱其為「糟糕到可笑」。而且此事件不是個案，艾可飛公司過去已發生過多次安全性問題。[513-519]

我希望前述案例都是例外事件，然而並非如此，情況的確這麼糟糕，而且如果我們不認真地插手干預，根本不可能好轉。

簡而言之，我們需要規畫「透過設計加入安全性」。基於第一章探討的規畫因素，以及第四章討論的政治與市場因素，安全性的地位通常低於開發速度與附加功能。即使是理應較了解情勢的大型公司，向來也將電腦安全性視為某種迎合規範的例行公事，認為那不但會拖慢開發速度，還會增加開發成本。於是大家一直將此階段安插在開發程序的末尾，不甚講求效果地草草了事。我們必須改變這種做法。從起步階段開始到整段開發程序期間，我們都需要將安全性規畫至每個系統的內部與每個系統元件的內部。[520]

我承認這聽來是再明顯也不過的做法，但別忘了最初設計網際網路時，並未將安全性納入考量之中，而且市場一般都不會對良好的安全性給予讚賞。這有點像是大家以前曾齊力透過法規與市場壓力說服汽車公司，讓汽車公司願意接納「透過設計加入燃油效率」的那段緩慢過程。

例如航空電子與醫療器材等受到嚴格管制的產業，都已採行透過設計加入安全性的做法，銀行交易應用程式、Apple 與微軟等作業系統公司也都在這麼做。但是我們需要將這種實務傳播到前述那些獨立個案之外。

我們需要維護網際網路＋的安全；我們需要維護軟體、資料與演算法的安全；我們需要維護重要基礎設施與運算供應鏈的安全。我們需要採取全方面的行動，並且需要立即著手。本章嘗試整理出廣泛的概要以說明前述環境會是何種模樣。在本章裡，我會將焦點集中於需要執行的事項上，執行的方式與負責的人士則留到後續兩章探討。

不過說句公道話，這些內容只是基本概念，而且第一部分討論的威脅有許多微妙之處都不在我的探討範圍內。本章的建議並非已拍板定案的結論，而是讓大家展開議論的起點。在此提出的所有原則都需要繼續延伸拓展，以求最終成為自願性或強制性的業界標準。

但是，若我們不先從某處著手展開行動，我們將永遠無法觸及難題。

確保裝置安全

網際網路剛開始萌芽時，隨意將裝置連上網路還算合理，但現在這種做法已經站不住腳。我們需要為電腦、軟體與裝置建立安全性標準，聽來或許容易，但其實並不簡單。因為現在所有物品都內嵌軟體，所以很快就使安全性標準成為必須涵蓋所有物品的標準，這種涵蓋範圍廣泛到根本不可能合理。

如果所有物品都是電腦，我們即需要考量全面性的設計原則。所有裝置都需要能在無須使用者大幅干預下即安全無虞。雖然我們可以為了因應不同威脅而設立不同的安全性層級，但是一切都應建立在共通的基礎上。

在這方面，我想提出十種高層級的設計原則，藉此一併提升裝置的安全性與隱私。雖然這些原則並未具體到足以成為標準，卻可作為規畫標準的基石。

1. 應透明公開。廠商應清楚聲明其安全性機制如何奏效、已對哪些威脅採行安全防護、未對哪些威脅採取安全防護等等。如果廠商在特定日期後即不再支援某裝置，應提早足夠的時間先行告知顧客，讓客戶能進行適當的升級規畫。

2. **提供可修補的軟體。**所有裝置皆必須能夠接收軟體與韌體更新，並且應具備認證措施，以確認更新是否有效。廠商亦須在發現漏洞後迅速修補，而產品則應具備可定期檢查有無修補程式的功能。這是極為緊要的重點，因為即使我曾於第二章探討修補作業存在的各種問題，但是未能修補軟體的問題卻更為嚴重。

3. **生產前預先測試。**所有軟體皆應在推出前先經過安全性測試。

4. **提供安全的預設操作。**裝置在開箱時即應安全無虞，且不需由使用者自行設定。裝置不應採用弱密碼或預設密碼，而且只要可行，產品即應採用雙因素認證。此外應停用遠端管理功能，除非確實有此需要。

5. **以可預期的方式安全地失效。**如果裝置與網際網路的連線遭到中斷，應以不會造成任何傷害的方式平穩地失效。

6. **採用標準的協定與實作。**標準協定一般較為安全，並且經過較妥善的測試，自訂協定則剛好相反。裝置應使用標準的通訊協定與實作，並且應可跟其他應用程式及裝置互相操作。除非別無選擇，否則廠商不應自行建立協定。

7. **防止出現已知的漏洞。**若產品中包含已知的漏洞，廠商就不應出貨。

8. **保留離線功能。**使用者應可在中斷裝置的所有輸入與輸出網路

連線後繼續使用裝置。例如連網冰箱即使沒有連接網際網路，
應該同樣能夠保冷。

9. **加密並認證資料**。裝置上的資料皆應經過加密，往來的通訊同
樣應經過加密與認證。

10. **支援負責任的安全性研究**。廠商應允許研究人員研究該公司的
產品，並且樂於接納漏洞報告，而不是因此騷擾研究人員。

　　上述原則與下一段提及的部分概念，都是由我身為成員的國家安
全特別工作小組所提出。該工作小組為伯克曼網際網路與社會研究中
心所籌畫建立，並獲得休利特基金會資助。[521]

　　這些原則都不是新興或激進的概念。在為本書進行研究時，我收
集了十九種不同的物聯網安全性與隱私方針，這些方針是由物聯網安
全性基金會、線上信任聯盟、紐約州與其他不同組織各自建立。這些
方針的內容極為類似，因此可充分說明安全性專家認為應採取的行動
為何。但由於方針都屬於自願性的原則，所以沒有人會實際依循方針
的指示。[522]

保護資料的安全

　　就像我們需要為電腦訂立安全性設計原則，我們也需要為資料訂
立這類原則。過去這兩種原則基本上一模一樣，但現在卻各自獨立。
我們再也不會把最重要的個人資料存到實際位於身邊的電腦內，而是

存在他人擁有的大型伺服器雲端上，而且那些伺服器可能還位於其他國家裡。

通常我們的資料也會遭到他人持有，而且那都是在我們不知情或未經我們同意下所收集而得的資料。這些資料庫是會吸引各種攻擊者攻擊的目標。我們需要針對資料及資料庫設立安全性原則，而且所有擁有個人資料庫的組織都適用這些原則；例如：

1. **盡可能地減少收集資料**。企業應只收集所需資料，並且不可超出所需的範圍。

2. **應安全地儲存與傳輸資料**。應確保這類資料在傳輸與儲存期間皆安全無虞。

3. **盡可能地減少使用資料**。應只在必要時使用資料。

4. **將資料的收集、使用、儲存與刪除作業透明化**。企業應清楚說明會收集哪些使用者資料、會如何儲存與使用資料，以及何時會刪除資料。

5. **只要可行，應一律將資料匿名**。如果不需要識別資料中的個人身分，即應將資料匿名。

6. **讓使用者可存取、檢查、修正與刪除自己的資料**。擁有資料的企業不應向資料相關人士隱瞞資訊。

7. **若不再需要資料，即應刪除資料**。儲存資料的時間應僅限於需要資料的期間。

就任何涵蓋個人資訊的規則而言，個人資訊的定義至關重要。傳統上的定義十分狹隘，我們向來使用「PII」一詞稱呼，也就是「個人識別資訊」（personally identifiable information），但那還不夠。現在，我們知道可以透過結合各式各樣的資訊來識別個人身分，而且將資料匿名的困難度比表面上要難上許多。我們需要訂立極為廣泛的定義指明哪些資訊屬於個人資訊，因此需要以保護個人資訊的方式來防護這類資訊，例如手機應用程式的資料、甚或瀏覽器安裝的外掛程式清單等等皆屬此列。[523]

我曾在二〇一五年的著作《隱形帝國》中提出這類準則，其中大多數準則都屬於歐盟《一般資料保護規則》（GDPR，*General Data Protection Regulation*）的要求，之後在第十章內會探討這項法規。同樣地，這些準則只是一般性的設計原則，可能也是本章最強力推銷的概念。雖然各家公司在被迫須維護裝置安全時會加以反抗，但從長期觀點來看，這麼做其實對企業有益。保護資料安全的規定可能會對監控資本主義造成威脅。雖然企業主張他們需要收集所有資料，除了這麼做才能因應未來可能進行的分析、訓練機器學習系統之外，也因為那些資料可能會變得極為重要。但是，隨著存放個人資訊的資料庫漸趨龐大、資料益發私密，我們需要設立保護資料安全的規定。

未來，有許多前述資料都會存放在雲端。這種趨勢是簡單的經濟學概念，而且在可預見的未來裡都會採用這種運算模型。從許多層面看來，這是好事一件。事實上，我認為大家將資料與處理作業轉移至雲端之舉，是成效最佳的安全性改善措施。相較於大多數人或小型企業各自擁有的能力，Google 早已在保護資料安全上有更出色的表現。雲端供應商擁有個人與小型企業缺乏的安全性專業及規模經濟，而且任何能讓我們無須成為安全性專家即可安全無虞的方法，都是成功的方法。[524]

不過風險仍舊存在。當許多不同使用者位於同一網路上時，發生內部駭客行為的機率也會增加。此外，在高明的攻擊者眼中，大型雲端供應商（例如存放個人資料的大型資料庫）是極具吸引力的攻擊目標。因此我們需要大幅提升對雲端安全性的研究。雖然我在本段列出的大多數原則，都是跟積聚了眾多個人資料庫的企業密切相關的原則，不過其中某些原則也適用於雲端運算供應商。

保護演算法的安全

我們對演算法的期許甚高。隨著演算法繼續在決策過程中取代人類的地位，我們將需要全心信任演算法。廣義而言，我們期盼能演算法能具備準確性、公平性、再現性，並且尊重人類與其他權利等等。在此，我會聚焦於安全性上。[525]

基本上，我們面對的威脅在於演算法會以非預期的形式運作，或許是因為程式編寫不佳，或是因為資料或軟體受到駭客行為影響。就此而言，透明化是顯而易見的解決方案。演算法的透明度愈高，即可對演算法實施更多檢查與審核，藉此了解演算法的安全性，或我們希望演算法具有的其他特質。

問題在於，我們無法讓所有演算法都達到透明化的目標，甚至有時透明化根本不是我們希望達成的目標。企業都擁有需要保密的合法商業機密。透明化可能代表存在安全性風險，因為攻擊者可藉此取得有助他們玩弄系統的資訊。例如，若能了解 Google 的網頁排名演算法，即可針對演算法來優化網站；若能得知軍方利用無人機識別身分的演算法，亦即可藏匿自己的行蹤。

此外，將演算法透明化不一定足以滿足需求。現代演算法十分複雜，導致我們甚至連演算法是否正確都無法判斷，遑論演算法是否公平或安全。某些機器學習演算法的模型更已超出人類的理解範圍。[526]

最後一點很重要。有時透明化是不可能實現的目標。某些機器學習演算法的運作方式根本無人了解，就連那些演算法的設計人員都不例外。人類無法理解演算法的本質。演算法宛如黑盒子，將資料傳入盒內後就會產出決策，而在那期間所發生的事仍是個謎團。[527]

不過，即使無法公開演算法，或無法了解其運作方式，我們仍可要求演算法具備可解釋性（explainability），也就是我們可要求演算法解釋其論據。例如在演算法做出醫療診斷時，或對求職者的適合性打分數時，我們也可要求演算法提供決策理由，但是那並非能解決一切問題的萬靈藥。由於機器學習的運作方式使然，因此可能無法提出解釋，或是人類無法理解那些解釋，而且若要求提供解釋，會迫使基礎演算法比無須解釋時更為簡化，因此經常導致基礎演算法的準確性下降。[528-531]

或許我們真正需要的是可歸責性（accountability），或是可論辯性（contestability）。或許我們需要的是可檢查演算法的能力，或是可利用樣本資料來查詢演算法並檢驗結果的能力。或許我們只需要擁有可審核性（auditability）即可。[532-534]

無論如何，至少我們可以把演算法視為人類。人類非常不善於解釋自己的論據，而且決策時充滿了偏見卻毫無自覺。在達成決策時，需要採取一連串符合邏輯的步驟，這一連串步驟就是「解釋」，但人類的「解釋」往往都只是個藉口而已。決策是由人類大腦的潛意識部分決定，接著再由大腦的意識部分找出可證明該決策合理的解釋。心理學文獻中有許多研究都可證明這種情形。

　　不過，我們仍可透過檢討人類的決策來判斷其偏見。同樣地，我們也可透過檢討演算法的輸出結果來評定演算法。畢竟我們想了解的是用來幫求職者評分的演算法是否具性別歧視，或是用來判斷假釋決策的演算法是否有種族歧視等等。或許我們會希望能對決策過程掌控更多，因此決定機器學習演算法就是不適合用在某些應用上。[535]

　　對於維護演算法安全的方式，我無法提供任何明確的建議，因為一切都還太新，大家才剛開始著手釐清哪些是可能與可行的事項。現在，我們的目標應是盡可能地實現最高的透明度、可解釋性與可審核性。

保護網路連結安全

　　大多數人都是透過一個以上的網際網路服務供應商連線至網際網路。這些服務供應商皆為大型公司，例如 AT&T、康卡斯特公司、英國電信公司（BT）與中國電信公司等等，而且擁有非常龐大的勢力。根據一份二〇一一年報告的計算結果指出，在網際網路的總流量中，有 80% 的流量都是由全球前二十五大電信公司負責連結傳輸。這種集中化現象可能不利於消費者選擇，但卻可能賦予我們安全性優勢。因為網際網路服務供應商介於我們的住家與網路世界之間，所以服務供應商擁有能夠提供安全性的獨特定位，對家庭使用者來說更是如此。因此我們需要為網際網路服務供應商訂立一些安全性原則：[536-537]

1. **向消費者提供安全的連線**。網際網路服務供應商不只需要向消費者提供網際網路連線，而且也需要確保連線安全。就某種程度而言，服務供應商可在使用者與網路世界之間架起防火牆。而若使用者的連線沒有加密，供應商即可掃描有無惡意軟體（某些網際網路服務供應商已利用前述模式封鎖關於兒童色情的內容）。[538]

2. **協助設定使用者的網際網路裝置**。網際網路服務供應商當然是最適合確保消費者路由器已安全設定的人選，不過所有連線至該路由器的網路裝置安全性，亦可由這些供應商協助管理。[539]

3. **教導消費者了解威脅**。因為網際網路服務供應商是負責將消費者連線至網際網路的公司，因此他們是最適合教導消費者了解網際網路威脅的人選。

4. **向消費者告知基礎設施受感染的相關資訊**。因為網際網路服務供應商負責將消費者連線至網際網路，所以他們可監視連線中有無惡意軟體或其他感染的跡象。若發現存在任何威脅，即應告知消費者相關資訊。未來，網際網路服務供應商可能須負責封鎖不安全的消費者裝置，讓那些裝置無法連線至網際網路。

5. **公開報告安全性事件的統計資料**。例如垃圾郵件數量、遭侵入的電腦數量、阻斷服務攻擊的細節等等各種資訊，都是網際網路服務供應商已經知道的資訊。服務供應商應當以彙整的方式發表這類資訊，以維護個別客戶的匿名性。

6. **與其他網際網路服務供應商合作以分享關於迫切威脅的資訊，並在發生緊急事件時共享資訊**。同樣地，網際網路服務供應商能得知攻擊資訊，且可透過互相協助來減緩攻擊的影響。

以上清單取自網路安全顧問海瑟薇（Melissa Hathaway）的論文，她曾擔任前總統小布希與歐巴馬的資深政策顧問。[540]

這些原則會賦予網際網路服務供應商相當可觀的權力，因此也會伴隨相當可觀的風險。如果網際網路服務供應商可設定使用者的安全性，就能將安全性設定為可供政府存取。如果服務供應商可區別不同類型的網路流量，就可基於各式各樣的經濟因素或思想因素而違背網路中立性。以上都是確實存在的疑慮，因此我們需要以更合適的政策來減輕這些疑慮。但是，使用者應當無須成為安全性專家即可安全地使用網際網路，而網際網路服務供應商則必須採取行動，成為第一道防線。

保護網際網路安全

「Heartbleed」是研究人員替 OpenSSL 的一個嚴重漏洞取的酷炫

名稱。OpenSSL 是負責保護網路瀏覽作業的加密系統，例如若網路瀏覽器與我們檢視的網站之間的連線經過加密，那可能就是由 OpenSSL 進行加密。OpenSSL 採用公開協定，程式碼也是開放原始碼。有人在二〇一四年發現了 Heartbleed 漏洞，距離意外將此漏洞引入軟體內的時間已過了兩年。Heartbleed 是個龐大的漏洞，當時我形容它「如同災難」。根據估計，此漏洞對網際網路上 17% 的網路伺服器造成影響，而且包括伺服器、防火牆與延長線在內的多種終端使用者裝置也都受到影響。[541-542]

Heartbleed 漏洞讓攻擊者可找出使用者名稱與密碼、帳號及其他資訊。修復 Heartbleed 漏洞是一項浩大工程，需要全球的網站、認證機構與網路瀏覽器公司協調合作。

導致 Heartbleed 漏洞成形的因素有兩項。第一，OpenSSL 這個重要的軟體只由一位人員與幾位幫手負責維護，而且他們都是利用空閒時間免費工作。第二，沒有人要求對 OpenSSL 進行完善的安全性分析。這是典型的集體行動問題。因為此軟體採用開放原始碼，所以任何人都可以評估程式碼，但正因為大家都以為其他人會評估程式碼，於是沒有人實際投入心力進行評估。結果 Heartbleed 漏洞就在無人偵測到的情況下留存了超過兩年之久。[543]

為了回應 Heartbleed 漏洞的問題，業界創立了名為「核心基礎設施倡議」（Core Infrastructure Initiative）的專案。這項專案基本上是由大型科技公司攜手合作，針對大眾仰賴的開放原始碼軟體建立測試計畫。這是個應該在十年前即著手實踐的良好構思，不過這麼做還不夠。[544]

我曾在第一章解釋網際網路的設計從未將安全性納入考量，這在過去並無大礙，因為以前大都只有研究機構設有網際網路，而且主要皆用於學術通訊。但現在看來就不太妥當了，因為今日的網際網路已成為全球許多重要基礎設施的支柱。[545]

網際網路服務供應商的工作不只是讓消費者連線到網際網路。「第一層型」（Tier 1）的網際網路服務供應商須負責管理網際網路的骨幹，並於全球各地經營大型的高容量網路。各位可能從來沒有聽過這類公司，例如第三級通訊公司（Level 3）、科真公司（Cogent）、GTT 通訊公司（GTT Communications）等等，因為他們的客戶不是終端使用者。這些公司也可採取更多行動來確保網際網路安全，例如：[546]

1. **提供具權威性的真實路由資訊。**還記得我在第一章曾提到邊界閘道通訊協定嗎？以及不懷好意的國家能如何路由網際網路流量，以助其進行竊聽作業嗎？網際網路服務供應商正是能防止上述行為的人選。

2. **提供具權威性的真實名稱資訊，以減少劫持網域名稱的行為。**同樣道理，網際網路服務供應商可預防惡意攻擊網域名稱服務的行動。

3. **致力平等對應所有流量，不會根據資料內容提供差異化的服務。**

第一層型網際網路服務供應商還可採取其他與監控流量和封鎖攻擊相關的行動。例如他們可封鎖垃圾郵件、兒童色情內容、網際網路攻擊等各式各樣的項目。不過,目前網際網路服務供應商需要大規模地監控網際網路流量,才能實踐前述所有行動,而若流量經過加密,那就行不通了。因此如果能選擇的話,對網際網路流量進行端對端加密將能大幅提升安全性。我會在第九章更深入討論這一點。

保護重要基礎設施安全

二〇〇八年,身分不明的駭客侵入土耳其的巴庫—第比利斯—傑伊漢輸油管線(Baku-Tbilisi-Ceyhan oil pipeline)。他們取得對管線控制系統的存取權,並且提高在管線內部流動的原油壓力,造成管線爆炸。駭客也侵入監控管線的感測器與視訊來源,防止操作人員得知發生爆炸,導致操作人員直到四十分鐘後才知情(記得我在第一章對新出現的互連漏洞所做的探討嗎?攻擊者正是透過攝影機通訊軟體的漏洞侵入管線控制系統)。[547]

二〇一三年,大家發現美國國家安全局透過駭客行動侵入巴西國有石油公司的網路。國家安全局這麼做幾乎肯定是為了收集情資,而非執行攻擊。先前已提過,二〇一二年伊朗曾對沙烏地阿拉伯國營的沙烏地阿拉伯國家石油公司執行網路攻擊,以及俄羅斯在二〇一五年與二〇一六年對烏克蘭電網進行的網路攻擊。另外在二〇一七年,有人曾成功愚弄船隻用以導航的 GPS,進而矇騙船隻的所在位置。[548-549]

我在第四章寫到我們正身處一場漸趨不對稱的網路軍備競賽中,我所說的漸趨不對稱就是指前述層面。在出現恐怖分子等非國家行為者之後，不對稱的差距更進一步擴大。我們需要在網路空間內更妥善地防護重要基礎設施。

不過在達成上述目標之前，我們需要先決定哪些項目算是「重要基礎設施」。「重要基礎設施」一詞既複雜又模稜兩可，隨著科技與社會持續發展，稱得上是重要基礎設施的項目也跟著變動。在美國一系列的白宮與國土安全部文件中，概要列出了政府認為屬於重要基礎設施的項目。一份二〇一三年的總統指令認定有十六個「重要基礎設施類別」，其中包含的許多類別都是顯而易見的項目，例如航空運輸、石油生產與儲存及食物分配等等，然而如零售中心、大型體育館等某些類別看來就不是那麼合理。沒錯，這類地點都是會聚集大批人潮的位置，如果在其中任何一處發生炸彈爆炸，導致奪走數百或數千條人命的話，將會成為國家悲劇。但是這類地點的重要性似乎難以媲美電網。[550-551]

如果所有項目都是優先要務，那將毫無優先性可言。因此我們需要做出艱難的抉擇，指定某些類別比其他項目更為攸關緊要。二〇一七年的美國《國家安全戰略》（*National Security Strategy*）指明了六項關鍵領域：「國家安全、能源與電力、銀行與金融、健康與安全、通訊、運輸」。某些人還會加入選舉系統。我認為能源、金融與電信是最需要關注的前三大要務，因為它們是支撐一切的基石。第五章曾探討到近期的災難性風險，而最常出現這類風險的領域就是能源、金融與電信領域。這些領域全都是我們最能以金錢換取安全性的領域。[552-553]

為何大家不立即採取更多行動來保護重要基礎設施的安全呢？是

基於以下幾項理由：

第一，成本高昂。我們需要防禦的威脅模型通常來自精明老練的外國軍事單位，這類單位會調用技術高超的專業攻擊者，因此不但相當困難，也相當昂貴。

第二，大眾與政策制定者容易低估未來的假設性風險。直到美國人民實際經歷了打擊美國境內重要基礎設施的網路攻擊行動後，大家才會將保護重要基礎設施視為優先事項。就此而言，諸如北韓對索尼的攻擊，或是對沙烏地阿拉伯與愛沙尼亞等其他國家的攻擊，都無法造成影響。

第三，政治程序繁雜。歐巴馬總統將十六個廣大類別指定為重要基礎設施，以確保所有產業都覺得自己受到適度的重視。若企圖排定各產業的優先順位，那麼排名較低的產業會認為自己受到輕忽，進而群起反抗。所以，雖然我可以輕鬆地表示電網與電信基礎設施是建構其他一切的基礎，因此大家應該率先確保這類基礎設施的安全，政府卻較難做出類似的發言。

第四，政府對大多數重要基礎設施都沒有直接控制權。大家常聽說美國有 85% 的重要基礎設施皆屬企業所有。這個統計數字取自國土安全部辦公室在二〇〇二年發布的一份文件，似乎只是個粗略推算的數值。當然，這個數值端視我們所探討的產業而定。如同我先前的說明，私人業主花在安全性上的經費較可能過低，這是因為他們只要冒險省下每年的安全性相關開支，就能獲得更高利潤。[554-556]

第五，將資金挹注在基礎設施上的做法缺乏迷人魅力。即使有些國家會宣揚自己對基礎設施的投資，但通常指的都是建設光彩奪目的新橋梁之類，而不是修補搖搖晃晃的老舊橋梁。雖然歐巴馬總統和川普總統都會宣揚自己對基礎設施的投資，但是花錢維護既有項目並非優先要務，只要放眼美國許多地區內已崩壞毀損的國家基礎設施，就能看出這一點。在安全性領域裡，這個問題甚至可能更為惡化。由於這類費用都是長期開銷，所以很難因沒出差錯而贏得眾人讚譽，等到能明確肯定那些經費都是正當合理的支出時，核准支出的政治家可能早已離職。

這個需要防護重要基礎設施免受網路攻擊侵害的概念，並非新穎點子或具爭議性的想法，政府、產業組織與學術界都已針對此議題進行了眾多研究，但是其中存在許多艱難挑戰。因為本書旨在講述一般性內容，我不會在此討論具體細節。不過，所有防禦機制都必須要能不斷變動，並且需整合各種不同的人員、組織、資料與技術能力。我們的基礎設施是由多個複雜系統構築而成，內含多不勝數的子系統與子元件，其中某些可能已存在幾十年之久。雖然修補這類基礎設施的成本昂貴，但仍舊是可行之道。[557]

中斷系統連線

在史諾登揭露的國家安全局最高機密文件中，某份簡報內的一張投影片寫有時任國家安全局局長的亞歷山大（Keith Alexander）所秉持的格言：「無所不收」。網際網路＋現在可能奉行類似的格言，那就是「無所不連」，但或許那不是個好點子。[558]

我們需要開始中斷系統的連線。如果我們無法根據複雜系統的實際功能需求來維護系統安全性，就不應打造一個萬物皆電腦化且彼此互連的環境。我在本章開端曾提到應採行「透過設計加入安全性」的規畫，而這項建議即屬於其中一環。如果唯一能確保我們所打造的系統安全無虞的方式，就是不將系統連線，那麼我們就應把「不連線」視為有效選項之一。

在現今這個大家競相將一切全連上網路的時代裡，大家可能會將我的建議視為異端，但我們仍舊能夠避免使用大型的中央化系統。或許科技與企業菁英正推動社會朝這個方向前進，然而除了利潤最大化之外，他們其實無法提出任何有力的支援論證。

我們可以透過幾種方式中斷連線。那或許代表需建置獨立的「氣隙」（air gapped）網路（這類網路也有弱點，並且不是解決安全性問題的萬能手段）。那或許代表我們可回頭採用不可互相操作的系統，也可能代表我們從一開始就不應在系統中建置連線功能。我們也可以逐步漸進地執行這項作業。我們可以只啟用區域通訊功能；我們可以設計專用裝置，藉此扭轉目前趨勢，不再將所有裝置都轉化為通用電腦；我們可以改用中央化程度較低、較偏向分散式的系統，這種系統也是大家最初設想的網際網路系統。

前述概念值得在此進一步說明。在網際網路誕生前，電話網路是智慧型網路，因為電話網路內建複雜的通話路由演算法，但連線至電話網路的電話卻是愚笨的裝置。同樣地，在網際網路誕生前，電話網路是其他電腦化網路仿效的模型，可是網際網路完全顛覆了電話網路的模型。我們將大部分智慧功能都推移至位於網路邊緣的電腦內，導致網路變得笨到極致，這種轉變使網際網路成為創新的溫床。任何人都可以發明新玩意，例如新的軟體、新的通訊模式、新的硬體裝置等等，而且只要遵循基本的網際網路協定就可以連線，沒有認證程序、沒有中央化核准系統，什麼都沒有。智慧的裝置，愚笨的網路。對網際網路架構的學生而言，這稱之為「端對端原則」（end-to-end principle）。另外，這也是所有支持網路中立性的人士希望留存的特質。[559-560]

據我推測，我們最終會達到電腦化與連線能力的最高點，接著未來將出現強烈反彈。那不會是由市場推動的變化，而是因為常規、法律與政策決策提高了社會安全與福祉的優先順位，隨後才是個別企業與產業，進而帶動前述轉變。那需要展開大規模的社會變革，許多人可能難以接納，但我們的安全都得靠它了。

因此，我們需要有自覺地判斷應將哪些品項互連，以及應採取何種互連方式。在此可以拿核能的情形做個類比。八〇年代初期，世人對核能的使用遽增，但當時大家尚未發現確保核廢料安全無虞是個過於艱難又危險的任務。現在，我們仍在使用核能，但是大家會對核電廠的建立時機與地點做更多考量，並且也會考慮何時應改採眾多替代方案內的其中一項。某天，我們也會如此對待電腦化議題。

但現在我們還不會這麼做，因為我們與連線能力仍處於蜜月期。政府與企業都被各式資料沖昏了頭，而且隨著眾人追求權力與市占率的渴望大幅高漲，更驅使大家急著想將萬物盡數連線。

第七章
如何維護網際網路＋的安全

　　整體來說，現有的技術已可滿足前一章談到的所有原則。沒錯，仍有漏洞存在；沒錯，部分解決方案具有易用性的問題。然而先前提及的安全性原則大致上皆合乎常理，並且都可立即實施，但得有某種誘因鼓勵企業實施才行。

　　我們需要制定強力的公共政策以創造這類誘因。基本上，政策可從四種層面對社會發揮影響力。第一是「事前」，也就是試圖防患於未然的規定。例如訂立規範以管制產品與產品類別、專業人員與產品的授權、測試與認證要求，以及業界最佳實務等等。對正確的行為提供補助金與減稅也屬於這一類。第二是「事後」，也就是在發生惡劣行為後施加懲罰的規則。例如在發生問題時，對不安全的情形與相關責任處以罰款。第三為「強制揭露」，例如產品標示法與其他透明化措施、測試與評等機構、政府與產業間的資訊分享，以及資料外洩公開法律等等（其中某些揭露行為屬於「事前」層面，其他則屬於「事後」層面）。就第四個層面而言，我會廣義地將其歸類為能影響環境的措施，例如審慎的市場設計、對研究與教育的資助，以及利用採購流程以更廣泛地推動產品改善等等。這類措施是我們的工具箱，也是我們必須利用的手段。

上述類型的政策目標並非要求將所有物品製作得安全無虞，而是要創造鼓勵大家安全行事的誘因。我們應透過提高不安全的成本或降低安全性成本（比較少見），藉此左右最後的結果。

對任何政策而言，執行流程都是關鍵所在。標準可由政府、專業組織、產業集團執行，或由其他第三方透過強制性壓力或市場壓力執行。執行網際網路＋安全性政策的基本方式有四種：第一種是透過最佳實務等常規。常規可以作為參考點，供消費者權益倡議團體、媒體與企業股東等作為要求公司負責的基準。第二種是透過自我規範的自願性行動。有時產業與專業團體會希望能建立並實施自願性標準，這類標準可提升消費者的信任感，並且構築起防護的屏障，阻止新競爭對手進入。第三種是透過訴訟。如果顧客或企業能在蒙受傷害時提出告訴，那麼為了避免打官司，各家公司就會提高安全性。第四種是透過監管機構。我們可讓有權力處以罰款、要求召回或強迫企業糾正缺失的政府機關，負責執行標準。[561]

基於政治考量，大家可能會傾向訂立一套特定的政策解決方案，以作為預設的解決方案。例如我個人希望能證明政府需要在前述所有政策行動中扮演重要角色，其他人則可能偏好由市場領導的行動。另外諸如無法律約束力的政府指導方針、自願性最佳實務標準與多方利害關係人的國際協議等等，都是其他不同的選擇。不過那是屬於第八章的內容。在本章中，我會將焦點放在執行的**方法**上，先不關注該由誰來做。

我於本章提出的所有措施在個別實施時都有所不足。最低程度的安全性標準無法解決一切，歸咎責任也無法解決一切，但是沒有關係，因為任何措施皆不會個別施行。本章所有建議之間都具有相互作用，有時相輔相成，有時則彼此對立。若要確保網際網路＋安全，我們將需透過一系列互相補強的政策進行，一如社會的其他所有事務一樣。

建立標準

我們需要採取的首要行動，是針對我在第六章列出的眾多原則建立實際標準。

在此我是根據政策層面的含意而刻意使用「標準」一詞。在法律領域中，規範性的規則與原則性的標準之間有所不同。規則是嚴格的規定，標準則較具彈性。標準賦予我們選擇或斟酌的空間，並且提供了能讓我們在數項不同因素間取得平衡的框架。此外，標準也能適應持續變遷的情勢。所以，某條規則可能指示「雪天速限為每小時三十五英里」，標準則可能指示「下雪時請謹慎留意」。在網際網路＋安全性領域中，嚴格的規則可能包含「消費者必須能夠檢查其個人資料」及「實現安全的預設操作」。若某項標準要求資料庫所有人「善盡注意」以保護個人資訊，那會留下許多可供闡釋的空間，而且其中含意可能會隨著技術變化而改變。[562]

或許另一種網際網路＋標準包含的原則是物聯網廠商需要「盡最大努力避免銷售不安全的產品」。這聽來似乎軟弱無力，但卻是與現實相符的法律標準。如果某個物聯網裝置遭到駭客侵入，而監管人員可證明裝置製造商使用了不安全的協定、沒有加密資料、啟用了預設密碼等等，那麼顯然製造商就沒有盡到最大努力。如果製造商除了採取上述所有行動外，亦執行了其他更多作業，但駭客依然發現了某個無法合理預測或預防的漏洞，大家可能就不會認為責任在製造商身上。

我們可能需要同時採行規則與標準。不過，我們需要以彈性更大的標準來規範執行這類要求的方式。我猜想在多變的網際網路＋安全性環境中，大多數規範都會採取原則性標準的形態，而非嚴格的規則形式。

不同類型的事項需以不同的標準規範。例如，對於冰箱等大型高價物品及燈泡等拋棄式低價物品，我們應分別採取不同的對應方式。如果後者具有漏洞，那麼正確的做法是丟掉有漏洞的裝置，然後再買一個新的，或許還能迫使製造商負擔更換商品的成本。冰箱就不一樣了，但生產冰箱的製造商數量可能較少，因此我們能更輕鬆地透過標準管制這些為數不多的製造商。

一般而言，與其關切過程，將焦點放在成果上更可大幅提升效果，這稱為「成果式規範」（outcomes-based regulation），這種做法在建築法規、食品安全與排放減量等大部分領域中已愈來愈普遍。例如，標準不應規定產品須採行的修補方式，那樣會過度講求細節，正是政府不甚擅長的作業，尤其在迅速演化的科技環境中更是如此。較理想的做法是規定須實現特定的成果，例如規定物聯網產品應具備安全的修補方法，接著讓業界自行找出可達成該目標的途徑。這種規範方向可激勵大家創新，而不會抑制創新。大家只要想想以下兩項要求

之間有何不同即可：家電效率應於次年提升 X%，以及指定採用特定的工程設計。[563-564]

我們也應針對使用網際網路＋裝置的公司，設立標準的安全協定。美國國家標準與技術研究院的《改善重要基礎設施網路安全性之架構》（*Framework for Improving Critical Infrastructure Cybersecurity*）就是這類標準的絕佳範例。此架構是適用於私部門組織的全方位指南，讓私部門能主動評估網路安全性風險，並將相關風險降至最低。[565]

此外，規範業務流程的標準也同樣重要，例如應針對預防、偵測與回應網路攻擊等不同流程建立規範。如果做法正確，即可藉此激勵企業提升整體網際網路安全性，並在決定應採購之技術與運用技術的方式時，做出更妥善的決策。將這類業務流程標準化還可帶來其他較不顯眼的效果，那就是讓企業高階主管更易於分享概念、要求第三方合作夥伴依循規定，以及建立安全性標準與保險的關聯性。此外，發生訴訟時，標準化的業務流程亦能作為最佳實務的模範，以供法院判決參考之用。

可惜在現階段，國家標準與技術研究院的網路安全性架構只是自願性規定，不過目前已開始吸引更多人採用。該架構在二〇一七年成為適用於聯邦機關的強制性規定。若能強制所有人都依循該架構，可望在監管層面上獲致成功。[566]

同樣地，美國政府設有名為「聯邦風險與授權管理計畫」（FedRAMP）的方案，這是適用於雲端服務的安全性評估與認證程序。該計畫也採用國家標準與技術研究院的標準，且聯邦機關皆應向獲得認證的廠商採購。[567]

當然，任何標準都會跟著與時俱進，因為威脅會逐漸轉變、大眾會更了解哪些措施有效或無效，並且技術亦會逐漸變化，而連網裝置則會益發強大與普遍。

修正不匹配誘因

　　試想一位執行長面臨以下選擇：多支出 5% 的網路安全性預算，以提高企業網路、產品或客戶資料庫的安全性；或是抱著不會發生問題的僥倖心態，省下那 5% 的預算。理性判斷的執行長會選擇省下那筆錢，或把錢花在新功能上，以在市場中一較高下。以最糟的下場而言，例如二〇一六年的雅虎公司事件或二〇一七年的艾可飛公司事件，那麼因不安全所導致的成本大都會落到其他人的頭上。艾可飛公司的執行長自行辭職，所以沒有拿到五百二十萬美元的遣散費，但他卻能保有一千八百四十萬美元的退休金，而且可能還保住了股票選擇權。他的錯誤判斷為艾可飛公司帶來介於一億三千萬到二億一千萬美元的成本，但這筆代價當時卻跟他無關。而且對艾可飛公司而言，該執行長的判斷是錯誤的長期決策，但這項事實也與他無關。[568-569]

　　這是典型的「囚徒困境」（Prisoner's Dilemma）。如果每家公司都對安全性撥出更多預算，華爾街就會認定這類開銷屬於正常支出。但由於所有人都選擇追求短期自利，因此若公司放眼長遠未來、挹注更多長期預算，或許馬上就會因為股東看到公司利潤下跌或顧客看到定價上漲，導致該公司受到責罰。我們需要設立措施以協調企業之間的行動，並說服所有公司合力改善安全性。

　　經濟層面的考量則更為深入。即使公司執行長決定應優先處理安全性事務，而非近期利潤，但隨後他們為了確保系統安全所撥出的經費，最多也只會高到等同於公司價值而已。這點相當重要。災難復原模型會根據公司的損失來建置，而不是根據國家或民眾個人的損失進行規畫。雖然公司會產生的最大損失就是該公司的整體價值，但真正的災難成本可能遠高於此。深水地平線（Deepwater Horizon）平台漏油事故為英國石油公司（BP）造成約六百億美元的成本，但該事故帶來的環境、健康與經濟成本卻遠高於此。如果英國石油是規模較小的公司，那可能在付清前述所有款項的許久之前就已經先倒閉。所有這類企業逃避支付的額外成本，全都屬於外部成本，而且須由社會承擔。[570]

　　前述情形有部分也跟心理相關。我們的偏見讓我們偏好選擇肯定能獲得的較低收益，而不願冒險選擇不一定能得到的較高收益，一如我們不願承擔肯定會產生的較低損失，而是寧可冒險承擔不一定會產生的較高損失。把注在預防性安全措施上的支出是肯定會產生的低額損失，這是提高安全性的所需成本，減少支出則是肯定能獲得的低額收益。擁有不安全的網路、服務或產品，就是冒險承擔不一定會產生的高額損失。這不代表沒有人會將資金花在安全性上，只是若要克服這種認知偏差，我們將需經歷一場艱辛戰役，同時這也解釋了為何執行長們往往都甘願冒險放手一搏。當然，以上是假設執行長對威脅抱有充分了解的情況，但幾乎可肯定他們並非如此。[571-572]

　　這種願意冒險採用不安全網路的心態，部分源自大家並未對生產不安全產品的行為界定明確的法律責任，我會在下一段更深入探討這一點。我在幾年前曾開玩笑指出，如果軟體製造商知道某軟體產品會讓小孩殘廢，卻因可能有損銷量而決定不告訴大家的話，那麼當該軟體真的導致小孩殘廢之後，製造商依然不需要承擔責任。這之所以能算是玩笑話，是因為當時的軟體不可能讓小孩殘廢。

此外，還有其他原因讓我們難以適當地使安全性誘因達到一致。競爭對手稀少的大公司缺乏改善產品安全性的誘因，因為使用者別無選擇，所以只能選擇購買產品並接納安全性層面的缺點，不然就只能選擇放棄使用產品。小公司也缺乏誘因，因為改善安全性會降低開發產品的速度、局限產品的功能，此外也不會因此獲得市場獎勵。

更糟的是有強烈誘因讓企業將安全性問題視為公關議題處理，而且讓他們對安全性漏洞與資料外洩的資訊守口如瓶。艾可飛公司在二〇一七年七月得知公司遭到駭客侵入，但卻得以將事件保密到九月；雅虎在二〇一四年遭駭客侵入後，有兩年的時間都將事件保密；Uber則隱瞞了一年。[573-575]

就算確實將這類資訊公諸於世，仍不足夠。即使出現負面報導、受到國會質詢、在社群媒體上掀起群情激憤等等，公司通常也不會因安全性低劣而受到市場懲罰。一份研究發現，就長期而言，資料外洩不會對公司股價造成影響。[576]

我們已經看過因誘因參差不齊而導致的下場。在發生二〇〇八年金融危機之前，銀行人員實際上等於拿他人的錢來賭博。銀行人員的利益來自在短期內盡可能地賺取最多利潤，但沒有任何誘因促使他們考量那些將所有積蓄投入高風險產品的家庭，將會面臨何種後果。因為消費者不是金融專家,也無法評估自己的風險,所以大多數消費者別無選擇,只能相信銀行人員的建議。爆發金融危機後,美國國會即推行了《陶德—法蘭克法》(Dodd-Frank Act),以重新將誘因調整為一致。銀行人員現在面臨更多法定責任(例如在開立貸款前,銀行人員必須先考量消費者能否合理地償還貸款),而且因不當行為所受到的懲處也更嚴重。

網際網路基礎設施約有90%屬於私有。這具有許多意義,其中一個意義是這代表管理網際網路基礎設施的目標,是希望能幫那些可左右基礎設施的企業創造最佳的短期財務利益,而不是為了讓使用者享有最佳利益,也不是為了優化網路的整體安全性。[577]

我們需要改變誘因,以迫使企業關切自家產品在安全性方面的影響。

若要達成前述目標,我們可以在公司出問題時,對該公司與公司董事處以罰款,而且罰款金額必須高到足以改變公司的風險方程式。一般計算不安全的成本時,是用威脅乘以漏洞再乘以後果,如果得出的不安全成本低於減輕風險的成本,理性的公司就會接受風險。但是在發生事件後所處分的罰款,或因作業不安全而懲處的罰款,都會提高不安全的成本,進而大幅提升安全性支出在財務層面上的吸引力。

在某些情況下,罰金可能致使公司破產,雖然顯得嚴苛,但卻是唯一能向其他業界人士證明我們認真看待網路安全性的手段。如果某人害死了我們的配偶,他會鋃鐺入獄,甚至可能遭判處死刑,如果某家公司害死了我們的配偶,該公司也應面臨相同後果。作家格里爾(John Greer)提議應讓被判有罪的企業「假性坐牢」,由政府接管這些企業並排除所有投資人，接著隔一陣子後再將企業出售。如果我們對判處企業死刑感到卻步，那麼企業將會察覺到自己可省下安全性開支，並利用大眾慈悲為懷的心態。[578]

我們也可以換個角度來看：若某家公司得將安全性成本外部化才能繼續經營，或許該公司就不該繼續營業。畢竟公司不會要求社會大眾支付公司職員的薪水，那為何我們需要替那些公司清償安全性問題的代價？這就像某家工廠只有靠違法汙染環境才能繼續經營一樣，如果我們能關閉該工廠，對大家都會更有益。

就拿法律與會計等受到規範的專業領域為例。專營這類專業服務的事務所都會認真看待自己承擔的法律責任，部分是因為下場可能會極為慘重。我們很難找到某位審計事務所的合夥人認為安達信會計師事務所（Arthur Andersen）的垮台無關緊要。安達信會計師事務所曾是全球「五大」會計師事務所，擁有超過八萬五千位員工，但在遭控訴對安隆公司金融帳戶的審計不當之後，這項嚴重的監管違規使安達信幾乎一夜之間就灰飛煙滅。[579]

安達信的這起失職事件說明了另一項要點。安達信的員工都沒事，因為其他公司收購了該事務所的幾個單位。若有某家類似的公司因輕忽安全性實務而被迫停業，其他企業（希望是更善盡職守的企業）也可能會收購該公司的部門。

但即使如此仍然不夠，特別是新創公司會基於某些理由而輕忽安全性，甘願承擔遭罰款甚或假性坐牢的風險。新創公司本來就已背負了或多或少的風險，而且他們都知道若要獲得成功，仰賴運氣的程度跟仰賴商業技能的程度其實不相上下。這類公司的明智選擇是抱著僥倖心態，將有限的時間與預算花在加速壯大規模上，安全性則留到之後再擔心就好，公司的投資人和董事會成員也會提出同樣的忠告。

二〇一五年，福斯汽車公司遭發現對廢氣排放控制的測試結果造假。因為汽車的引擎運作由軟體控制，所以程式設計師可編寫演算法，讓演算法偵測執行廢氣排放測試的時間，並據此修改引擎行為。結果呢？從二〇〇九年到二〇一五年，全球有一千一百萬台汽車所排放的汙染物都比地方法律允許的數值高出達四十倍，而其中五十萬台汽車皆位於美國境內。福斯公司遭判處罰款與罰金，總計約三百億美元，那是極為嚴重的懲處。但我擔憂的是大家從福斯案件學得的重要教訓並非造假的公司會被逮到，而是公司其實可以安然無事地造假達六年之久。這段時間比大多數執行長的任期都長，而執行長可能預期早在公司遭處大筆罰款之前，就能先因此賺進大筆利潤（注：福斯的一位經理與一位工程師因其行動而遭判處有期徒刑）。[580-582]

不可否認，企業內部誘因的問題規模遠大於此，而上述情況只是其中的冰山一角而已。唯一能刺激公司的方式，是要求公司高階主管與董事會成員個人須對安全性問題負責（包含創投家在內，因為按照慣例，他們都會加入所投資公司的董事會）。如此將可提高不安全所帶來的個人成本，讓前述人士較不會為了自利而偷工減料。

或許大家很快就會採行這種可歸責性。根據美國的現行法律與歐盟的《一般資料保護規則》，高階主管與董事會成員可能需要承擔資料外洩的責任，源自大眾期許的驅策力量也朝相同方向推進。艾可飛公司的執行長、資訊長與安全長在發生駭客事件後，都被迫提早退休。英國 TalkTalk 公司因外洩客戶資料而遭罰四十萬英鎊，該公司執

行長隨後即辭職下台。[583-584]

過去已有要求這類人員負責的先例。《沙賓法》（*Sarbanes-Oxley Act*）是用以管制企業金融行為與不當行為的法律。在二〇〇二年為了因應安隆公司一案的罪行與濫用行為，因此通過《沙賓法》，藉此矯正會削弱許多企業法效力的多項利益衝突。根據《沙賓法》規定，可因公司的行為向董事個人問責，這麼一來，即可促使董事格外積極地防止公司出現違法行為。《沙賓法》蘊含的抱負可能遠超過現實成效，但其構想絕對正確無誤。我們需要思考如何對軟體安全性採行同類型的措施。[585-587]

我不敢說改變責任歸屬不會是一場大規模戰役。想對現今無須背負責任的領域增添責任並不容易，因為這麼做會使受影響的產業面臨劇烈變化，所以在每個變革階段中，這些產業都會群起反抗。但若我們不這麼做，將會讓社會陷入更不利的局面。

最後，我們不一定只能仰賴懲罰不當行為來修正誘因。就安全性漏洞而言，若企業能獲得某種程度的責任豁免，就可能比較樂於公開揭露相關資訊。同時，若公司能獲得保證，確定自己的敏感智慧財產會受到妥善防護，那麼各家公司也可能較願意跟競爭對手或政府分享漏洞資訊。此外，抵稅在這方面也可派上用場。

釐清責任

政府機關的罰款不是唯一能讓網際網路＋轉朝安全性目標邁進的

措施。政府可以修改法律，讓使用者能在公司發生安全性問題時，更輕易地對公司提出告訴。

　　SmartThings 是一款中央化控制樞紐裝置，可搭配相容的燈泡、鎖、調溫器、攝影機、門鈴與其他多種裝置運作，而且透過免費的手機應用程式即可控制。在二〇一六年，一群研究人員發現 SmartThings 系統中具有大量安全性漏洞。研究人員能夠竊取程式碼，而利用程式碼即可打開門鎖、觸發假的火警警報與停用某些安全性設定等。[588]

　　如果其中一個漏洞讓竊賊得以侵入我們家中，那會造成誰的問題？當然是我們自己的問題。若閱讀 SmartThings 公司的服務條款，就會發現使用 SmartThings 產品時，我們必須自行擔負所有風險，且 SmartThings 公司在任何情況下，都無須對因發生問題或故障所造成的任何損害負責，並且我們須同意不會讓 SmartThings 公司因任何可能的索賠而蒙受損害。[589]

　　從個人電腦問世開始，硬體與軟體製造商一直都對發生問題的情況提出免責聲明。這在電腦運算產業的早期階段算是合理。我們之所以能擁有網際網路，是因為公司能夠行銷內含程式問題的產品。如果電腦受到的產品責任規範與摺疊梯相同，或許電腦至今仍無法上市。

　　這種不平等情形有部分是因服務條款的規定造成。使用某公司的軟體時，我們與該公司間的責任關係都受到服務條款規範，而且我們必須確認自己已閱讀過那些「服務條款」，雖然其實沒有人會詳讀其中內容。但即使詳讀內容，也不會帶來任何影響，因為公司都會保留權利，可在不另行通知我們之下修改條款。[590-591]

如果某公司的程式讓我們遺失資料、將資料外洩給罪犯或造成傷害，該公司皆無須負責，雲端服務也一樣不需要負責。服務條款幾乎都強制要求我們在使用公司產品與服務時須承擔所有風險，此外若發生問題，條款還可保護公司免受訴訟之擾。

此外，對軟體廠商提出告訴所費不菲。因此大多數使用者都無法獨力提告，而是需要提出集體訴訟。為了防止出現集體訴訟，許多服務條款的規定也包含具約束力的仲裁協議。這類協議會迫使不滿意的使用者進入仲裁程序，相較於法院，仲裁通常對企業友善許多。因此防止集體訴訟也對企業非常有利。[592]

此外，軟體免受一般產品責任法的規範，進而讓前述一切雪上加霜。就國際標準而言，美國的產品責任法非常嚴格，但卻僅限於有形的產品。若使用者用的有形產品存在缺陷，那麼無論是製作產品的製造商到銷售產品的零售商等等，使用者可以對配銷鏈中的任何單位提出控訴。軟體卻能避開陷入前述所有局面，其一是因為軟體通常是授權而非買斷，其二是因為程式碼在法律上歸類為服務，而非產品。就算將軟體視為產品，製造商也可在終端使用者授權協議中做出免責聲明，而且這類聲明向來都會受到法院支持。

另外還有兩大問題。

第一，過去當有缺陷的軟體造成損失時，法院皆不願承認**造成傷害的是軟體公司**。法官一直傾向譴責利用漏洞的駭客，不會譴責最初讓駭客有機可趁的公司。而對證據的要求則讓情形更加錯綜複雜。如果各位是美國境內的居民，幾乎勢必是艾可飛資料外洩案的受害者。但若我們的資訊遭用於詐騙或身分遭盜用，我們無法證明應將責任歸咎到艾可飛遭駭事件上，因為那些資料可能是在多種情況下遭竊，而且可能是從多個不同資料庫中遭竊。因此，如艾可飛等公司遺失個人資料時，我們都難以對該公司提出告訴。因為艾可飛未能妥善保護的所有資料都已出現在黑市裡，所以即使多發生一次資料外洩，也不會造成新的損害。[593-594]

當 Mirai 殭屍網路造成美國史上最龐大的分散式阻斷服務攻擊後，聯邦貿易委員會（FTC）試圖要求友訊路由器製造商負起責任，不過未能成功。聯邦貿易委員會無法證明任何個別路由器遭用來構成 Mirai 殭屍網路，只能證明友訊路由器不安全，且有某些友訊路由器遭到使用。[595]

第二，使用者一直竭力試圖證明自己受到法律定義的「損害」。對於此類案件，法院只會審理指控造成金錢損害的案件，而在這類案件中很難證明存在違反隱私的行為。

在二〇一六年，聯邦貿易委員會發布調查結果，指出 LabMD 公司未能保護客戶的敏感資訊，因此該公司從事了「不公平商業行為」。聯邦貿易委員會發現 LabMD 公司甚至連基本的資料安全性措施都不曾實施，使敏感的醫療與財務資訊暴露了將近一年的時間。LabMD 公司至美國上訴法院對聯邦貿易委員會的裁決提出質疑。該公司辯稱沒有任何已知事例顯示暴露的資料遭用於非法用途，因此其顧客並未因公司鬆散的安全性措施受到「損害」，且聯邦貿易委員會無權制裁該公司。目前的跡象顯示法院會做出對 LabMD 公司有利的判決，這將導致聯邦貿易委員會未來在處罰洩露顧客隱私的組織時，會受到此判決結果的妨礙。[596-597]

我在第一章曾提到奧尼提電子鎖公司，過去大型連鎖飯店所採用的奧尼提飯店門鎖遭到駭客侵入，讓竊賊能入室行竊。連鎖飯店在二〇一四年提出的集體訴訟遭到駁回，因為門鎖仍可正常運作，而且原告無法指出曾發生任何實際竊案是因該安全性漏洞所造成。[598]

　　我們只要查看製成品的產品責任歷史，即可了解責任法無須以這種形式運作。在工業革命後，最初訂立的法律延續了買方負責的嚴苛原則：「買方應留心」。然而隨著製程工業化、產品更為複雜，法院與立法者也慢慢察覺到一件事，那就是期盼消費者能自行評估所買產品是否安全的想法並不合理。因此自一八〇〇年代晚期起，產品責任法逐漸興起。隨後從二十世紀中期開始，大多數工業經濟體都轉向採用「嚴格責任」標準。即使製造商並未因輕忽而導致產品出現缺陷，但只要其產品造成實際損害，廠商就需要負責。加州最高法院在四〇年代曾做出著名的解釋，說明為何對製成品採用嚴格責任規定是合理舉措：「公共政策需要確立固定的責任，以求在具缺陷的產品進入市場時，可有效減少該等產品對生命與健康的固有風險。」這項主張也適用於網際網路＋。[599]

　　此外，若軟體廠商原本可預防某些產品出現缺陷，那麼我們應該無須為了要求廠商對該等產品負責，而必須證明自己蒙受金錢損害。法律可規定法定損害賠償，以因應公司所銷售的裝置、提供的服務或保存的資料發生安全性失效的問題。一旦證明公司的安全性不佳，即可觸發法定損害賠償，無須進一步要求必須發生金錢損害。竊聽法的運作形式正是如此，如果可證明警察部門非法竊聽某人，該警察部門即須支付法定損害賠償；著作權法的運作方式也一樣，即使沒有造成任何經濟損害，侵權者同樣必須向著作權人支付法定損害賠償。這種運作方式顯然無法套用到網際網路＋安全性責任的所有領域上，但在部分領域中可以奏效。[600-601]

我相信未來在與網際網路＋相關的層面上，將會有更多人採納所有前述類型的主張。監管單位已在考量資料隱私與電腦安全性的議題。同時，許多正逐漸電腦化並連結網路的產品，例如汽車、醫療器材、家電、玩具等等，也已涵蓋在責任法的規範範圍內。當這類裝置的連網版本開始具備殺人能力時，法院將會採取行動，大眾則會要求改革立法。[602]

不過，現今的軟體大致上仍處於產品責任的黑暗時期。發生問題時，使用者通常必須自行承擔損失，而公司幾乎都能逃過一劫。

責任不一定會壓抑創新，也不必是黑白分明又極端的政府干預手段。法律常會針對某些情況建立免除責任的規定。例如在八○年代，當小飛機產業因責任判決過多而瀕臨破產時，就曾訂立例外。此外，也可能對損害賠償設定上限，例如某些醫療過失索賠。但我們需要審慎處理，以免上限削弱我們原本希望創造的責任誘因。即便我們顯然不應將安全性事件的責任完全歸咎在軟體製造商身上，但顯然製造商也並非完全不需要承擔責任。法院可以釐清這一點。[603]

只要存在責任風險，保險業就會隨之而來。運作恰當的保險市場可為公司提供保護，以免因責任索賠而被迫停業。如此可讓公司考量產品可能對使用者造成損害的風險，並將風險視為經營業務的正常成本。[604]

保險也是一種自我增強機制，可在提升安全性與安全之際，仍讓公司保有創新的空間。若安全性低劣，保險業即會加收成本。若證實某家公司的產品與服務不安全，該公司的保費將會調漲，促使該公司投資改善安全性，並藉此降低保費。另一方面，若某家公司遵循合理的標準，但仍然遭到駭客侵害，將由其保險公司負責支付高額的法院判決款項，該公司便無須支付。

保險在個人層級上同樣有效，如果我們要求購買危險技術的人士也一併購買保險，即可有效地將技術相關規範適用至私人層級上。市場會根據技術的安全性來決定這類保險的成本，而製造商可透過提升安全性來降低產品的保險成本。無論是哪種情況，消費者在購買時皆須支付固有風險的成本。[605]

開發這類新保險產品具有挑戰。保險有兩種基本模型，第一種是火災模型：這個模型假設個別房屋會以相當穩定的比率發生火災，而保險業可根據預測的比率來計算保費。第二種是洪水模型：在這個模型裡所發生的是少見的大規模事件，這類事件會對許多人造成影響，但同樣也以相當穩定的比率發生。網際網路＋保險較為複雜，因為它並非依循上述任何一種模型，而是兼具兩者的某些層面。駭客行動以穩定（但漸增）的比率影響個人，而類別漏洞攻擊與大規模的資料外洩則會同時對許多人造成影響。此外，由於科技環境持續變動，導致我們難以收集並分析所需的歷史資料，以藉此計算保費。

或許在此採用健保模型會較為準確。人難免會生病、傳染病可能廣泛散播，因此保險公司應將焦點放在風險防範與事件回應上，而不是直接賠償。不過，保險公司已開始尋找可為網路安全性保險保費定價的方式，例如有時保險商會根據公司的安全性實務進行評分等等。

在我們能更妥善地闡明責任之後，大家將會採取更多相關行動。[606-607]

改正資訊不對稱

我最近曾需要對嬰兒監視器做點研究。這類裝置的設計宗旨是用於監控，但是能收集的資料可不只是嬰兒的哭聲。當然，我對這類裝置有許多安全性問題。裝置如何確保音訊與視訊可安全傳輸？加密演算法是什麼？如何產生加密金鑰？誰持有金鑰的複本？如果資料儲存在雲端，那會儲存多久？如何確保儲存資料的安全？如果監視器使用智慧型手機應用程式，應用程式是如何向雲端伺服器進行認證？因為駭客能夠侵入許多品牌的裝置內，所以我想要購買一個安全的牌子。[608-609]

但是產品行銷資料內的資訊卻全都不約而同地少到不能再少。類比監視器對安全性隻字不提，數位監視器則做出模糊的聲明，例如：「〔我們的〕技術會傳輸安全的加密訊號，您可放心確信自己是唯一可聽見寶寶聲音的人。」某些裝置聲明依循不同的無線標準，並且經由某種加密方法將傳送裝置與接收裝置配對。其他裝置則完全仰賴傳輸功率與頻道切換來確保安全。雖然所有裝置都提及「安全」這個詞，卻沒有解釋其中含意。若想要藉由比較產品條件來購物，基本上是不可能辦到的。既然我無法分辨哪些裝置優良、哪些不佳，代表一般消費者更是毫無機會。[610-611]

安全性不但複雜，而且大都晦澀難解，目前使用者根本無法分辨安全與不安全的產品。嬰兒監視器是非常單純的裝置，不過隨著裝置本身及裝置之間的互連關係漸趨複雜，物聯網裝置問題的複雜程度甚至還會進一步提升。面對資訊匱乏加上系統複雜的情況，消費者的能力不但因此遭到剝奪，而且勢必會因此遭到哄騙，誤以為裝置比實際上更安全。

這在經濟學中稱為「檸檬市場」（lemons market）。廠商只會針對買家可察知的功能彼此競爭，而例如安全性等消費者無法察覺的功能，則會遭到忽視。所以相較於提供詳盡的安全性功能說明，做出模糊且具安撫效果的安全性主張較有可能帶動銷售。[612]

最後，因為安全性無法帶來投資報酬，所以不安全的產品將會把安全的產品逐出市場。在電腦與網際網路安全性領域中已多次出現過這種局面，未來我們在網際網路＋領域內也會看到相同事態。我們必須讓安全性在消費者眼裡具有意義、鮮明且顯而易見，當消費者能了解更多資訊後，就有能力做出更佳選擇。[613]

許多產業都設有標示規定，例如食品上的營養與成分標籤、藥品隨附的各種小字印刷資訊、新車上的燃油效率貼紙等等，這類標示讓消費者能做出更佳的購買決策。但現今在電腦安全性領域中並無類似的標示。[614]

若能透過標示規定，要求電腦化產品用標示說明其設計可防禦哪一種威脅模式，可望帶來不少幫助。現在讓我們再回頭看看嬰兒監視器。隨機切換頻道或許能阻礙普通的竊聽人士，但卻無法妨礙老練的攻擊者，因此其他安全性措施會比切換頻道更牢靠。如果製造商能簡潔地說明安全性，消費者就更能夠透過比較產品條件來購買產品。例如以下是我認為產品可以標示的聲明:「本嬰兒監視器透過獨特方式將發射器與接收器彼此配對」、「發射器與接收器之間的傳輸皆經過加密,因此可防範鄰近的竊聽者」、「透過您的無線網路所進行的傳輸皆經過加密,因此可防範網路竊聽者」。或是「本產品會將傳送至雲端的音訊與視訊加密,因此可防範網際網路竊聽者」。雖然若提供太多這類聲明,可能讓一般消費者覺得冗長難懂,不過產品評鑑網站卻可利用這類資訊做出更完善的推薦。

三星公司即為三星的智慧型電視提供類似的聲明,只是聲明全都淹沒在小字印刷的公司政策裡。

> 請注意,若您說的話包含個人資訊或其他敏感資訊,則裝置會一併擷取該資訊與其他資料,並在您使用語音辨識功能時,將該資訊傳輸至第三方。[615]

產品標示也應說明使用者的安全性責任。我們習慣將嬰兒監視器放在臥室裡。雖然相較於反覆開關監視器,全天開啟監視器會輕鬆許多,但這代表監視器很可能會擷取並傳輸使用者不想廣播的活動。我希望產品標示能提醒使用者會發生這類狀況。「開啟發射器時,發射器會將擷取的所有聲音皆傳送至本公司的聖荷西總部」。或是「本產品需要定期更新;已註冊的使用者至少在未來五年內都可收到更新」。一般而言,使用者需要知道產品安全性功能的涵蓋起點與終點、需以何種方式維護安全性,以及使用者何時得自求多福。

若要透過產品標示向消費者提供資訊,產品評等系統或許是最有用的方式。安全的產品與服務可獲得較高評等,而安全性標誌或其他某種簡明的標記,則可供消費者作為購買決策的指引參考。這是個頗有意思的構想,如英國、歐盟、澳洲及其他各地的眾多政府機關都在考量這種措施。[616-618]

我們需要讓雲端服務的透明度更高。例如現在大家並不清楚 Google 如何維護電子郵件的安全,因此我希望可透過責任制度改變這種情況。如果零售公司需負責確保客戶資料的安全,那該公司就必須要求其雲端供應商負起責任。這麼一來,雲端服務供應商即必須要求其雲端基礎設施供應商負起責任。這種層層傳遞的責任能迫使所有相關人士提高透明度,就算只是為了滿足保險公司的要求也一樣。

如果設有安全性標準,政府機關或獨立組織即可根據標準測試產品與服務,隨後再給予評等。自我報告的方式同樣可行。在二〇一七年,有兩位參議員推行《網盾法》(Cyber Shield Act)。該法案原可引導商務部擬定物聯網裝置的安全性標準,讓各家公司在產品上顯示標示表明已依循安全性標準。雖然《網盾法》後來毫無進展,不過產業聯盟或其他第三方都可輕鬆採取同樣做法。我們甚至可在標準與保險之間建立相關性。[619]

或者,我們可根據公司的流程與實務進行評等,例如可利用第六章的設計原則作為評等依據,這跟保險商實驗室的做法類似。保險商實驗室是保險業在一八九四年所成立的組織,負責測試電氣設備的安全。保險商實驗室不會證明產品是否安全,而是使用檢查清單確認製造商有無依循一組安全規則。

消費者聯盟是出版《消費者報告》(Consumer Reports)的組

織，多年來，消費者聯盟持續研究應如何對物聯網產品執行某種安全性測試。待本書出版時，消費者聯盟甚至可能已建立某個可行的評等系統。然而，即使消費者聯盟能為汽車與白色家電評等，但較廉價的消費性裝置總數龐大，又會迅速轉變，因此任何一般性質的組織都無法招架。[620]

在電腦安全性領域中，有兩項現行的評等計畫值得在此一提。電子前哨基金會的〈誰挺你〉（Who Has Your Back?）報告專案會評估各公司在面對政府要求提供私人資料時，願意致力保護使用者的決心。開放技術研究所的「數位權利排名」（Ranking Digital Rights）行動則會評估各公司尊重表達自由與隱私的方式。[621-622]

不過在針對產品建立安全評等系統時，我們會遇上某些陷阱。其一是無法以簡單的測試獲得簡單的結果。我們沒辦法在對某軟體執行廣泛測試後，斷言該軟體確實安全。而且所有安全性評等都會隨著時間轉變，前一年可證實安全無虞的項目，或許今年就證明不再安全。這不只是時間和開銷的問題而已。我們現在已觸及某些電腦科學理論的技術極限，因為已不可能透過任何具意義的方式來聲明某事「安全無虞」了。

不過，我們還是可以採取很多行動，例如可針對一套已知的攻擊手段來測試產品，隨後聲明該產品能抵抗那些手法。我們可以測試產品的行為，檢查是否具有代表安全性問題的指標，並且證明開發程序有無出現偷工減料的情形。我們可以根據第六章的許多設計原則執行測試。而且，進行前述作業時，都無須經過開發與銷售軟體的公司同意。[623]

我們需要在可管理的測試要求與安全性之間，找出正確的平衡點。舉例來說，美國食品藥物管理局要求廠商需測試電腦化的醫療器材。最初食品藥物管理局的規則規定只要做了任何軟體變更（包括以修補程式修復漏洞），就需要重新進行完整測試。不過隨後食品藥物管理局修訂了相關規定，若更新不會改變功能性，即無須重新測試。雖然這不是最安全的行事方式，卻可能是最合理的妥協措施。

我們也需要找出方法來教導顧客了解評等、排名、說明或核准標誌的含意。就拿物聯網玩具的「符合 A-1 產業安全性標準」標誌為例。我們應如何說明這個標誌只代表玩具符合某些最低限度的安全性標準，而且那些標準目前只能妥善抵禦某些特定威脅，所以該標誌其實並非保證玩具一定安全？在食品領域中，有數不盡的評等與量表互相競爭，這是我們不希望出現在網際網路＋安全性領域內的局面。

雖然存在這些問題，我們仍舊需要設立某種安全性評等機制。我很難想像市場能在缺乏安全性評等的情況下提升安全性。

若要為消費者提供更多資訊，那麼除了產品標示與安全性評等外，另外還有兩種不錯的方法。第一是透過資料外洩公開法律。這類法律規定公司需在個人資訊遭竊時通知相關人士。這類通知不僅能警告對方其資料遭竊，也能讓大家得知資訊，進而了解那些儲存個人資料的公司採行何種安全性實務。美國有四十八個州皆訂定相關法律，不過其中的規定都不一樣，例如哪種資訊屬於個人資訊、公司需揭露多長的時間、公司何時可延後揭露等等。[624]

雖然美國曾數次試圖訂立國內法，但都未能成功。理論上，我比較希望能訂立國內法，不過我擔心國內法的周全性無法比擬某些州的州法，特別是麻薩諸塞州、加州與紐約州等地的州法，而且國內法的地位還會凌駕於所有現存州法之上。現在，這些州法實際上等同於國內法，因為只要是成功經營的公司，其使用者都會遍及全部的五十州中。[625]

我們需要擴大這些州法。若發生事件，但沒有造成任何個人資訊損失，那麼提出事件報告仍屬於自願性行為，不過因為公司害怕出現負面報導或發生訴訟，所以大家的投入程度普遍偏低。資料外洩公開法律需要涵蓋其他類型的侵害事件。例如應規定在某重要基礎設施遭到侵入時，基礎設施的所有人即需提出報告。

第二種能讓消費者獲得更多資訊的方式，是改善漏洞揭露機制。我在第二章曾探討安全性研究人員如何尋找電腦軟體漏洞，以及發表這類研究成果對激勵軟體廠商修補漏洞有多重要。廠商都討厭這段會使他們臉上無光的流程，而且在某些案例中，廠商更曾成功依據《數位千禧年著作權法》和其他法律控訴研究人員。我們必須扭轉這種局面。我們需要立法保護研究人員，讓他們能尋找漏洞、負責任地向軟體廠商揭露漏洞，並在經過合理的時間後發表研究結果。改善漏洞揭露機制不但能促使公司著手提升安全性，以免損及公眾形象，也能為消費者提供各種不同產品的重要安全性資訊。[626]

加強公共教育

公共教育對網際網路＋安全性至關重要。人民需要了解自己在網路安全性中扮演的角色。因為就像在其他所有個人或公共安全層面中，我們的個人行動皆具有影響力。此外，大眾在經由教育獲得知識後，即能拒絕使用不安全的產品或服務，或是在適當時機向政府施壓以要求政府採取行動，進而對公司施加壓力，讓公司改善安全性。

以前大家曾嘗試透過公眾意識運動來營造安全的網際網路。美國國土安全部曾在二○一六年推出「停、想、連結。」（Stop. Think. Connect.）活動，但幾乎可確定各位都沒聽過那次活動，光從這點就可看出其成效如何了。或許其他活動能帶來更佳效果。[627]

教育相當困難。我們需要教導大家了解安全性至關重要、如何做出安全性抉擇，但無須讓所有人成為安全性工程師。雖然這些都是技術層面的問題，但我們不希望創造一個只有技術專家才能確實安全無虞的世界。就筆記型電腦與家用網路而言，我們現在就是處於這種處境。筆記型電腦與家用網路等系統的複雜程度已超越一般消費者的理解範圍，必須先成為專家才能設定系統，導致大多數人都懶得管這些事。在這方面我們必須做得更好。

目前，我們向使用者提供的許多安全性建議都只是為了掩飾惡劣的安全性設計。我們告訴大家不要點按可疑的連結，但這是網際網路，連結就是讓人點按的。我們也告訴大家不要把可疑的 USB 隨身碟插入電腦內，但是同樣道理，USB 隨身碟除了用來插入電腦內，還能拿來做什麼？我們必須做得更好。我們需要的系統是在大家點按任何連結、把任何 USB 隨身碟插入電腦時，依舊能安全無虞的系統。[628]

讓我們拿汽車做個比較。最初在市場上推出汽車時，賣出的汽車都會隨附維修手冊與工具組，大家需要懂得如何修車才能開車。不過隨著汽車愈來愈易於駕馭、維修點愈來愈普遍，即使是不想碰機械的人也開始能夠買車。現在電腦已經進入前述階段，但是電腦安全性卻沒有。

在某些領域中，無法靠公共教育提供協助。例如就低價裝置而言，我們無法讓市場自行解決問題。因為威脅的主要來源是殭屍網路，而買家或賣家對殭屍網路的了解，都不足以讓他們關切相關問題（除了我這種人之外，可能部分讀者也是例外）。若網路攝影機和數位視訊記錄器遭用於阻斷服務攻擊，裝置的擁有者無法發現這件事，而且大多數人都不會在意。那些遭到利用的裝置賣價低廉、仍舊可以運作，再說擁有裝置的人也不認識任何受害者。裝置的賣家同樣不在乎，因為現在他們已開始銷售更新、更好的型號，而且顧客只關心價格與功能。這種情況如同某種無形的汙染。

就較昂貴的裝置而言，隨著安全風險提升，市場機制會漸趨良好。汽車駕駛人與航空公司的乘客都希望自己利用的交通手段安全可靠。在此，或許教育確實可協助世人對產品安全性做出更妥善的選擇，就像現在大家挑選汽車的安全措施一樣。

我們可以教導使用者從事特定的行為，但是那些行為必須簡單、可行，而且顯然合情合理。例如在公共健康方面，大家學會了應該要洗手、應該對著手肘內側打噴嚏，以及應該每年接種流感疫苗。雖然實踐前述行動的人比我們期盼的少，但大多數人都知道自己應該這麼做。

提高專業標準

　　若要建造大樓，我們需要遵循許多規定。我們必須雇用建築師進行設計，而那位建築師必須擁有國家認證。任何複雜的工程都需要經過持有認證的工程師核准。我們所聘雇的工程公司需要持有執照，而工程公司雇用的電氣技師與學徒全都需要獲得州委員會授與的執照。為了駕馭上述所有繁複作業，我們勢必需要雇用律師與會計師，而這兩者都得通過州專業認證委員會所管理的考試，取得相關認證與執照。當然，協助我們購買土地的房地產仲介也都持有執照。

　　專業認證是比職業證照更高的標準，但現在我們尚未建立相關體系，無法對任何類型的軟體設計師、軟體架構師、電腦工程師或程式設計師進行認證或授與執照。建立體系並非新的構想，幾十年來都有人在業界提出這項建議。計算機協會與 IEEE 計算機協會等現有的軟體專業人員組織，都曾深入研討這項議題，並且提出了幾種適用於軟體工程師的不同授權機制與專業發展條件。國際標準化組織亦設有一些相關標準。但是一直以來，開發人員對此都強烈反彈，除了基於個人因素，也因為軟體工程跟傳統認為的工程不盡相同。在軟體工程這門學問中，工程師無法根據科學套用已知的原則來創新。因此我們難以釐清專業軟體工程師應具備的條件，遑論他們需要具備哪些工作能力了。[629-630]

　　雖然如此，我仍相信這種情形將有所轉變。未來，某種層級的軟體工程師將能取得執照，可能是由政府授與，也可能是由政府核可的專業協會授與。而軟體的設計將需要獲得這類軟體工程師的簽核，就像建築計畫必須經過持照建築師簽核一樣。

不過我們得投入許多心力才能邁入這個階段，不能只是憑空創造出某種可取得執照的職業，而是需要設立完整的教育基礎架構。所以我們需要能先針對可靠性、安全、安全性與其他多種責任，為軟體工程師提供一貫的訓練之後，才能實現前述目標；我們需要在專科與大學內成立課程，並且在工程師的職涯期間提供繼續教育；我們需要讓專業組織著手定義認可的形式，並且界定在這個快速變遷的環境中需要實施何種重新認證。我們也需要設法因應軟體開發的國際化本質。

這都不是容易的事，可能要耗費幾十年才能讓一切上軌道。醫學歷經了三個世紀，才終於在文藝復興後的歐洲成為一種職業，但我們無法等待那麼久。從長遠角度看來，我們現今為了精進專業素養而能採取的任何行動，都可為這個領域帶來助益。

縮小技能差距

除了提升專業標準之外，我們也需要大幅增加網路安全專業人員的數量。

這種缺乏訓練有素人員的情形稱為「網路安全性技能差距」，我近年參加的絕大多數 IT 安全活動中，這一直都是重大的探討主題。基本上，現在的安全性工程師人數已無法滿足需求，而且在每個層級都是如此，無論是網路管理員、程式設計師、安全性架構師、經理及資訊安全長等等，無一例外。

相關的數據令人感到憂懼。根據不同報告的預測結果指出，由於需求遙遙超越供應，所以全球的網路安全性工作在未來幾年將出現一百五十萬、兩百萬、三百五十萬、甚或六百萬個沒有人力能填補的空缺。雖然我個人的預測偏向較高的數值，但無論哪個估計數值正確，都會是一場災難。本書探討的所有安全性技術解決方案都需要人力，如果缺乏人力，解決方案即無法實行。[631]

持續跟進這項問題的產業分析師奧特斯克（Jon Oltsik）寫道：「網路安全性技能短缺，意味著我們的國家安全面臨生存威脅。」就目前的趨勢而言，這是難以辯駁的評論。[632]

解決方案雖然清楚明瞭，卻也難以施行。從供應面來說，我們需要讓學生從小接觸網路安全性資訊、培養更多具備網路安全專業素養的軟體工程師畢業生，並且建立職涯中期的再訓練方案，讓已在工作的工程師能轉換到網路安全性領域。我們需要吸引更多女性與弱勢族群投入網路安全性職務。我們需要將資金挹注至前述所有行動，而且動作要快。

從需求面來說，我們需要盡可能地將相關工作自動化。現在我們已開始看到安全性作業自動化的益處，而未來在機器學習與人工智慧能夠發揮助力後，情況可望大幅改善。這可直接引導討論進入我的下一個建議。

增加研究

我們需要解決某些嚴重的安全性技術問題。雖然現今已在進行許多研究與開發作業，但若要透過科技大舉改變攻擊者與防禦者之間的平衡關係，我們需對科技進行更多策略性的高風險／高報酬長期研究，但現在專門投入這類研發作業的資源卻過於稀少。

大多數商業組織都不會投入這類研究，因為報酬顯得遙遙無期又曖昧不明。所以在未來的幾十年間，大部分實質改善都會是政府資助的學術性研究成果。

然而我們也需要進行規模較小的短期應用研究。學術機構無法自行包辦一切，企業必須參與其中。若讓企業能以研究抵稅，即可提供適當的誘因，使企業願意開發安全的產品與服務。

在第一章曾探討關於網際網路＋安全性的基本假設，而透過研究或許能改變其中部分假設。我曾看過在號召行動中採用「網路版曼哈頓計畫」、「網路版登月計畫」與其他充滿話題性的類似用語，不過我不清楚大家是否已對這類行動做好準備。這類專案需要訂立特定的實際目標，「改善網際網路安全性」這種一般性目標是行不通的。[633-634]

無論機制為何，我們都需要建立可合力執行、可永續的全新技術研發專案，保護大眾免受當下或未來數年、數十年中的各種不同威脅侵害。沒錯，這是野心勃勃的抱負，但我認為我們別無選擇。讓我們卻步不前的主因在於科技業對政府嚴重缺乏信任。

同樣地，這裡提出的都不是新概念。過去大家也曾對氣候變遷、食物與人口過多、太空探索及大眾共同面臨的其他許多問題，提出同樣的呼籲。

資助維護與保養作業

美國有許多輿論都圍繞著道路、橋梁、水系統、學校與其他公共建築等逐漸不堪使用的國家基礎建設，或是議論美國需要傾注大筆投資好將這些礎設施盡數現代化。但是，我們也需要針對向網際網路基礎設施挹注大筆投資進行討論。網際網路基礎設施雖然不如實體基礎設施那麼老舊，但從某些方面來說卻同樣破敗不堪。

電腦衰退的速度比傳統的實體基礎設施更快，這是大家都知道的事實。相較於升級汽車或冰箱，我們更有可能因舊款筆電與手機效能比不上新型號而將筆電與手機升級。如微軟與蘋果等公司都只會維護少數幾種最新的作業系統版本。因此若在十年後仍繼續使用舊版電腦硬體與軟體，確實會帶來風險。

未來我們不會以其他技術取代網際網路，畢竟現行技術已經無所不在，所以試圖取代網際網路是行不通的。因此，我們需要改為以一次升級一部分的方式，升級網際網路的某些環節，同時還必須保有向下相容的能力。某些人需要負責協調這項作業。某些人也需要提供資金，以協助開發與維護網際網路基礎設施的關鍵環節。某些人還需要與科技公司合作保護基礎設施的共用元件，並在出現漏洞時迅速回應。在下一章，我會主張前述的「某些人」就是政府。

將重要的網際網路基礎設施升級之後，我們需要持續進行升級作業。那種打造出一個系統之後即可運作幾十年的時代已經結束（若曾經存在那種時代的話），電腦系統都需要持續升級。我們得接受這種縮短到極致的新型態使用壽命。我們需要找出能將系統保持在最新狀態的方法，而且需要準備好支付相關成本，因為那將會所費不貲。

第八章

政府才能實現安全保障

　　飛機理應極度危險，因為我們基本上等於坐在火箭裡，以時速六百英里的高速劃越天際。一架現代的飛機具備多達六百萬個零件，其中許多零件都必須完美無瑕地運作，只要有某處故障，就會墜機。從常理來看，飛機的風險超級高。[635]

　　航空公司會在各式各樣的特點上彼此競爭，例如競爭價格與航線、座椅間距與腿部空間、高級艙等的備品等等。航空公司也會利用能喚起美好回憶的品牌，競爭難以捉摸的「愉悅」感受。但是航空公司不會拿安全來競爭。安全及安全性是由政府決定。航空公司與飛機製造商需要遵循各種規範，然而那全部都是消費者看不見的部分。沒有航空公司會在廣告中宣傳該公司的安全或安全性紀錄。但我每次登機時（我在二〇一七年坐了一百八十二次飛機），我都知道會是安全的飛行。[636]

　　情況並非一直如此。過去的飛機極為危險，總是頻傳死亡意外。但我們修改了飛機安全規範，幾十年來，政府強迫相關人士持續對飛機設計、飛航程序、機長訓練等等許多層面做出改善。因此，現在民用飛機成為有史以來最安全的交通方式。[637-638]

我們需要對網際網路＋安全性採取相同做法。若要設定並執行第六章所述的安全性標準，我們可以考慮幾種不同的模式。獨立的測試機構能夠評定製造商有無依循標準，例如消費者聯盟就可作為仿效對象，消費者聯盟是一家非營利公司，其資金來自雜誌訂閱與補助金。我們也可以仰賴市場，亦即仰賴顧客對較安全產品與服務的偏好，由市場要求提高安全性。

　　然而基於前一章探討的所有理由，我對前述構想的前景都感到不甚樂觀。截至目前為止，政府是大家最常用來改善集體安全性的途徑，而且堪稱是最有效率的方式。我們在改變商業誘因、投資共同防禦機制、解決集體行動問題與防止「搭便車」問題時，都是依靠政府執行。

　　我想不出在過去一百年裡有哪種產業，能夠無須政府強迫即自行提升產業安全與安全性。無論從建築到製藥、從食品到工作場所，或是汽車、飛機、核能廠、消費性產品、餐廳，以及近期的美國金融工具等等，無一例外。在政府尚未設定規範之前，前述領域中的賣家只會持續製造危險或有害的產品，並將產品銷售到輕信他人的市場裡。即使企業引起公憤，我們同樣得靠政府來改變企業主的行為。從製造商的角度看來，合理做法是祈禱事情往好的方向發展，而不是預先投資以強化產品安全。畢竟在商品的某部分發生問題之前，購買產品的大眾通常都無法分辨有何差異，而生產者則傾向選擇眼前的利益，也就是節省成本，不會選擇較為長遠的安全利益或安全性利益。

　　每當產業組織撰文提及這類問題時，都會強調任何標準皆應屬於自願性的要求，但他們是為了自利才會這麼說。若我們欲實施任何標準，就必須是強制性標準。任何類型的規定都不會奏效，因為其他類型的規定皆無法使誘因達到一致。[639]

全新的政府機關

政府單位都在各自的小圈子中獨立作業。食品藥物管理局擁有醫療器材的管轄權。運輸部擁有地面載具的管轄權。聯邦航空總署擁有飛機的管轄權，但是無人機對隱私的影響並未包含在聯邦航空總署的命令考量內。聯邦貿易委員會會對隱私執行某一程度的監督，但僅限於發生不正當或欺瞞的貿易實務之際。司法部則會在發生聯邦罪行時介入。[640]

在資料方面，管轄權依使用方式而改變。如果資料用於影響消費者，聯邦貿易委員會即擁有管轄權。如果該資料用於影響選民，那麼聯邦選舉委員會即擁有管轄權。如果該資料遭以相同方式用於影響學校的學生，那麼教育部就會介入。在美國，沒有主管機關負責管轄因資訊外洩或違反隱私所造成的損害，除非涉案公司對消費者做出虛假承諾。每個機關都有自己的一套做法與規定。各個國會委員會之間會彼此爭奪管轄權。聯邦部門與委員會則全都擁有屬於自己獨立掌管的領域，例如農業、國防、運輸、能源等等。某些州擁有並行的監管權限，例如長年來在網際網路隱私議題上位居領導地位的加州等。而有時聯邦政府則會搶在州之前先採取行動。

網際網路不是如此運作。網際網路及現在的網際網路＋是一套不受拘束的整合式系統，由電腦、演算法與網路組成，跟各自獨立的小圈子正好相反。這套系統為橫向成長，因此能打破傳統屏障，先前從未交流過的人類與系統，現在都可彼此溝通。無論是大型個人資料庫、演算法決策、物聯網、雲端儲存或機器人學等等，彼此之間的關聯性都極其深刻。目前，我的智慧型手機內裝有記錄健康資訊、控制能源使用以及跟汽車互動的應用程式。因此我的手機涵蓋在四個不同美國聯邦單位的管轄範圍內，也就是食品藥物管理局、能源部、運輸部與聯邦通信委員會，而現在才只是剛開始而已。

這類電子平台都是通用平台，所以在政策上需要採行全方位的措施。所有平台都使用電腦，因此我們擬定的任何解決方案都必須是通用方案。我並不是指大家應採用單獨一組規範來涵蓋所有應用領域中的所有電腦，而是需要建立適用於所有電腦的單一框架，將位於汽車、飛機、手機、調溫器或心律調節器內的電腦全涵蓋在內。

在此我提議成立新的聯邦機關「國家網路辦公室」，這是以國家情報總監辦公室為模型的機關。美國國會在發生九一一恐怖分子攻擊事件後成立國家情報總監辦公室，以讓單一單位負責協調美國政府上下的情資。國家情報總監辦公室的工作包含排定優先順位、協調活動、分配資金，以及交流激盪不同的想法。國家情報總監辦公室不是完美的模範，而且該單位一直因跨單位協調的效果不佳而飽受批評，但似乎是我們需要在網際網路＋領域內模仿的範本。

新機關的初始宗旨不是執行管制，而是針對觸及網際網路＋的議題，向其他政府單位提供建議。除了其他聯邦機關亟需獲得這類建議之外，政府各層級的立法者同樣極為需要這類建言。新機關還可以視需要指導研究、針對不同議題安排利害關係人會談。此外，對於將新機關的專業知識視為寶貴意見的法院訴訟案，新機關則可提出「法院之友」（amicus curiae）意見書。新機關並非類似聯邦貿易委員會或食品藥物管理局等執法單位，而是較像是管理與預算局或商務部的單位，也就是富有專業知識的智囊。

國家網路辦公室了解網際網路＋政策需要跨越涵蓋多個單位，而且這些單位皆需要繼續保有其現行的責任範疇。不過，有許多解決方案都需要集中協調，而且需要由某人負責要求各機關擔起應盡的責任。因此在各種截然不同的應用領域之間，會有許多網際網路＋硬體、軟體、協定與系統彼此重疊交錯。

新機關也可管理政府內的其他安全性措施，例如更新國家標準與技術研究院的網路安全性架構，或是擬定第六章所列的其他安全性標準類型、第七章提及的學術補助金撥款與研究抵稅措施、政府採購程序應包含的安全性要求，以及政府內部的最佳實務等等。新機關可管理政府與產業間的合作關係，並且協助建立涵蓋政府與產業的策略。部分軍方與國家安全政府組織已針對此領域設立政策，因此我們也可利用新機關以在這些組織之間取得平衡。上述部分工作目前是由國家標準與技術研究院執行，某些則是由國家科學基金會負責，但這兩者都難以根據新單位的職務需求進行調整，因此合理的做法是將相關職能移轉到新的專屬單位中。

最後，新機關可成為政府統整專業的位置。專屬的網際網路＋單位能吸引（並支付具競爭力的薪水給）技能卓越的人員，讓他們協助精心擬定政策事務並提出建言。這代表該單位將由工程師與電腦科學家組成，並且會跟法律及政策領域的專家密切合作。我會在結論中回頭討論這項主題，也就是科技人員與政策制定者緊密合作的重要性何在。

成立國家網路辦公室後，就可在其傘下設立其他「卓越中心」。同樣地，設有國家反恐中心與國家反擴散中心的國家情報總監辦公室依然是良好的仿效對象。我心目中的國家網路辦公室可能需要設立國家人工智慧中心、國家機器人中心，甚或是國家演算法中心。或許我們可以創立國家網路防禦學院，這個跨單位的設施可提供各種課程、認證與分流教學等等，所有單位都能派遣人員到此接受訓練。國家網路辦公室也需要與國土安全部密切配合，或許亦需與司法部合作。

到了最後，規範必須以某種方式對多個不同網際網路＋範疇造成影響。或許新機關會成為監管機關，不過較可能的方式是讓目前負責管制不同產業的現有機關繼續擔任相同職務，並將網際網路＋安全性法規加入這些機關的法規組合內。這些單位擁有廣泛的權力，因此比國會更為靈活。此外，這些單位不但能回應技術或市場的變化，也可促使企業改變行為。

以聯邦貿易委員會為依據的模型或許能派上用場。聯邦貿易委員會並未設立具體規則，而是設立模糊的規定，並規範應有的結果。聯邦貿易委員會追捕的目標是最為明目張膽的違法者，所有人都會看到聯邦貿易委員會執行的行動與處罰的罰款，因此會試圖表現得比受罰的公司稍微好一些。聯邦貿易委員會也會發布指導原則，並與產業合作促進法規遵循。雖然大家有時會形容這個單位手無縛雞之力，但大眾卻因此意識到哪些是可接受的商業行為常規、若遭發現違反常規需承擔哪些責任，並且發現我們需要持續進行全面性的改善。

　　以下就是一個例子。Netflix 曾於二〇〇六年舉辦一場競賽，並在比賽中公開了一億份匿名的電影評論與評等資料。結果研究人員居然能將其中部分資料去匿名化，幾乎讓所有人都大吃一驚。不過一直到了 Netflix 在隔年第二次舉辦比賽，卻未能更妥善地處理客戶資料時，聯邦貿易委員會才對 Netflix 採取行動。[641-644]

　　現在，聯邦通信委員會與證券交易委員會皆有權要求上市公司審核其網路安全性，並在之後提供證明。這兩個單位可以採用現有的安全性架構，或自行建立架構。[645]

　　我不是提出這項建議的第一人。某個擔任歐盟委員會顧問的研究組織曾提議成立「歐洲安全與安全性工程局」；聯邦貿易委員會的前技術長索爾塔尼（Ashkan Soltani）提議建立新的「聯邦科技委員會」；華盛頓大學法律教授卡羅（Ryan Calo）提議成立「聯邦機器人委員會」；而喬治梅森大學的什爾（Matthew Scherer）則提議成立監管人工智慧的單位。[646-649]

　　其他某些國家也抱有類似的想法。以色列在二〇一一年創立國家網路局（National Cyber Bureau），藉此提升該國在網路空間的防禦能力，同時為政府其他單位提供網路相關議題的建議。英國在二〇一六年成立國家網路安全中心，以「協助保護我們的重要服務免受網路攻擊傷害、管理重大事件，並且透過改善技術以及向人民與組織提供建言，進一步強化英國網際網路的基本安全性。」在我看來，上述兩個組織都跟軍方過從甚密，致使這兩個組織也跟政府仰賴不安全網際網路的那一部分密不可分，但成立這些單位仍是個開始。[650-651]

前述構想在美國史上已有過重大先例。新科技通常能促成建立新的政府單位，例如火車、汽車、飛機等等都是如此。發明無線電讓我們成立聯邦無線電委員會，亦即聯邦通信委員會的前身。發明核能讓我們成立原子能委員會，亦即後來的能源部。

我們可以論辯新單位的具體細節與合適的限制，也可以議論組織的架構。然而無論形式為何，我們都需要由某個政府機關負責這類事務。

我認為網際網路＋時代的規範會跟工業時代的規範有所不同。現在，我們已透過多方利害關係人模式來管理網際網路，因此政府、產業、科技人員及公民社會會聯手解決網際網路運作的相關問題。我認為相較於我們習慣的其他模式，這種多方利害關係人的模式更適合應用在網際網路＋規範上。

就我的這項提案而言，存在幾項合理的反對論點。例如政府機關的效率不佳，而且通常缺少所需的專業素養。此外，政府機關是官僚組織，又缺乏遠見與前瞻性。政府機關不只在速度、範圍、功效層面有問題，而且還可能發生管制俘虜（regulatory capture）現象。當然，輿論也普遍認為政府根本不應插手干預。

但是，無論是成立全新的單一政府機關，或從現有的十幾個政府單位中委任權責單位，上述擔憂同樣存在。單一機關具有舉足輕重的珍貴價值。因為若未採用單一機關，替代方案就是根據需求，零碎地一一擬定網際網路＋政策，如此會導致情況更加複雜，而且無法對抗新興威脅。

當然，魔鬼藏在細節裡，但我沒有任何細節。我提出的國家網路辦公室可能行不通，不過那也沒有關係，因為我只希望至少能藉此讓大家展開討論。

政府規範

電腦產業向來極少受到規範局限。這有部分是因為電腦的起步階段使然。其中部分是由於電腦業最初相對比較無害，還有部分是因為業界領導者不願意承認局面已發生多大的轉變。不過，主要原因在於政府不願冒險妨礙已成為超級金雞母的電腦業。在我看來，那種日子即將結束，建立網際網路＋規範已是勢在必行，我所根據的幾項理由如下。

第一，政府通常會管制整體經濟的「咽喉點」產業，例如電信業與運輸業等等。網際網路＋無疑屬於這類產業，而且網際網路＋在經濟上的地位正漸趨關鍵。第二，政府會管制可能致命的消費性產品與服務，而網際網路＋正迅速朝這個類別邁進。第三，電腦正逐漸滲透到許多既有產業中，例如玩具、家電、汽車、核能廠等等，而這類產業都是已經受到規範管制的產業。[652]

我們必須了解規範並非只是列有要求事項或禁止事項的清單，雖然那是最直截了當的規範形態，但在大多數時候，規範具有更多細微的差異。規範可創造責任，並將細節留給市場決定。規範可推動趨勢朝任一方向前進、改變誘因、給予刺激而非強迫聽命，也可具備足夠的彈性，能夠同時適應科技與社會期許的變化。

我們的目標不是完美主義。我們不要求汽車製造商生產最安全的汽車，而是規定關於安全帶與安全氣囊等項目的安全標準、要求執行撞擊測試，其餘事務則全留給市場處理。面對網際網路＋這種變化萬千的環境，我們必須採行這種方式。

歐洲的網際網路規範數量現已增加許多，之後我會在第十章探討歐盟的《一般資料保護規則》，美國的某些州也正朝類似的方向邁進。雖然華府對各類規範都沒有多大興趣，但若發生災難，進而奪走眾多生命或破壞某部分的經濟，華府對規範的需求將會迅速提升。

美國已開始從聯邦層級施加管制，但只是斷斷續續地針對特定產業實施規範。例如食品藥物管理局曾向醫療器材製造商發布指導原則，內含適用於連網裝置的規範規定。食品藥物管理局不會自行執行測試，而是由開發商根據標準測試其產品與服務之後，再將相關文件提交至食品藥物管理局，以取得核可。這是嚴肅的作業，食品藥物管理局會毫不客氣地拒絕核可產品，或是要求召回造成損害的產品。[653]

適用於病患醫療資料隱私的規則，以及用於管理消費者資料隱私的規則之間，存在極大的差異。正如各位所料，醫療資料規則的嚴格程度高出許多。許多開發新款健康相關產品與服務的廠商，都試圖將新產品定位為消費性裝置，如此就不需要獲得食品藥物管理局的核可。這種做法有時可以奏效，例如 Fitbit 等健康追蹤裝置即歸類為消費性裝置。不過有時食品藥物管理局會予以回擊，就像該單位曾對23andMe 公司收集的基因資料所採取的行動一樣。[654-655]

在汽車方面，運輸部僅頒布了自願的安全性標準。自願性標準的效果永遠無法媲美強制性標準，但是仍能帶來幫助。例如在訴訟期間，法院常會評估製造商自願遵循運輸部指導原則的程度，作為判斷製造商有無疏忽的輔助資訊。

聯邦航空管理局則對無人機採取不同的規範方式。聯邦航空管理局並未要求每款新上市的無人機皆需取得設計認證，而是透過政策限制無人機的使用方式與地點，藉此間接管制消費性無人機。

過去已出現過一些成功案例。在二〇一五年，聯邦貿易委員會因電腦安全性問題而控告溫德姆飯店（Wyndham Hotels）。溫德姆飯店的安全性實務低劣，讓駭客能一再侵入飯店網路，並竊取顧客的資料。聯邦貿易委員會主張溫德姆飯店在隱私政策中做出承諾，但卻未能遵守，因此溫德姆飯店欺瞞了顧客。[656]

那是一場錯綜複雜的法庭戰，而且左右那起訴訟的權力事務大都與本書內容無關。不過，溫德姆飯店提出的其中一項抗辯值得玩味。溫德姆飯店聲稱聯邦貿易委員會不能因該飯店的安全性不夠充分而處以罰款，因為聯邦貿易委員會最初並未告知該飯店何謂「充分的安全性」。聯邦上訴法院站在聯邦貿易委員會這一邊。基本上，法院表示釐清何謂「充分的安全性」是溫德姆飯店的職責，但因為該飯店未能這麼做，才造成無法挽回的後果。[657]

規範的挑戰

網際網路是最富多樣性的環境。規範可能推遲新科技與新創新的誕生，而且判斷錯誤的規範或過度規範更容易造成這種後果。此外，就安全性而言，我們若希望與日新月異的威脅並駕齊驅，就必須具備靈活度與敏捷度，但規範卻可能壓抑這兩種特質。

我發現管制網際網路＋的規範存在四項問題，這四項問題分別在於速度、範圍、功效，以及扼殺受管制產業的可能性。

首先是速度。政府修訂政策的速度比科技創新的速度慢，然而從前正好相反。貝爾率先將電話製作成商品，但隨後過了將近四十年，電話才成為普及的用品，電視則是花了超過三十年的時間才變得普遍。那種時代已經過去了。電子郵件、手機、Facebook、推特等技術滲透社會的速度，都比過去幾十年間的各種技術快上許多（Facebook在全球累積達二十億位一般使用者的時間是十三年）。我們現在處於法律總是落後科技的時代，等到法規頒布時，通常已經過時到可笑的地步。歐盟要求網站提供 Cookie 通知的法規就是一個很好的例子。這項措施在一九九五年時顯得合理，但當該規範於二〇一一年生效時，網路追蹤的複雜度已大幅提升。因此同樣道理，未來法院會一直企圖將過時的法律適用到較現代的事例上，但技術的變遷將導致法律造成各式各樣出乎意料的後果，使一切更雪上加霜。[658]

接著是範圍。人在編訂法律時，會以特定技術為著眼點，使得法律範圍較為狹隘。因此若技術出現變化，法律即可能失效。美國大多數隱私法都是在七〇年代制定，雖然世人的擔憂至今沒有改變，技術卻變了。在一九八六年通過的《電子通訊隱私法》（*Electronic Communications Privacy Act*）就是一個例子。《電子通訊隱私法》內含對電子郵件隱私的規範，藉此為兩類電子郵件提供不同的隱私保護。若政府欲取得新收到的電子郵件，需要具有搜索票。若政府欲取得已存放在伺服器上超過一百八十天的電子郵件，則可不受限制地任意搜查。這在一九八六年很合理，因為當時儲存裝置昂貴，所以大家在存取時都會使用電子郵件客戶端，將郵件從伺服器下載到電腦裡。那時大家認為所有留在伺服器上超過六個月的內容都已遭到拋棄，而遭拋棄的財產就沒有隱私權可言。現在，所有人都會把電子郵件留在伺服器上達六個月、甚或六年之久，Gmail、Hotmail 與其他網路電子郵件系統都是如此運作。《電子通訊隱私法》鄭重地將提供通訊的服務與處理並儲存資料的服務兩者加以區別，但如今這種區別已失去意義。舊法律背後的邏輯已經完全遭到科技推翻，但是這些舊法律目前依然有效。[659-660]

在我們開始制定科技中立的法律之前，這類局面將會一再上演。如果我們把焦點放在法律的人類相關層面，而非技術層面，就可防止法律受到速度與範圍的問題影響。例如我們可以編訂法律以因應「通訊」事務，無論是透過語音、視訊、電子郵件、簡訊、私訊或任何未來技術的通訊，全都涵蓋在內。畢竟未來的科技環境內將充斥著新技術的突現特質，往往都會出乎眾人的意料。

規範還存在另一種完全不同的範圍問題。我們應該讓規範有多「通用」？一方面而言，我們針對汽車與飛機訂立的標準，顯然必須不同於用以規範玩具與其他家用品的標準；而適用於金融資料庫的規範，也需要跟管理匿名流量資料的規範有所差異。但另一方面來說，因為萬物全部彼此互連，因此諸如玩具與坑洞資料（pothole data）等等，其實都沒有看上去的那麼無傷大雅。

此外，我們難以確定規範應止於何處。沒錯，我們需要管制會直接對環境造成實質影響的事項，然而因為萬物彼此互連，威脅也環環相扣，所以我們無法從網際網路＋切出任何一角，斷言哪個部分無足輕重。某些人可能建議無須費心管制低價的網際網路裝置，但是這類裝置中的漏洞可能會波及重要基礎設施。另外某些人可能建議將純軟體的系統排除在外，因為這類系統不具備有形的代理媒介。但純軟體系統仍會帶來實質影響，例如用以判斷交保釋放或假釋釋放對象的軟體就是如此。所以規範可能也應涵蓋這類系統。

網際網路＋規範的第三項問題在於功效。大型企業能夠非常有效地規避各式規範。科技大廠現在都砸下空前鉅款以在華府進行遊說。現今科技公司花在遊說上的金額已達到銀行業的兩倍，更比石油公司、國防承包商與其他所有公司高出許多倍。在二○一七年的短短三個月中，單單 Google 一家公司就花了六百萬美元在遊說上。即使並未花這麼多錢進行遊說，這些科技公司仍舊是美國的超級金雞母，因此美國國會也不願冒險造成妨礙。[661-662]

我們已經看過這種事例了。健身裝置開發商用來說服食品藥物管理局的手法就是其一。開發商表示自家的產品不是醫療器材，所以不應受食品藥物管理局的規則規範。資料掮客也曾對其資料庫內保有的個人資訊，採取類似的遊說手段。一如隱私法教授科恩（Julie Cohen）曾指出：「權力會將規範解讀為傷害，因此會設法繞過規範。」[663-665]

我們不但需要公平地執行管制，也需要妥善地執行管制，但這兩者在實務上都是難以達成的目標。有許多規範都無法奏效，過去在網際網路安全性領域中已經出現不少這類例子。《反垃圾郵件法》

（*CAN-SPAM Act*）無法阻止垃圾郵件，《兒童線上保護法》（*Child Online Protection Act*）無法保護兒童，《數位千禧年著作權法》也無法防止製作未經授權的複本。在第十一章還會提及更多無效又適得其反的立法提案。[666]

　　此外，規範是否有效，完全取決於執法的效果。在美國，聯邦貿易委員會曾對自動語音電話、違反「謝絕來電」清單的人士、欺騙性電信廣告商，以及玩具與電視過度收集資料的行為，採取法律行動。聯邦貿易委員會判處的罰款從幾十萬到幾百萬美元不等，但是他們可投入調查與立案的資源有限，因此難有作為，進而讓較機靈的企業能設法規避聯邦貿易委員會的規範，或許還能永無止境地避開規範拘束。由於遭到發現且起訴成功的機率極低，所以理性判斷的公司都願意冒這個險。[667-671]

　　我們一直持續增添規範。然而那些規範的目標不在於促進共通利益，而是為了促成某些私人議題。這已是家常便飯，就此而言，著作權局是最貼近我擅長領域的例子。著作權局不是為民喉舌，其規範的宗旨也不是為了促進公平。著作權局是為迪士尼等大型公司的著作權人發聲，其規範大都設計為可促進這類公司的利益。許多其他產業與應負責管制那些產業的機關可說都存在同樣的情形。這是管制俘虜（regulatory capture）現象，我可以用一整章來探討這項主題。管制俘虜是十分普遍的情況，而且肇因極多，我不認為網際網路規範有任何理由能幸免於相同勢力的影響。如果監管單位透過執法來為地位無法撼動的產業組織撐腰，最終後果可能會比毫無作為更糟。

　　規範具有的第四項問題，同時也是最後一項問題，就是規範可能會壓抑創新。我認為大家只能接受這一點，而且在某些少見的情況下，大家甚至會刻意試圖這麼做。不受拘束、自由發揮的創新只適用在良性技術上。大家常會對可能致命的技術設立限制，因為我們相信值得為了安全與安全性這麼做。根據預防原則（precautionary principle），如果某項新技術造成傷害的可能性極高，那麼若沒有證據能證明技術安全無虞，我們應該寧可拒絕運用那項新技術。在一個攻擊者能夠打開所有門鎖或侵入所有發電廠的世界裡，這種思維模式將會愈來愈重要。我們不希望也無法阻止科技進步，但是面對多種不同的科技願景，我們可以在深思熟慮後再做出選擇。或者我們也可調整某些技術的發展速度，使那些技術的發展比其他技術更快或更慢。[672-673]

　　未來，我們無法以現在習慣的迅速步調收到新的電腦與裝置功能，對於可能奪走人命的功能而言，這種步調對我們有益。不過，正如我先前已數次指出，規範也能鼓勵創新。若我們能提供誘因，鼓勵私人產業解決安全性問題，可望進一步提升安全性。

　　我們需要審慎地逐步處理相關作業。規範可能會為小公司帶來不成比例的重擔，但小公司通常才是孕育科技創新的起源。既有的大型公司擁有能讓公司符合規範的預算，因此通常可享有規範帶來的好處，這導致規範成為一道保護主義屏障，阻礙了新公司進入業界，因此無法促進競爭。雖然我不願意淡化這類問題，但以前我們已在其他產業內處理過這些問題，所以我有信心大家也能在此找到正確的折衷點。

常規、協定與國際監管機構

好吧，我承認我在這整章中都藏著一張牌，因為我不曾提及問題的國際化本質。我怎麼會提議要求美國人民制定國內法來解決具有國際化本質的問題？就算美國與歐盟都通過嚴格的物聯網安全性規範，有什麼措施能阻止不安全的廉價產品跨越邊界，從亞洲或其他地區輸入美歐？

這是相當公允的批評。各國可管制在該國境內製造或銷售的產品，而且許多國家都已對幾乎所有消費性產品實施管制。我們可建立產品或製造商的黑名單，並強制要求如亞馬遜與蘋果等公司從其線上商店移除那些產品與製造商，但這種措施的效果也僅止於此。除非大家願意讓自己接受無孔不入的侵入式搜查，否則我們無法管制透過行李箱、郵寄包裹或網際網路下載而跨越國境的各種產品。我們無法管制從外國網站購買的軟體服務，透過審查刪除那類服務也不是可行的選項。以上都不是新現象，並且都是我們未來必須對應的事務。

即使如此，國內法仍可在國際間造成強大的影響效果。汽車製造商會根據廢氣排放管制法等等規定，在不同國家銷售不同的產品，但軟體比較偏向是「寫一次即可銷售到各地」的生意，所以跟汽車製造商的情形不同。如果某個規模夠大的市場對軟體產品或服務施加規範，製造商可能就會直接在全球實施相關變更，不會維護多種產品。因為網際網路跨越了國界，所以規範網際網路安全性有點類似實施廢氣排放標準。如果某一國家自行規定標準，該國即需要負擔所有成本，而世界其他地區則能共享隨之而來的好處。

國際化的協作趨勢即將到來。訂立協調一致的法律通常對各國政府有利，而且大部分國家關切的都是如何保護國內經濟與基礎設施免受干擾。對各國來說，合作對抗網路犯罪同樣有利。組織良好的狡獪犯罪集團會從事我稱為「司法套利」的行為，也就是特別將犯罪活動據點安置在網路犯罪法規寬鬆、警察易受賄賂且沒有引渡條約的國家裡。我們知道俄羅斯和中國都對瞄準海外的犯罪睜一隻眼、閉一隻眼；在奈及利亞、越南、羅馬尼亞與巴西境內，則具有駭客的避風港。對窮困的國家來說，組織化的網路犯罪確實可成為財富與繁榮的來源。北韓等某些國家都積極投入國家發起的網路犯罪行動，藉此充盈國庫。[674-676]

在國際合作的領域裡出現了幾項前景看好的發展。現在全球有數百個國家應變小組，例如電腦緊急應變小組或電腦資安事件應變小組等等。這些團隊常會跨國合作，而且是事件應變小組共享資訊的管道。《布達佩斯網路犯罪公約》（*Budapest Convention on Cybercrime*）現在已獲得五十二個國家認可，不過值得注意的是某些地位關鍵的國家，例如俄羅斯、巴西、中國與印度等國都尚未認可。面對網路犯罪，國際警力與司法單位可利用《布達佩斯網路犯罪公約》所提供的框架協力合作。[677]

我們不希望政府管理網際網路。網際網路中有許多創新都源自美國政府的良性疏忽。但現在，全球各國都想要更深入地介入國內網際網路的管理。就最極端的例子而言，俄羅斯與中國等強勢大國都想要控制該國的網際網路，藉此強化對人民的監視、審查與控制。[678]

目前網際網路的管理模式為多方利害關係人模式，包括政府、公司、公民社會及具利害關係的科技人員都參與其中。雖然有時會覺得這種模式的運作失調，但這卻是我們可用來對防不安全網際網路的最佳模式。這種模式也能預防稱為「巴爾幹化」（balkanization）的網際網路分裂現象，當極權國家強制執行該國自有的要求時，就可能導致出現巴爾幹化現象。

常規是非正式的規則，為個人、企業與國家界定可接受的行為。常規能夠管制社會的程度，其實比大多數人所以為的要多上許多。但是，目前我們尚未建立任何可規範網路武器使用的國際常規。此外，從目前與網路間諜相關的常規看來，網路間諜是可接受的行為。如同第四章所述，各國現在正處於一場網路軍備競賽中，而且每個國家幾乎都是隨興臨場發揮。

政治學家奈伊（Joseph Nye）相信國家可以擬定限制網路攻擊的常規。因為從許多不同原因都可看出，若各國同意不在和平時期攻擊他國的基礎設施，或同意不在戰時先將網路武器用在平民身上，其實有利於各國本身。這類常規最終可望化身為協定，或成為其他較正式的協議。[679]

但是有一項阻礙會妨害我們取得共識，那就是許多國家不認為網路安全性只在於防範敵對攻擊者的攻擊行為，他們認為確保國內政治不受到異議影響，也屬於網路安全性的一環。如病毒般散播的異議內容所造成的威脅，可能跟病毒程式碼不相上下。這一點讓多邊協商變得困難，不過並非無法實現。

聯合國設有從國際安全性角度探討資訊與電信領域發展的政府專家小組。此小組曾在二○一三年提出一份妥善的國際議定常規清單，但是如中國等不同意那些常規的國家旋即著手阻撓。之後在二〇一七年，該小組因陷入動彈不得的僵局而導致解散。[680-681]

不過，我們或許還是擁有某種共通的基礎。即使各國無法同意不囤積網路武器之類，但或許能夠議定某些防止網路武器擴散的標準。相對而言，《防擴散安全倡議》（PSI，*Proliferation Security Initiative*）在解決大規模毀滅性武器的非法交易問題時，一直頗為成功。現在已有超過一百個國家同意參與該倡議，就連向來不願循規蹈矩的俄羅斯也沒唱反調。該倡議的概念在於利用更妥善的安全標準與出口管制、對大規模毀滅性武器材料的禁令，並且透過資訊共享與能力建構演練等等措施，防止武器擴散。

只要存在協議，就會存在法規遵循的問題。向條約視察員隱瞞網路武器是輕而易舉的事，而且攻擊能力跟防禦能力看起來也非常相近。不過，在六〇年代簽訂的早期核武條約同樣具有問題，可是現在回想起來，那些條約仍舊開啟了大門，讓我們成功朝安全性大幅提升的世界邁進。[682]

現在大家已在探討某些構思，希望藉此開設通往國際網路安全性協議的大道。網路政策專家希利在一份二〇一四年的報告中，建議仿效於二〇〇八年全球金融危機後建立的機制，創立一套國際監管機制。就在同一年，微軟的湯姆林森（Matt Thomlinson）提議由二十國政府與全球二十家資訊與通訊技術公司組成「G20+20集團」，針對網路空間內的可接受行為草擬一套原則。微軟總裁暨法務長史密斯（Brad Smith）提議訂立網路空間的「日內瓦公約」，並讓其中某些部分不會受到政府間的干預。Google也提出了自己的一套提案。不

過目前而言，上述構想顯然都只是遠大抱負。[683-686]

　　建立常規是漫長的過程，相較於力圖立即達成完美的「大談判」，若我們能漸進合作並逐步達成協議，更有可能獲得進展。即使如此，仍會有某些國家不願遵循規則、標準、指導方針，或是大家提出的任何要求。就像我們在其他國際法領域採取的行動一樣，我們需要以相同方式來對付這類國家。雖然無法達到完美，但是我們可以與時俱進地設法解決問題並做出改善。

　　可惜的是目前美國正透過自己的行為設定常規，由於美國將網際網路用於進行監控與攻擊，因此如同告訴全世界可以這麼做；由於美國重視進攻甚於防禦，因此我們正讓大家都陷入更不安全的處境。

第九章

政府如何優先實施防禦，
而非進攻

我一直主張必須由政府擔當改善網際網路＋安全性的中心角色，如果政府願意背起這個重責大任，就需要改變他們排定的優先順位。如同我在第四章所述，政府現在的優先要務都是維護可將網際網路用於進攻的能力。但是，若我們希望在安全性上有所進展，政府就需要改變思維，並著手優先處理防禦相關事務。政府應支持希利稱為「防禦優先」的策略。[687]

沒錯，為了落實防禦，進攻是不可或缺的要素，自由民主國家的情報機關與執法機關需要監督敵對政府、監控恐怖組織與調查罪犯，這都是合法的需求。這些機關在從事所有行動時，都會利用網際網路的不安全特質，並且提出合法的主張表示那些行動對安全性有益。這些機關不會將自己描述為「反安全性」，事實上，他們的說詞聽來都大力擁護安全性，但其行動卻會侵蝕網際網路的安全性。

美國國家安全局的宗旨有兩項，一是監控他國政府的通訊，二是防護美國政府的通訊免於遭到監控。在過去採用點對點線路的年代裡，通訊系統的涵蓋範圍不會彼此重疊，這兩項宗旨可相輔相成。當時的國家安全局可以設法監聽莫斯科與海參崴之間的海軍通訊連線，並且利用同樣的專業技能，保護華盛頓哥倫比亞特區和維吉尼亞州諾福克之間的美國海軍通訊連線。因為無線電系統不同，所以竊聽蘇聯與華沙公約組織的通訊系統時，不會對美國的通訊造成影響。破壞中國的軍用電腦時不會影響美國的電腦，因為電腦也不同。在一個電腦十分少見、網路更為稀罕，而且還得經過量身建置才能實現互操作性的環境中，國家安全局的海外行動對美國境內不會有任何影響。[688]

如今這種情況已不再。除了少數例外之外，我們所有人都使用相同的電腦與電話、相同的作業系統與相同的應用程式。我們全都使用相同的網際網路軟硬體。現在已無法在確保美國網路安全無虞之際，仍使外國網路的門戶大開，以供美國進行竊聽與攻擊。我們也無法在保護自己的電話與電腦免遭罪犯和恐怖分子侵擾之際，卻將那些罪犯和恐怖分子的電話與電腦排除在保護範圍之外。網際網路是普及全球的網路，因此大家為了確保軟硬體安全而採取的任何行動，都會在世界各地達到相同成效。同時，大家為了保有網際網路的不安全特質而做的所有舉動，也會影響整個世界。

於是我們得做出抉擇。其一是保護自己，並且接受順便保護到敵人的副作用，其二是讓敵人易受傷害，同時接受我們也容易受到傷害的副作用。這其實不是艱難的抉擇，有個比喻或許能清楚闡明其中的理據。假設每棟房屋的大門都能用一把主鑰匙開啟，而且犯罪者都知道這件事。那麼，雖然修理門鎖意味著犯罪者的屋子也會更加安全，但非常明顯的是為了保護所有人的房子，我們值得在權衡後接受這項缺點。由於網際網路＋會大幅提升不安全特質所帶來的風險，因此前述抉擇也變得更為不言自明了。我們必須保護當選官員、重要基礎設施供應商與公司行號的資訊系統。

對，加強安全性會讓我們更難以在網路空間內竊聽與攻擊敵人（這麼做不會使執法機關無法偵破犯罪，我會在本章的後續內容說明這一點）。但無論如何，那都是值得採取的行動。若想要維護網際網路＋的安全，我們就需要在網際網路＋所有層面上優先執行防禦措施，而不是進攻。相較於我們的敵人，網際網路＋漏洞會讓我們面臨更多損失，但是我們能透過網際網路＋安全性獲得的益處也更多。我們需要理解安全的網際網路＋能帶來的安全性益處，會遙遙超越脆弱的網際網路＋所具有的安全性益處。

以下是我建議美國和其他民主國家應採取的行動，藉此將重心放在防禦而非進攻之上。採取這些行動可望為確保網際網路＋安全帶來極大助力。更重要的是若能將優先的重心從進攻轉移到防禦上，政府即可成功扮演目前亟需的推手角色，實現安全的網際網路＋環境。

揭露並修復漏洞

現在請回想一下探討軟體漏洞的第二章內容。漏洞兼具進攻與防禦的用途，因此當某人發現漏洞時，他將面臨抉擇。選擇防禦代表向廠商提出警訊，讓漏洞能受到修補；選擇進攻代表隱瞞漏洞的存在，並利用漏洞攻擊他人。

如果軍方的進攻網路單位或網路武器製造商發現漏洞，他們會將漏洞保密，藉此加以利用。若偷偷地利用漏洞，漏洞或許會長時間地遭到隱瞞。若沒有利用漏洞，那麼該漏洞則會一直隱藏到被他人發現為止。無論是國家安全局用來竊聽的漏洞，或是美國網戰司令部用在攻擊性武器上的漏洞，都是如此。根據漏洞遭利用的時間與廣泛程度而定，相關的軟體廠商最終還是會發現漏洞的存在，接著發布修補程式以修復漏洞。

　　發現漏洞的人士可以販賣漏洞。可用來攻擊的零日漏洞具有龐大商機，黑市中的罪犯及各國政府都是會購買的顧客。例如方位角公司（Azimuth）等企業只會向民主國家銷售漏洞與駭客工具，但其他許多組織就不會分得如此清楚了。另外，雖然廠商會提供漏洞回報獎勵，藉此鼓勵大家揭露漏洞，但這些獎勵卻無法與罪犯、政府與網路武器製造商所提供的報酬比擬。例如非營利的 Tor（洋蔥路由器）專案為其匿名瀏覽器提供了四千美元的漏洞回報獎勵，但網路武器製造商Zerodium 卻願意支付二十五萬美元購買一個可利用的 Tor 漏洞。[689-694]

　　現在讓我們回頭想想國家安全局的雙重宗旨。國家安全局可以選擇進行防禦或進攻。如果國家安全局發現漏洞，他們可在漏洞仍不為人知時警示廠商以讓漏洞獲得修復，或者也可保留漏洞並用來監視外國電腦系統。修復漏洞能強化網際網路的安全性，藉此抵禦其他國家、罪犯、駭客等所有攻擊者，讓漏洞大開則使國家安全局更易於攻擊他人。但是，不管採取哪種做法，成為目標的政府都可能得知漏洞的存在並加以利用，或者該漏洞可能變得廣為人知，導致犯罪者開始利用漏洞。哈佛大學的法律教授戈德史密斯（Jack Goldsmith）是這麼寫的：「每項攻擊性武器皆（可能）是防禦機制的裂縫，反之亦然。」[695]

許多人都參與了這場論戰，社運分子暨作者多克托羅（Cory Doctorow）稱此為公共健康問題，我也曾發表類似言論。電腦安全性專家基爾（Dan Geer）建議美國政府應壟斷漏洞市場，並修復所有漏洞。微軟的史密斯與 Mozilla 都曾發表相關意見，要求政府應揭露更多漏洞。[696-701]

發生史諾登洩密案後，歐巴馬總統所召集的情報與通訊科技的審核小組做出結論，認為只有在時間偏短與極為罕見的情況下，政府才可留存漏洞。

> 我們建議國家安全會議人員應負責管理一套跨單位程序，針對美國政府利用先前無人知曉的電腦應用程式漏洞或系統漏洞所執行的攻擊活動，進行定期檢討。……美國政策的方向應普遍轉為確保零日漏洞能快速獲得防堵，藉此修補在美國政府與其他網路上的潛藏漏洞。美國政策可在極少數的情況下，短暫授權利用零日漏洞執行高優先性的情資收集作業，且隨後應由高階人員對所有相關部門執行跨單位檢討。[702]

前述論點缺乏顯著說服力的原因，在於第四章所提及的網路戰軍備競賽。如果美國為了讓網際網路更安全而放棄進攻能力，等於只有美國這邊自行裁軍。前國家安全局副局長雷傑特（Rick Ledgett）在

二〇一七年表示：[703]

大家以為只要美國政府揭露手中握有的任何漏洞，即可解決相關問題的這種想法，在最好的情況下算是天真，但在最糟情況下將會帶來危險。揭露這類資訊如同美國單邊裁軍，而且是在一個我國無法承擔解除武裝代價的領域內進行裁軍。……此處不是美國領袖能夠促使他國改變行動的領域。無論是我們的盟友或敵人，沒有任何人會放棄自己握有的漏洞。[704]

此外，不是所有漏洞都生來平等，有些漏洞是國家安全局所謂的「NOBUS」漏洞，「NOBUS」的意思是「只有我們可用」（nobody but us）。若美國發現可利用的漏洞，而且他人都無法利用該漏洞時，就會將其指定為「NOBUS」漏洞。這類漏洞不會被他人利用的原因，可能是因為所需資源超出他人手邊的資源，或因為他人缺乏發現漏洞所需的某種專門知識，也可能是因為需透過某種他人沒有的特殊技術才能利用該漏洞等等。若漏洞是 NOBUS 漏洞，那麼一般說法是美國可安全地保留漏洞以用於進攻，因為其他人都無法利用該漏洞來攻擊我們。[705-706]

這種做法表面上看似合情合理，但是其中的細節很快就變得一團混亂。在美國，判斷應揭露或利用漏洞的決策，是透過稱為「漏洞裁決程序」（vulnerabilities equities process）的流程完成。這個機密的跨單位程序會考量不同的「權益」，也就是需將漏洞保密的理由。在二〇一四年，時任白宮網路安全協調官的丹尼爾（Michael Daniel）撰寫了一篇漏洞裁決程序的公開說明，但不曾提到任何實際細節。在二〇一六年，政府曾向大眾發表制定相關政策的白宮官方文件，不過文件內容已經過大幅刪減。在二〇一七年，新任的網路安全協調官喬伊斯公布了漏洞裁決程序政策的修訂版，其中含有較多詳細資訊。於是我們得以掌握部分線索，但手邊的資訊仍不足以讓我們對政策做出合宜的評斷。[707-709]

我們不清楚政府如何判定哪些漏洞應該揭露、哪些應當悄悄留存。但我們知道，只有對某個特定漏洞擁有不同權益的組織，才會對漏洞隱瞞與否各有一套說詞。我們也知道在漏洞裁決程序內，似乎沒有人員專門負責爭取揭露漏洞，以藉此提高安全性。此外我們也知道，在保護因特定漏洞而陷入險境的資料時會牽涉到一般民眾，但無人代表民眾發聲。

漏洞裁決程序可能導致美國不揭露擁有強大攻擊潛力的漏洞，而且無論漏洞帶有多大風險皆然，這是我們無法避免發生的情況。例如Windows 漏洞「ETERNALBLUE」就是美國認為適合悄悄留存且不應揭露的漏洞，但俄羅斯卻從國家安全局偷走了這個重大漏洞，隨後還在二〇一七年將漏洞公諸於世。這聽來太離譜了。若有任何程序允許不修補如此重大的漏洞，並允許漏洞在受到如此廣泛使用的系統中留存超過五年之久，那麼該程序對安全性就沒有多大助益。[710-711]

這起事件引發眾人憂心，認為漏洞裁決程序會導致我們留存的漏洞遠超過其智慧。大家各自獨立發現漏洞的頻率，遠遠超出了光用隨機巧合就能作為解釋的程度。這可能是因為時下流行與退燒的研究都是某些特定的類型，所以常有多個研究組織同時調查相同領域。這也意味著，若是美國政府發現一個漏洞，那麼有合理的機率會出現其他獨立發現該漏洞的人士。而且，NOBUS 漏洞並未將會竊取彼此漏洞的國家納入考量，ETERNALBLUE 就是一個例子。國家安全局和中央情報局都曾發生網路攻擊工具遭竊並公開的事件，包括零日漏洞在內。那些工具中包含了某些格外惡質的 Windows 漏洞，國家安全局已利用多年。或許沒有任何人能夠獨立發現那些漏洞，但當漏洞遭竊並曝光之後，是否有人能獨立發現就不再重要了。[712-716]

我們也不清楚有多少漏洞會進入漏洞裁決程序。二〇一五年，我們得知美國政府會揭露 91% 發現的漏洞，但我們不清楚該數據是否僅指可利用的漏洞，也不清楚這個百分比背後是否累積了總數更為龐大的漏洞。若我們無法得知分母，前述統計數據就毫無意義。[717]

我的推測跟以下希利的撰文類似：

> 每年政府只會保留數量極少的零日漏洞，或許只有個位數。此外，我們推測政府可能擁有一個小型軍火庫，其中保有幾十個這類零日漏洞，數量遠低於許多專家估計的幾百或幾千個漏洞。美國政府似乎只會零星地增添軍火庫內的裝備，或許每年增加的數量只有個位數。[718]

最後，我們甚至不知道哪些類別的漏洞會進入漏洞裁決程序、哪類則會遭排除在外。似乎美國政府發現的所有漏洞（可能幾乎全是國家安全局發現的漏洞）都需要通過這項流程，但從第三方購買的漏洞，或因採用預設密碼等不良設計決策所造就的漏洞等等，則不在此限。若國家安全局滲透了外國網路，並在竊取其網路武器後發現了某些漏洞，他們又會處理哪類漏洞呢？我們不知道。

我們知道的是美國每年都會重新評估漏洞，這是好事。雖然我非常希望美國的漏洞裁決程序能有所改善，但至少美國設有程序，因為沒有任何其他國家採用類似的機制，至少沒有任何公開的類似程序。許多國家從不會為了提升全球的網路安全性而揭露漏洞。雖然我們完全不了解歐洲國家的情形，不過我知道德國正著手規畫某種揭露政策。

另外還有更多會影響漏洞裁決程序的小麻煩。網路武器結合了攻擊火力（武器可造成的傷害）與傳輸機制（用來將攻擊火力送至敵人網路的漏洞）。假設中國知道某個漏洞的存在，並且將該漏洞用在一種尚未施放的網路武器中，而隨後美國國家安全局透過間諜行動得知該漏洞的存在，此時國家安全局應該揭露並修補漏洞嗎？還是應留存該漏洞以供攻擊之用？如果揭露漏洞，即可讓中國的武器喪失功用，但中國可以找出國家安全局不知道的其他漏洞作為替代。如果留存漏洞，國家安全局就是故意讓美國處於易受網路攻擊傷害的狀態。或許相較於敵人利用漏洞攻擊我們的速度，某天我們將能以更快的速度修復漏洞，但目前我們離那種境界仍十分遙遠。

未修補的漏洞會讓所有人身陷險境，但程度並不一致。由於美國及其他西方國家擁有重要電子基礎設施、智慧財產與個人財富，因此我們面對的風險更高。北韓等國家的風險則低上許多，所以吸引他們修補漏洞的誘因也較少。修復漏洞並非裁軍，而是為了大幅提升國家安全。而且我們可藉此重拾道德權威以進行交涉，藉此廣泛裁減國際間的網路武器。此外，即使其他國家選擇使用網路武器，我們也可決定不再利用這類武器。

在許多觀察家眼裡，漏洞裁決程序顯然已嚴重毀損。雖然喬伊斯試圖提高程序的透明度，但大眾其實無法透過任何方式評斷其功效。從結果看來，這項機密程序並未在不同權益間取得平衡，反而讓我們的安全性更為低落。[719-720]

雷傑特說的沒錯，無論我們選擇怎麼做，敵人都會繼續囤積漏洞，但若我們選擇揭露漏洞，則會發生以下四件事。一：我們揭露的漏洞最終可獲得修復，使所有人都無法掌控那些漏洞。二：因為所有人都能從遭到發現並揭露的漏洞中汲取教訓，安全性將會提升。三：美國可為其他國家建立榜樣，隨後就能著手改變國際常規。四：當國家安全局與中央情報局等組織願意放棄這類攻擊工具後，即可讓這些單位堅守防禦陣線，而非進攻。發生這四件事後，我們就能實際獲得進展，能夠進一步防護所有人在網際網路＋內的安全。

以安全性為設計宗旨，而非監控

我們不只需要在現有軟體系統中尋找安全性漏洞。因為政府時常會插手干涉安全性標準，但不是為了確定標準固若金湯，而是為了降低標準的約束力，也就是說政府將進攻看得比防禦更重要。

例如網際網路安全協定（IPsec）是一種適用於網際網路資料封

包的加密與認證標準。網際網路工程專案小組是公開的網際網路多方利害關係人標準團隊，在九〇年代，這個專案小組曾針對可防禦多種攻擊類型的標準進行熱烈議論，我也參與其中。當時國家安全局介入議論程序，故意設法降低協定的安全性。具體來說，國家安全局試圖實施可減損安全性的細微變更、鼓吹採用當時偏於薄弱的加密標準、要求提供不加密的選項、以各式各樣的手段延誤程序，而且普遍而言，國家安全局將標準弄得過度繁雜，導致實施作業變得既困難又不安全。我在一九九九年評估該標準後做出結論，認為標準內不必要的複雜性會對安全造成「毀滅性的影響」。今日，雖然端對端加密技術益發優異，但在網際網路中仍不是無所不在的技術。[721-722]

以下則是第二個例子。許多人相信在僅限政府參與的祕密數位行動通訊加密標準程序裡，國家安全局已確保在加密手機與基地台間的語音流量時都採用易於破解的演算法，而且在通訊的雙方之間不實施任何端對端加密。這導致任何人都能輕鬆監聽我們的手機通話。[723]

以上兩個例子可能都是國家安全局「牛奔計畫」（BULLRUN program）的一環，此計畫的目標為降低公共安全性標準的強度（英國有一個名為「邊山計畫」〔Edgehill program〕的類似計畫）。而且在前述兩個事例中，最後誕生的不安全通訊協定都遭到外國政府與犯罪分子用來監視一般民眾的通訊。[724]

政府有時會透過法律降低安全性。根據一九九四年的法律《執法機關通訊協助法》（CALEA，*Communications Assistance for Law Enforcement Act*）規定，電話公司需在電話交換機中內建竊聽功能，讓聯邦調查局能監聽電話使用者。接著讓我們把時間快轉到現在。今日的聯邦調查局，以及其他許多國家的同等單位，都要求在電腦、電話與通訊系統中安置類似的後門（在第十一章中會說明更多相關資訊）。[725]

有時美國政府不需要故意削弱安全性標準的強度。在某些情況下，人會因其他理由而擬定出較不安全的標準，於是政府一邊利用這種不安全的特質，一邊則隱蔽真相，同時拖延試圖保護系統安全的行動。

現在大家將國際行動裝置識別碼擷取器（IMSI-catcher）通稱為「魟魚」。「魟魚」基本上是一種偽造的行動電話基地台，此名源自哈里斯公司將名為「魟魚」（StingRay）的產品銷售給不同執法機關（其實這是一套以魚的名稱為名的系列裝置，「魟魚」只是其中一種而已，例如另外有一種裝置名為「鰤魚」〔AmberJack〕。不過媒體都使用「魟魚」這個名稱）。基本上，「魟魚」能欺騙鄰近的手機，使手機與其連線。這項技術之所以有效，是因為我們口袋裡的手機都會自動信任在收訊範圍內的任何行動基地台。在手機和基地台之間的連線協定不包含認證程序。出現新的基地台時，手機會自動向基地台傳輸手機的國際行動裝置識別碼（IMSI，international mobile subscriber identity）。國際行動裝置識別碼是一組獨一無二的號碼，可讓行動通訊系統知道我們手機的所在位置。這種作業方式讓人能收集鄰近區域內的手機識別資訊與位置資訊，而且在部分情況下還能竊聽電話通話、監看簡訊與網路瀏覽的資料。[726-727]

聯邦調查局與美國其他執法機關使用國際行動裝置識別碼擷取器的行為，曾經是天大的機密。就在幾年前，聯邦調查局還因為過於害怕需要公開解釋這項竊聽能力，因此要求地方警察部門在利用這項技術前須簽署保密協議，並且指導警察在法庭上對使用技術的行為說謊。某次在佛羅里達州一起控訴警方的民權訴訟中，薩拉索塔的地方警察似乎會向原告公開關於國際行動裝置識別碼擷取器的文件，於是聯邦法警就扣押了那些文件。甚至在這項技術變成一般常識，而且還在《火線重案組》等電視節目裡成為關鍵的劇情轉折點之後，聯邦調查局仍繼續假裝那是重大機密。直到最近的二〇一五年，聖路易斯的警察仍舊寧可撤銷案件，也不願意在法庭內提及這項技術。[728-730]

雖然行動通訊公司可在公司標準內納入加密與認證程序，但只要大多數人不知道自己的手機並不安全，且行動通訊標準仍然由僅限政府人員參與的委員會負責制定時，行動通訊公司就不太可能會加入加密與認證程序。

這基本上是屬於 NOBUS 類型的爭議。當年設計手機網路時，設立行動基地台是極其艱難的技術性作業，因此大家可以合理地認定只有合法的手機電信商才有能力架設。隨著時間經過，這項技術的成本逐漸降低，困難度也漸漸下降。於是，即便是能力較遜色的國家政府、網路犯罪分子、甚或業餘愛好者，都能運用過去屬於國家安全局機密竊聽計畫的技術，亦可使用聯邦調查局的祕密調查工具。駭客曾於二〇一〇年的幾場會議裡展示了自製的國際行動裝置識別碼擷取器。二〇一四年時，華盛頓哥倫比亞特區內發現了幾十個國際行動裝置識別擷取器，我們不清楚這些裝置在收集誰的資訊，也不清楚裝置的操作者是哪國政府或哪個犯罪組織。現在，各位只要瀏覽中國的阿里巴巴電子商務網站，就能以不到兩千美元的價格買一台自己的國際行動裝置識別碼擷取器。或是也可以下載公用軟體，即可搭配合適的周邊設備，讓筆電化身為國際行動裝置識別碼擷取器。[731-734]

讓我們來看另一個例子。IP 截取系統可用來窺探人在網際網路上的行為。例如 Facebook、Google 等公司只會在我們造訪的網站上進行監視，或是在網際網路的骨幹部分也有人執行監控，然而透過 IP 截取系統執行的監視跟前述兩者不同，因為這類監視是在靠近電腦連接網際網路的位置進行。在這個位置上，他人將能監聽我們的一切舉動。

IP 截取系統也會利用網際網路基礎通訊協定中的現有漏洞。在電腦與網際網路間傳輸的大部分流量都未經加密，即使部分流量經過加密，但因保護流量的網際網路協定與加密協定都不甚安全，所以經加密的流量常常容易受到中間人攻擊侵害。

根據史諾登的文件，我們得知國家安全局會在網際網路骨幹內廣泛收集資料，而缺乏加密的網際網路環境則可直接對國家安全局帶來助益，但是對其他國家、網路犯罪分子與駭客來說，情形也是一樣。[735]

同樣道理，最初規畫網際網路協定時，增添加密程序會大幅拖慢早期電腦的執行速度，因此那時看來加密似乎會浪費資源。如今電腦價格低廉、軟體執行迅速，那些在短短幾十年前艱鉅到不可能完成的作業，現在已變得輕鬆容易。同時，過去專屬於國家安全局獨有的網際網路監控能力，如今亦成為犯罪分子、駭客與任何國家的情報人員皆可運用的技術。

手機加密或《執法機關通訊協助法》規定的竊聽系統也一樣。不知名的攻擊者在二〇〇〇年代初期利用同樣的電話交換機竊聽技術，竊聽了一百多位希臘政府資深官員達十個月的時間。《執法機關通訊協助法》在無意間造成思科網路交換器出現漏洞。根據前國家安全局資訊保障技術總監喬治（Richard George）指出：「在將交換器用於國防部系統之前，國家安全局曾對提交給政府的《執法機關通訊協助法》合規交換器進行測試，結果發現每一台送交測試的交換器都存在安全性問題」。[736-738]

以上每件事例都包含相同的教訓，那就是 NOBUS 無法持久。即使是當年在公開記者會上讓「NOBUS」一詞廣為人知的前國家安全局局長暨中央情報局局長麥可・海登（Michael Hayden），也在二〇一七年寫道：「相較於過去，NOBUS 的舒適區已大幅縮小。」在所有人都使用相同電腦與通訊系統的世界中，若我們刻意加入任何不安全的特質，甚或只是在發現某種不安全特質後順手利用，其他人都能夠用那些不安全的特質來對付我們。如同修復漏洞一樣，如果我們最初設計系統時就以安全為設計宗旨，可望大幅提升所有人的安全性。[739-740]

盡可能地大規模加密

政府應將目標設定為盡可能地對網際網路＋大規模加密，這需要從許多面向切入。

一：我們需要對通訊進行端對端加密。這意味著從傳送者裝置傳輸到接收者裝置的所有通訊都應該受到加密，而且任何中間人都無法解讀該通訊內容。例如 iMessage、WhatsApp 與 Signal 等許多傳訊應用程式都採用這種加密措施，而瀏覽器內的加密作業也是如此。在某些情況下，我們不需要實施真正的端對端加密作業。例如大多數人都希望 Google 能解讀我們的電子郵件，如此一來，Google 才能將電子郵件歸類到不同資料夾，並且刪除垃圾郵件。在這種情況下，我們應該只需在通訊內容抵達指定（且應當值得信賴的）的通訊處理工具之前，將通訊加密。

二：我們需要加密裝置。加密能大幅強化所有終端使用者裝置的安全性，而且對於電腦與電話等通用裝置更是格外重要。這類裝置通常是我們網際網路＋生活的中心節點，因此必須盡可能地強化其安全性。

三：我們需要加密網際網路。在網際網路中傳輸資料時，應在所有可行之處將資料加密。可惜的是大家已經習慣不加密的網際網路，有許多通訊協定都可以證明這一點。在登入陌生的 Wi-Fi 網路時，路由器通常會中止我們瀏覽網頁，並以登入畫面取代我們想連結的網頁，出現這項步驟是因為我們的資料未經加密。雖然這項功能需利用未加密的通訊才能運作，但我們還是需要進行加密，而且必須研發其他的登入方式。

四：我們需要對存放個人資訊的現有大型資料庫進行加密。

加密不是萬靈藥。對認證的攻擊常會藉由竊取授權使用者的密碼來避開加密作業，加密也無法防止政府之間的間諜活動。第一章提及的所有教訓依然存在，那就是我們極難確保電腦安全。我們知道國家安全局能攻擊基本軟體，藉此規避大部分的加密作業，不過這類攻擊都會比較精確地瞄準目標。

加密的通訊系統或電腦不會安全到百毒不侵，而沒有加密的設備也並非注定不安全。但加密是安全性的核心技術，它能保護我們的資訊與裝置免受駭客、罪犯與外國政府侵害，也能防護我們免於遭到本國政府的過度監控。加密可保護當選官員不會受到竊聽、保護物聯網裝置不會遭到破壞，而且加密對重要基礎設施的防護能力正與日俱增。在一併搭配認證程序後，加密或許是網際網路＋最不可或缺的一項安全性功能。若追溯安全性問題的肇因，可能會發現其中許多問題都源自缺乏加密。

採行普遍加密之後，會迫使攻擊者瞄準特定目標攻擊，並且會導致許多大規模監控行動無法執行。相較於對他國政府執行間諜活動時所受到的影響，普遍加密對政府監控人民的行為所帶來的衝擊要高出許多。同時，普遍加密對專制政府造成的損傷，也遠超過對民主政府帶來的傷害。即使作奸犯科的人可像其他人一樣，利用加密保護自己的通訊與裝置，加密仍然對社會有益。

然而大家對此議題的立場並不一致。不少人為了削弱加密的效果而極力施壓，其中不但包含企圖監視當地人民的極權政府，也包含民主國家的政治家與執法官員在內。因為民主國家的政治家與執法官員認為加密是罪犯、恐怖分子會利用的工具，而且在加密貨幣誕生之後，那些試圖購買毒品與洗錢的人也會運用加密技術。

我和許多安全性科技人員向來主張聯邦調查局要求設置後門之舉過於危險。當然，從過去、現在到未來，罪犯與恐怖分子都會繼續利用加密技術,藉此向當局隱瞞自己的陰謀,就像他們未來會利用許多其他領域的社會能力與基礎設施一樣。我們知道一般來說,無論是正派人士或狡詐分子,同樣都會利用汽車、餐廳與電信服務等。社會之所以能繁榮發展,是因為正派人士的人數遙遙超過狡詐分子的數量。現在請試著比較以下兩項概念。第一項是要求提供後門的命令;第二項則是要求在每具汽車引擎上加裝調速器,以確保沒有人能超速。沒錯,加裝調速器有助於防止罪犯將汽車作為逃跑的交通工具,但我們絕對不願意因此造成正直人民的負擔。如果我們削弱大眾能享有的加密效果,其影響雖然不如加裝調速器那麼顯著,卻依舊會以同樣方式造成傷害。我會在第十一章更深入討論這一點。[741]

區分安全性與間諜監視活動

美國國家安全局的雙重宗旨不但彼此牴觸,在組織上也不合理。進攻活動得到了資金、注意力與優先地位。因此只要國家安全局需同時負責進攻與防禦,我們就永遠無法全心信賴國家安全局會維護網際網路＋的安全性。也就是說,國家安全局目前的結構對網路安全性有害。

我們需要握有強大權力的政府機關站在維護安全性的陣線上,這代表我們需要拆分國家安全局的職務,並且應對防禦行動挹注大量資金。我在《隱形帝國》中建議將國家安全局拆分為三個單位:第一個單位負責執行國際電子間諜活動;第二個單位負責維護網路空間的安全性；第三個單位應納入聯邦調查局，負責執行合法的國內監控活動。如果安全性單位可以密切合作，甚或成為第八章所述的網際網路＋監管單位旗下組織，即可對營造更安全的環境帶來強大助力。

其他國家也一樣，只要英國的國家網路安全中心仍從屬在政府通訊總部之下（政府通訊總部是英國的監控機關），大家就無法完全信賴國家網路安全中心。德國採用的模式比較理想。德國的聯邦資訊安全辦公室為透過上級部長隸屬在總理之下，而且其上級部長跟負責進攻活動的聯邦情報局上級部長不同。[742]

將安全性與間諜監視活動（及攻擊行動）互相區分，還可帶來其他益處。因為對於也想將漏洞用於進攻的單位而言，揭露漏洞格外困難。當然，政府對這兩種單位分配的資金金額可能不同，但至少資金分配過程都會公開，而且會受到某種程度的詳細審視。一般而言，若能區分安全性與間諜監視活動，那麼目前包覆在政府所有網路安全事務外的謎團即可減少。因為這類保密需求主要源自政府的進攻能力與進攻任務。

保密程度降低也代表人民能夠加強監督，而那對國家安全局等單位來說是個相當關鍵的問題。若大家可對這類單位的權限、能力與計畫進行更多公開議論，那麼這些單位將更難濫用自己的權限、能力與計畫。

可惜在二〇一六年，國家安全局曾進行重大的組織重整，並將負責進攻與防禦的不同部門結合為單一行動單位。雖然攻擊與防禦活動所需的技能與專業知識相同，此舉在技術層面上相當合理，但就政治層面而言，卻跟我們所需的措施背道而馳。若國家安全局希望讓眾人相信自己會維護網際網路＋的安全，而不會攻擊網際網路＋，就不能將防禦與進攻混為一談。一如現在我們已將情資能力與攻擊能力分配給不同的單位（分別是國家安全局與美國網戰司令部），即使網路的進攻與防禦行動需要相同技能與專業知識，這兩種職責仍需分屬於不同的組織。[743-744]

更聰明地執法

如果我們欲優先對應防禦事務而非進攻，我們必須認知到這會為執法機關帶來挑戰。聯邦調查局需要適合在二十一世紀運用的調查能力。

犯下聖伯納迪諾槍擊案的恐怖分子法魯克（Syed Rizwan Farook）死後，留下了一支 iPhone。根據預設，Apple 的手機會執行加密，聯邦調查局無法存取其中資料，因此聯邦調查局在二〇一六年要求 Apple 將法魯克的 iPhone 解鎖。由於那支手機是 iPhone 5C，所以蘋果能夠存取資料（蘋果強化了新款 iPhone 的安全性功能）。但 Apple 不願聽從聯邦調查局的要求，主要原因在於蘋果認為聯邦調查局想將此做為測試案例，試試看能否迫使蘋果與任何科技公司繞過公司系統與裝置的安全性措施。[745-746]

這正是大家幾十年來不斷聽到聯邦調查局提出的後門要求，我會在第十一章更深入討論這個部分。從聯邦調查局的角度看來，對蘋果提出的要求確實是個不錯的測試案例，而且聯邦調查局也認為自己可以輕鬆地在法庭內占有上風，但是蘋果及絕大多數的網路安全專業人員都極力反抗。最後，聯邦調查局讓某個身分不明的「第三方」侵入法魯克的手機，這個「第三方」可能是以色列的賽勒布萊特公司（Cellebrite），Apple 並未提供任何幫助，也未進行任何法院裁決。[747-748]

當上述事件完全落幕後，我與一群同事針對這項主題寫了一篇名為〈別驚慌〉（Don't Panic）的論文，我們的想法就是標題的字面意思，亦即聯邦調查局和其他相關人士不應再對加密感到驚慌。聯邦調查局不會只因無法從電腦擷取資料、無法竊聽數位通訊，就突然變得無法破案，畢竟過去在大家尚未開始使用電腦或數位通訊時，也沒有因此無法解決犯罪案件。我們提出了不應驚慌的三大理由：[749]

1. 元資料無法加密，因為元資料在網路內必須維持為可供使用的格式。所以即使執法機關不知道確切的通訊內容，但他們都能得知哪些人正在彼此通訊，以及通訊的位置與時間。

2. 若有人利用第三方服務儲存與處理資料，這些資料都不會加密。即便是提供加密資料儲存服務的公司，通常也允許將檔案復原，因為大多數使用者都會要求提供這項功能。只要持有搜索票，就能取得所有這類資料，而且在某些情況下還無須搜索票。

3. 如果所有設備都成為電腦，那麼所有設備都有潛力成為監控裝置。具體而言，物聯網功能所利用的每個新型感測器，都可為執法單位提供未經端對端加密的全新龐大資料串流，不但可供進行即時監控，也能在發生犯罪之後加以存取與復原。

事實上，聯邦調查局已經喪失了許多原有的專業技術能力。發明手機之前，人與人之間的對談在說出話語的當下便消散無蹤，再也無法挽回，但那時的聯邦調查局擁有各式各樣的調查手法，可用來對付尚未破案的罪行。從九〇年代中期開始，聯邦調查局的工作變得比較輕鬆，因為可以從手機取得資料。現在又經過了二十多年，上述時代逐漸接近尾聲，記得舊時種種的所有聯邦調查局探員都已退休，現任探員則都是只知道重要資料存在智慧型手機裡的一輩。[750]

我們必須改變這種局面。若我們希望正確行事，並且普遍設置不含任何後門的安全性系統，那麼聯邦調查局就需要擁有全新的專業手法，以在這個網際網路＋時代裡查案。數學家暨網路安全政策專家蘭多（Susan Landau）在對眾議院司法委員會作證時，做了以下描述：

> 聯邦調查局需要成立調查中心，並在中心內配置對現代電信科技擁有深厚技術知識的探員，這代表他們應了解從實體層到虛擬環境及介於這兩者之間的所有細節。有鑑於今的所有電話都已成為電腦，該中心對電腦科學也需擁有同等的深厚專業知識。此外，我們需要組成數個研究人員團隊，其中的研究人員應分別熟知不同類型的部署裝置。其知識範疇不但需涵蓋現有的技術進展與未來六個月內的技術進展，也必須涵蓋在二到五年內可能發生的技術進展。該中心需要進行研究，藉此根據新技術的走向來研判

需要發展哪些全新的監控技術。以上我所指的都是深厚的專業知識與堅強實力，而非淺薄的技能。[751]

這段話包含許多細節。聯邦調查局除了需要提升電腦鑑識能力外，也需要擁有合法的駭客能力以因應例外事件。此外，由於國家與地方的執法單位在執行科技鑑識與蒐集證據時所面臨的問題都一樣，所以聯邦調查局也需為這些執法單位提供技術協助。這類問題不會消失，而且與時俱進，所以聯邦調查局需要不斷地調整適應。[752]

為了實現前述目標，聯邦調查局必須為科技調查人員關設可行的職涯路徑。目前並不存在這類職涯路徑，因此在電腦科學領域中，很難找到考慮投入執法工作的頂尖大學生，這也是為何聯邦調查局的電腦鑑識專家往往來自其他領域。若聯邦調查局打算吸引並且留住最佳人才，將需要擁有可跟私部門成功競爭的能力。[753]

這麼做可不便宜。根據蘭多估計，每年所需的相關成本會達到數百萬美元。然而，相較於不安全的網際網路＋為社會帶來的幾十億美元代價，幾百萬美元顯然低上許多，而且確實是唯一有效的解決方案。

重新思考政府與產業間的關係

政府無法獨力達成前述目標，私部門也無法獨力辦到。所有能夠確實解決問題的方案，都需要靠政府與產業密切合作。

我在前幾章提出的許多建議，都在試圖勾勒出這種合作關係的架構。無論是軟體廠商、網際網路公司、物聯網製造商或重要基礎設施供應商，所有企業都需要理解自己背負的責任。

因此，政府與私部門之間需要共享更多資訊。這不是新興的概念，之前的四位美國總統都曾試圖這麼做。大多數重要產業區塊皆設有自己的資訊分享與分析中心，而政府和企業可透過這些中心分享資訊。其他某些國家也成立了類似的組織，例如英國的國家基礎設施保護中心、歐盟的歐洲能源資訊分享與分析中心、西班牙的安全工作小組，以及澳洲的重要基礎設施復原力的可信資訊分享網路等等。

但現實情況總是無法盡如人意，因為政府與產業往往更重視能否獲得資訊，而非想要提供資訊。這是相當合理的心態，畢竟現有的成本與障礙常會超過可創造的優勢。[754-755]

國家安全局與聯邦調查局所知的資訊大都屬於機密，而企業的員工幾乎都不具備安全許可權限，但是國家安全局與聯邦調查局至今仍未找出能與這些企業分享資訊的方式。同時，許多產業資料都是專屬資訊，也可能是令人難堪的資訊。因此若產業無法確定資料不會遭進一步流傳，就不會分享這類資訊。若能讓政府的網路安全事務不再那麼神祕，多少就能讓分享資訊的企業安心確定自己的資訊能夠獲得保密，甚或可享有損失補償，如此一來即可大幅降低資訊共享的難度。

在重要基礎設施方面，則可更輕鬆地達成前述目標。因為政府長久以來一直參與管制這些產業，而且在處理這些產業所面對的威脅上也擁有豐富經驗。不過，資訊分享的範疇需要拓展到傳統的重要基礎設施之外。

我們可以選擇建立國家網路事件資料儲存庫,讓各家企業能向資料庫匿名回報資訊外洩事件。例如聯邦航空管理局即設有存放飛機空中接近事件的資料庫。雖然回報事件屬於自願性的行為,但大家都希望相關單位能提出報告。工程師可以搜尋資料庫內的趨勢,以協助打造更安全的飛機、更安全的跑道與更安全的程序。[756]

另一個構想則是仿效國家運輸安全委員會這個獨立的交通意外調查局,成立處理網際網路相關災害的「國家網路安全性安全委員會」。國家網路安全性安全委員會應負責調查情節最重大的事件、發表對過失的發現,並且公布資訊說明哪些安全性措施能確實奏效(以及哪些措施沒有用)。國家運輸安全委員會每年都會發表「最亟需改善的清單」(Most Wanted List),列出為了防範未來的意外事件而需實施最重要的改革,或許國家網路安全性安全委員會也可以發表類似的資訊。[757-760]

無論我們採取哪種措施,措施都需要能夠配合網際網路＋調整。例如若發生撞車事件時,交通警察、涉及的保險公司、汽車製造商、當地安全單位等等,相關人士都會想要取得資料。

現在興起的網路威脅聯盟等非政府網路,能幫忙填補在可信任的資訊分享中具有的嚴重落差。網路威脅聯盟是由美國的五家安全性廠商在二〇一四年成立,隨後即迅速向全球擴張。網路威脅聯盟的概念在於分享關於攻擊方式和動機的情資,以協助防禦者搶在攻擊者之前行動(同時解決第一章談到的某些不對稱情形)。雖然這種非官方的資訊分享至關重要,卻無法取代能一併分享安全性問題紀錄資訊的模式。由於公司行號不願意互相分享這類資訊,所以政府需要在其中扮演輔助、甚或是強制命令的角色，藉此加強資訊分享。[761]

　　我們也需要理解公私部門的合作關係所存在的限制，且需要設法回應某些國家於網際網路上攻擊平民的情形。試想若北韓軍方對美國某家媒體公司執行實質攻擊，或伊朗軍方突襲美國某家賭場時，我們不會認為那些企業能夠自衛，而是預期美國軍方會保衛那些公司，就像我們認為軍方會抵禦外國攻擊以保護所有美國人民一樣。

　　那麼，如同已實際發生過的事件，如果北韓與伊朗在網路空間內攻擊美國公司，情況又會如何呢？無論政府與這些公司分享多少資訊，我們真的可以期盼索尼能自行抵禦北韓，或是期許金沙賭場可自行抵禦伊朗嗎？我們真的希望私人公司能回應外國的軍事攻擊嗎？我不這麼認為。

　　我們也無法期盼西屋電氣公司與美國鋼鐵公司等企業可以自行防禦中國軍方的駭客行動。我們不應認為民主黨與共和黨的全國委員會能抵禦俄羅斯政府的駭客行動。當然，各州與地方的政治組織也同樣無法辦到。前述所有案例都不是公平的對峙。[762-763]

　　本書的核心論點之一，是企業需要採取更多行動以確保裝置、資料與網路的安全，如此可在抵禦外國政府侵犯時提供極大協助，而且會使那些攻擊行動更難成功。假裝威脅不存在再也稱不上是好辦法了。但是到頭來，擁有較佳技術與較多資金的永遠都是軍方，不是民間的防禦人員。而未來勢必會發生超出民間防禦人員抵禦能力的攻擊行動。若民族國家在網路空間發起大規模攻擊，政府應當仍是唯一有權限與能力回應攻擊的組織。這類回應行動可能需要與私部門協調合作，也需要私部門提供協助，但不應由私部門承擔所有責任。

這時應仿效哪種模型？網路國民警衛隊？還是網路工兵部隊？我們可以預期美國網戰司令部會防衛美國境內的民用網路嗎？還是該由國土安全部負責？愛沙尼亞設有由非政府專家組成的自願性網路防禦單位，可在發生國家緊急事件時動員。我不清楚是否符合美國在此領域的需求，但我們確實需要某種方案。[764-765]

不過，若要建立這種經妥善規畫的政府防禦機制以抵抗民族國家對私有實體的攻擊，我們還有一段很長的路要走。在那之前，個人與組織都必須對自己的安全性負起更多責任。那會是從美國邊疆在一八九〇年消失之後，我們所需承擔最沉重的責任。

第十章

備案：可能發生的情境

　　故事一：艾可飛公司於二〇一七年遭駭客攻擊後，美國國會兩黨大感憤怒，同時有許多輿論探討應對資料掮客及可收集並販賣個人資料的人士實施普遍管制。雖然出現某些炮火隆隆的言論、大家忙亂地召開了幾場國會聽證會並且提出了數項提案，卻未能帶來任何成果。就連專門針對信用機構施加最輕微規範的法案，最後也沒有進展。美國國會唯一完成的事就是通過防止消費者控告艾可飛公司的法案。[766-768]

　　故事二：二〇一七年的《物聯網網路安全改善法》（*Internet of Things Cybersecurity Improvement Act*）是一項中庸的法案。此法並未規定、管制或以其他方式強迫任何公司採取任何行動。《物聯網網路安全改善法》只對美國政府採購的物聯網裝置規定了最低限度的安全性標準。法案內的標準都很合理，也不會過度繁重，與我在第六章討論的內容相似。但這項法案後來毫無進展，沒有舉行任何聽證會、沒有任何委員會舉辦相關投票。而且這項法案在提交之後，幾乎從未成為媒體報導的焦點。[769]

　　故事三：歐巴馬總統在二〇一六年成立強化國家網路安全委員

會。這個委員會受命負責的職務相當廣泛：[770]

> 本委員會將提供詳盡的建言，以求在強化公、私部門的網
> 路安全性之際，亦能保護隱私、確保公共安全及經濟和國
> 家安全，以及促進新科技解決方案的探索與開發，同時力
> 求鞏固聯邦、州和地方政府與私部門之間的合作關係，藉
> 此開發、提倡與運用網路安全性技術、政策和最佳實務。
> 本委員會的建言應當能夠因應我們可於未來十年採取的行
> 動，進而達成前述目標。

　　這個由兩黨組成的委員會於二〇一六年的年底發表報告，那是一份根據扎實研究所撰寫的出色文件，其中包含十六項建議，以及政府可用以改善網際網路安全性的五十三項具體行動項目。雖然我對某些事顯得吹毛求疵，不過就當下行動與長期政策規畫而言，那份報告是個不錯的藍圖。在經過將近兩年之後，報告中只有一項建議成為政策，那就是強制要求政府機關依循國家標準與技術研究院的網路安全性架構，但是至今尚無任何機關依循該政策。而報告的其他部分則全都遭到忽略。[771-774]

短時間內，美國不會採取任何行動

　　在閱讀前四章的內容之後，各位可能容易指責我把局面描繪得如

同噩夢，提出的回應卻跟白日夢沒兩樣。因為我的建議或許清楚列出了應採取的行動，卻跟我們實際會執行的行動截然不同。

就部分層面而言，我同意這一點。我不認為美國國會會接掌強大的電腦與網際網路產業，並且實施可強制執行的安全性標準。我不認為美國對網路空間基礎設施的支出會增加。我不認為會創立任何新的聯邦監管機關。我也不認為美國軍方或警方會為了強化防禦機制，而放棄利用網路空間執行進攻行動。

現在讓我花點時間說明這種心態。一如公司執行長對安全性的撥款常會偏低，政治家面對當下並不顯著的威脅時，也經常低估情勢。試想有位政治家正在查看一筆用來緩和假設性長期策略風險的預算，而且那筆分配預算的金額甚高。他可以指定將該資金投入原定用途，或者也可指定把預算花在更為急迫的政治優先事務上。如果那位政治家選擇後者，將會成為其選民心中的英雄，或至少會成為該黨選民的英雄。如果他堅持將預算撥到安全性事務上，就需要背負遭受對手批評的風險，例如指稱他浪費預算，或忽視急迫的優先要務等等。如果相關威脅並未成真的話（即使是因為投入預算才不曾成真），情況會變得更糟。而若相關威脅在另一黨執政時成真，局面甚至還會更為雪上加霜，因為對手會把保護人民安全的功勞都攬到自己身上。

這些年來，我一直撰文探討上述問題，但卻幾乎沒有看到相關政策出現重大進展。我看到的是愈發強大的 IT 產業固執己見，反對政府對產業行為施加限制，而立法者卻無力與其抗衡。我看到多個國家的執法組織提出會削弱安全性的技術變更提案，同時繪聲繪影地指稱所有反對人士都怯於對抗犯罪與恐怖主義。我看到政府在遭指責管得太多的**同時**，也被譴責管得太少。我也看到不曾考量安全性或規範的新興技術成為主流。

在此同時，風險已更趨危急、後果更為慘重，政策問題則變得愈來愈棘手。網際網路已成為重要基礎設施，如今更開始具有實體。我們的資料已轉移到由其他公司管理的電腦內，而我們的網路則都成為國際化的網路。

具有致命能力的事物都會受到政府管制，因此當網際網路開始能夠殺人時，也會受到管制。沒錯，恐懼會成為強而有力的動機，並且能克服大眾不願採取行動的心理偏差，亦能克服偏好小規模政府的政治偏差。

哪種事件能造成前述效果？

這得看時間範圍而定。部分觀察家注意到現今的網際網路＋跟七〇年代之前的汽車業有相似之處。當時的汽車製造商並未受到規範，因此會打造並銷售不安全的汽車，造成民眾死亡。直到納德在一九六五年出版《任何速度都不安全》（*Unsafe at Any Speed*）一書後，才刺激政府展開行動，進而催生許多安全法案，將安全帶、頭枕等等都納入管制範圍。若發生許多與網際網路＋相關的致命事件，也可能會致使大家匆忙立法管制。[775-776]

另一方面，某些公司數十年來一直透過環境取人性命。卡森所著的《寂靜的春天》（*Silent Spring*）在一九六二年出版，比一九七〇年成立的美國國家環境保護局還早，但經過近五十年後，國家環境保護局的法規仍不足以對抗威脅。在這方面，切勿低估產業遊說集團推動自家議題的能力，即使得犧牲所有人，他們也不會收手。

某些事件會促使大家立即做出反應，某些則會拖上許久。這兩類事件間的差別，或許在於我們能否確定致死事例跟潛在的不安全性質之間有無關聯。相較於汽車致死的案例，我們更難針對環境致死事件精確地找出特定肇因。網際網路也是如此。如果我們是身分盜用案件的受害者，那麼很難將矛頭指向特定的駭客事件，稱其是促成身分盜用的元兇。即使發電廠遭到駭客侵害，導致城市陷入一片黑暗，可能也難以確定該譴責的漏洞是哪一個。

　　我對近期的情勢並不樂觀。就我們的社會而言，大家甚至尚未對任何重大理念達成共識。比起實際的問題，我們反而比較了解不安全的徵兆，造成我們難以探討問題的解決方案。因為不知道自己要朝哪個方向前進，無法釐清應訂立的政策為何，更糟的是我們現在並無進行任何相關的重大討論。除去為了滿足執法單位的需求而強迫科技公司破解加密之外，大多數政策制定者都不關注網際網路＋安全性的議題，只會偶爾發表一些強硬的言論。媒體沒有議論這項主題，我也無法想到任何國家將此作為競選議題。大家甚至尚未對探討這類議題的用語取得普遍共識。

　　就拿洗錢、兒童色情、賄賂等問題跟上述情況做個比較。洗錢、兒童色情、賄賂等問題都是國際性的重大問題，其中含有複雜的地緣政治意涵，相關的政策解決方案則各有微妙差異。然而對於這類問題，大家至少已就國際社會應邁進的方向達成共識。但是在網際網路＋安全性方面，我們離達成共識還十分遙遠。

　　此外，所有威脅都互相混雜交錯。「網路」是個傘式術語，可涵蓋從網路霸凌到網路恐怖主義等等各種概念。從科技的觀點看來，這種方式可能合乎道理，因為網際網路＋是共通的層面，但是從政策角度看來卻毫無道理。網路霸凌、網路犯罪、網路恐怖主義與網路戰等等各有不同，而且跟網路間諜及監控資本主義也不一樣。某些威脅可以由警方妥善抗衡，某些則能由軍方反擊。某些威脅完全不在政府的管轄範圍內，但是受影響的人士可以自行妥善因應。某些威脅需要透過立法來反擊。雖然路怒症和汽車炸彈都涉及汽車，但是我們不會用相同角度考量這兩項問題；同樣地，我們也不能以相同方式對待所有網路威脅。我認為美國的政策制定者尚未理解這個概念，然而若人民希望政策制定者能採取合理且負責的行動，政策制定者就需要了解這一點。

我個人預測在近期內，美國依舊不會採取任何立法行動。監管機關，特別是聯邦貿易委員會等單位，將會繼續調查最為惡形惡狀的違法人士並處以罰款。對政府的監視行動或監控資本主義的相關管制，則不會有任何變動。若發生任何死亡事件，都會歸咎到特定的個人或產品上，而不會對賦予那些個人或產品能力的系統究責。除非出現迫在眉睫的威脅，否則我認為得等到年輕一代掌權之後，美國國內才會出現真正的變革。

其他地區將施加規範

在歐洲出現了更明亮的曙光。歐盟是全球最大的單一市場，也逐漸成為監管的超級強權，而且歐盟向來皆對資料、電腦與網際網路進行管制。歐盟的《一般資料保護規則》徹底改變了隱私法。全球所有需處理歐盟公民資料的公司，都受到這項廣泛涵蓋全歐盟的法規影響。這套複雜規則的主要重點在於資料與隱私，不過也包含對電腦與網路安全性的規定。此外，《一般資料保護規則》是一份合理的藍圖，描繪出歐盟最終可能會對網際網路＋安全性與安全領域採取哪些行動。[777]

例如，《一般資料保護規則》規定僅可為了「特定、明確且合法的用途」收集並儲存個人資料，並且僅可在經過使用者明確同意下，才能收集並儲存該等資料。企業不能將徵求使用者同意的資訊埋藏在眾多條款與條件中，而若使用者沒有選擇同意，則不得假設已獲得使用者同意。使用者有權存取自己的個人資料、修正錯誤資訊，並且可拒絕將自己的資料用於特定用途上。使用者亦有權下載自己的資料並用於他處，而且可以要求清除自己的資料。除此之外，這套規則還訂有其他許多規定。[778]

《一般資料保護規則》的規範影響範圍僅限於歐洲的使用者與顧客，但是之後將會在全世界引起反響。例如幾乎所有網際網路公司都擁有歐洲使用者，因此若這些公司發生資料外洩事件，他們一律都得迅速公開相關資訊。如果這些公司必須向歐洲人民解釋該公司的資料收集與使用實務，我們所有人都能得知前述資訊。除此之外，因為歐盟現在會根據夥伴國家的隱私法規調整歐盟的自由貿易協定，所以從阿根廷、哥倫比亞到南韓等等全球各地的立法機構，都在檢討當地的隱私法，以確定其法律能夠符合歐盟的新標準。[779-781]

《一般資料保護規則》在二○一六年通過，後於二○一八年五月生效，預期會在二〇一九年年內執行。為了遵循該法規的規定，現在不少組織都已展開行動，然而許多組織卻還等著觀察法規的實施與執法情形。[782]

我認為歐盟的執法應會十分嚴厲，其罰款可能會高達一家公司全球營業額的 4%。此外，從二〇一七年發生的幾個事例就可看出歐盟不怕追捕網際網路龍頭。歐盟曾因 Google 顯示購物服務搜尋結果的方式，對 Google 處以二十四億歐元的罰款（並且威脅會進一步加罰 Google 日營業額 5% 的罰款）。另外，因為 Facebook 誤導監管單位，使其誤解 Facebook 可連結 Facebook 帳號與 WhatsApp 帳號的能力，所以歐盟對 Facebook 處以一億一千萬歐元的罰款。[783-785]

現在來比較一下面對不安全的數位措施，美國與歐盟分別可能處罰的罰款。希爾頓飯店於二〇一五年發生兩起資料外洩事件，導致三十五萬位顧客的個人資訊（包含信用卡卡號在內）遭到外洩，因此紐約州在二〇一七年對該飯店處以七十萬美元的罰款，也就是說針對每位顧客所收取的罰款是兩美元。對於一家營業額達四億一千萬美元的公司來說，這金額跟進位錯誤差不多。而若根據《一般資料保護規則》規定，罰款將是四億二千萬美元。[786]

歐盟也透過其他方式規範電腦安全性。查看歐洲的產品包裝時，會看到標籤上某處印有英文小寫的「ce」，通常在其他國家的產品包裝上也可看到這個標誌。此標誌代表產品符合所有適用的歐洲標準，要求負責任地揭露漏洞的規定也包含在內。「ce」標誌與《一般資料保護規則》一樣，影響範圍僅限於在歐洲銷售的產品。即便如此，未來這些標準仍會整合至《關稅及貿易總協定》（GATT，*General*

Agreement on Tariffs and Trade）等國際貿易協定內,因此會對世界各地的產品造成影響。

我推測未來歐盟的關注重點將會轉往安全性與物聯網,以及更一般性的網路實體系統。我曾在第五章提及破壞性攻擊,劍橋大學教授安德森(Ross Anderson)與其同僚在撰文中曾提到與這類破壞性攻擊相關的安全性,並將其稱為「安全」,而正如同他們的文章所述:「由於華府撒手不管,而其他地區的規模皆未大到足以影響局面,所以歐盟已成為全球主要的隱私監管者。歐盟也應放眼成為全球主要的安全監管者,否則將可能需要承擔犧牲現有安全使命的風險。」若歐盟開始以前述方式延展對安全與安全性的監管觸角,企業就會更為留意這些領域。[787]

問題在於此舉會對世上其他地區帶來何種影響,而我認為有幾種可能性。

汽車通常是針對地區市場設計,在美國銷售的汽車跟在墨西哥銷售的同款車型有所差異,因為兩地的環境法規不同,所以製造商會依循當地法規打造出最理想的引擎。汽車的製造與銷售經濟體系讓我們能輕鬆實現這種差異化做法。軟體就不一樣了。若公司能在世界各地都銷售並維護同一版本的軟體,即可大幅簡化作業,對於內嵌至產品的軟體而言更是如此。如果歐洲法規強制規定路由器或連網調溫器需滿足最低的安全性標準,那麼可能在全球各地銷售的產品都會符合這些歐洲標準(加州的廢氣排放標準就對全美銷售的汽車造成影響)。而且若公司無論如何都需要符合相關標準,可能就會自豪地在包裝上標示產品符合規定。[788]

對於賺錢商機在監控領域的產品與服務來說，這可能會帶來兩種不同結果。Facebook 在二〇一八年四月宣布根據《一般資料保護規則》要求，該公司將會改變對全球使用者的資料收集、使用與保留實務，其他公司會採取何種做法尚有待觀察。[789]

我認為其他市場的規模都沒有大到能占有舉足輕重的地位。雖然新加坡立有《個人資料保護法》（*Personal Data Protection Act*）、南韓有《個人資訊保護法》（*Personal Information Protection Act*），香港則有《個人資料（私隱）條例》，但很難看出這些法規是否具有任何強制力量。執行上述法規後，受影響的公司可能只是退出這些國家的市場，而不會改變自己在全球的商業實務。規模較大的市場可能會是例外，或許南韓就屬於此類，具有網際網路功能的高價裝置也可能會是例外。但也可能不會出現任何例外情況。我可以輕鬆想像出大型汽車製造商忽視法規，大膽認為政府不會禁止該公司的產品，而最後政府選擇退讓的情境。[790]

其他某些國家也開始執行管制。印度的最高法院在二〇一七年承認隱私權，這是印度有史以來的創舉。此舉或許最終能促成印度訂立效力更強的法規。新加坡於二〇一八年通過新的《網路安全法》（*Cybersecurity Act*），正式規定適用於重要基礎設施供應商的最低標準與報告義務，並且設置了擁有廣泛調查與執法權力的網路安全總監職位。以色列的新安全性法規在二〇一八年生效，其中包含對加密、員工安全性訓練、安全性測試、備份與復原程序的相關規定，所有經營資料庫的組織都涵蓋在法規的管轄範圍內。[791-793]

即便是聯合國也開始實施管制。聯合國歐洲經濟委員會負責訂立適用於汽車的標準，其規範不只影響歐盟地區，也會影響其他位於歐洲、非洲、亞洲的汽車生產國。未來，歐洲經濟委員會的法規勢必會對汽車內的自主式電腦造成影響。

美國某些州正嘗試透過起訴安全性低落的公司，以填補聯邦政府留下的管制落差，紐約州、加州與麻薩諸塞州是此舉的開路先鋒。在二〇一六年，紐約州因資料外洩對川普飯店處以罰款，加州則對濫用學生資料的公司展開調查。在二〇一七年，麻薩諸塞州控告了艾可飛公司，密蘇里州則著手調查 Google 的資料處理實務。有三十二位州檢察長與聯邦貿易委員會聯手，針對電腦製造商聯想集團（Lenovo）在筆記型電腦內安裝間諜軟體的行為實施處罰。就連聖地牙哥市也因一起二〇一三年的資料外洩案而對益博睿公司（Experian）提出控告。[794-799]

在二〇一七年，紐約州的金融服務署頒布安全性法規，範圍涵蓋銀行、保險商與其他金融服務公司。法規要求這類公司需指派一位資訊安全長、定期執行安全性測試、向員工提供安全性意識訓練，以及對公司系統實施雙因素認證。到了二〇一九年，上述標準亦會適用於前述公司的供應商與第三方承包商。[800]

在二〇一七年，加州暫時擱置了一項規範物聯網製造商的法案，該法案要求製造商揭露所收集到的顧客資料與使用者資料。雖然聯邦政府對物聯網隱私法規的議題沒有採取任何行動，不過有其他十個州都曾熱烈探討針對物聯網隱私立法。我想從二〇一八年開始會出現更多類似動作。[801-802]

加州參議院在二〇一八年一月通過「泰迪熊和烤土司機」法案

（"Teddy Bears and Toasters" bill）＊，此法案要求製造商為所有在加州銷售的連網裝置，安裝適合該裝置的安全性功能。在本書於二〇一八年付印之際，這項法案已送交立法機構。加州的立法機構也受到《一般資料保護規則》啟發，正在考量一項建立「加州資料保護主管機關」的提案。[803-805]

我們可採取的行動

雖然已出現某些進展，但在缺乏有意義規範的情況下，我們能做些什麼？

我們可以嘗試用比價購物的方式來挑選安全性，然而那相當困難。企業之所以不公開內部的安全性實務，正是因為他們不希望安全性實務成為左右消費者購買決策的因素，或是成為影響未來訴訟案的要素。若我們為了避免數位視訊記錄器成為殭屍網路的一員，因此想要購買更安全的記錄器，那是無法辦到的。若我們為了避免駭客侵入調溫器或門鈴，所以想要購買更安全的產品，那也是無法辦到的。我們無法研究 Facebook 或 Google 等公司的隱私與安全性實務，只能看到這些公司做出的模糊承諾。只要企業不將安全性與隱私作為在市場上競爭的差異要素，我們就無法根據安全性與隱私做出購買決策。雖然消費者聯盟等組織或許可提供幫助，但那也只會是某個更大解決方

＊ 編按：此法案編號為 SB-327，已於二〇二〇一月一日生效。

案的其中一環而已。

感到憂心的消費者可以採取幾項行動。我們可以研究不同的物聯網產品，試著判斷哪些產品較認真考量安全性，同時拒絕購買不重視安全性的產品。我們可以查看應用程式要求智慧型手機提供哪類權限、嘗試研究哪些資料會受到收集並用於哪些作業，同時拒絕安裝那些要求無關的存取權與侵入式存取權的應用程式。我承認這相當困難，而且大多數人都懶得管這些事。[806]

在某些情況下，我們可以選擇不使用產品或服務，但這種選擇將會變得愈來愈稀少。就像現在若沒有電子郵件地址、信用評等或信用卡，就不可能過真正正常的現代生活一樣，我們很快就會無法選擇不跟物聯網連線。那都是讓我們能在二十一世紀初正常過日子的所需工具。

我們有能力鞏固個人的網路安全性，而且也應該這麼做。在網際網路上可找到許多良好的建議，大都是跟資料隱私有關的建言。不過，最後極大部分的網路安全性都不在我們的掌控範圍內，因為我們會將資料託付到他人手中。[807]

組織具有規模與預算，因此他們的選擇也比較多。基於組織在經濟與商譽方面的自我利益，組織需要把網路安全性視為董事會層級的考量。沒錯，那都是技術性風險，但是現在的攻擊行動已可對公司造成慘痛傷害。在身兼 IBM Resilient 的首席技術長及 IBM Security 的特別顧問時，我發現許多安全性決策都是因為資深管理階層參與其中，才讓公司做出了更明智的判斷。

無論組織使用的裝置和服務位於組織的網路內或雲端上，組織都需要了解對這些裝置與服務的安全性。在判斷任何關於網際網路＋的決策之前，各家組織都應深思熟慮地考量，並且確保採用的新設備不會對網路造成意外影響。這將是一場硬仗。我預期各家組織將會發現網際網路＋透過各種出乎意料的方式，甚或在他們毫不知情下，悄悄地在其網路內現蹤。例如某些人會購買配備網際網路連線功能的咖啡機或冰箱。而智慧照明系統、電梯或建築的整體控制系統，都會連線至企業內部網路。

組織需要知道自己的資料位於何處。現在光是要將資料留在自家網路上並保有掌控權，就可能得爭鬥一番。雲端深具誘人魅力，我們不需要真正理解相關後果，即可輕鬆地把資料存放在他人電腦裡。瑞典一項引人深思的行動在二〇一七年曝光。瑞典交通局於前兩年將所有資料移至雲端，連理應絕對不能離開政府內部網路的機密資訊也包含在內。我猜想做出這項決策的人士從未考量過任何安全性後果。[808]

組織需要利用其採購能力，將網際網路＋營造為對自己與其他所有人都更安全的環境。無論是透過組織本身的採購決策或透過產業協會，組織都應設法對製造商施壓，以求提高安全性。組織應與政策制定者合作，並且遊說當地政府制定可強化安全性的法規。雖然企業會幾近病態地反對規範，不過在安全性領域中，明智的法規將能創造新的誘因，進而實際降低安全性的整體成本與安全性問題的代價。

我們必須接受事實，因為我們無法擺脫現有政府，也無法擁有符合期盼的政府。如果我們無法寄望政府在此扮演先行者角色，那就只能期待最後會有某些公司願意出手強化網際網路＋的安全性。雖然不多，但那是我們僅有的希望。

稍後我會於第十二章中探討信任，信任可能是我們應謹記在心的首要重點。使用供應商的產品與服務時，我們被迫需信任那些公司。因此請各位試著了解自己所信任的對象與信任的程度，並且在面對那些與信任相關的決策時，盡量做出最明智的判斷。在對雲端、物聯網與其他所有一切下決定時，請盡量在了解最多資訊並預先深思後，再做出決策。

　　這可能代表我們得做出某些艱難抉擇。為了換取服務，我願意讓誰侵害自己的隱私與安全性？我希望讓 Google 還是蘋果存取我的電子郵件？我想把照片交給 Flickr（屬於雅虎所有）或 Facebook？我想使用蘋果的 iMessage、Facebook 的 WhatsApp，還是獨立的 Signal 或 Telegram 軟體傳送文字訊息？[809]

　　這也可能代表我們需要決定自己願意受到哪個國家的傷害。美國公司受到美國法律規範，因此幾乎一定會為了回應法院命令而交出資料。若我們將資料儲存在其他國家，或許能讓自己不受美國法律規範，但卻需要遵循資料所在國家的法律。雖然國家安全局的國際監視能力在全球無人能及，但美國法律對國家安全局設下的限制，也遠超過世上其他類似組織所受的局限。因此將資料儲存在美國境內所享有的法律保護，會高於將資料儲存在其他地區時的保護。

　　這類決策或許都是無法判斷的抉擇，而且老實說，大多數人都不在意。例如 Facebook 的總部雖然位於加州，但該公司營運的資料中心遍布全球，而我們的資料可能就儲存在其中幾個資料中心內。我們往來的許多公司都使用雲端服務，因此資料會分散在世界各地。無論我們選擇光顧哪家服務供應商，可能都無法確定自己的資料適用哪些國家的法律。不過，根據顧客的所在地點而定，某些公司會拒絕索取資料的要求。例如微軟曾因不願將儲存於愛爾蘭的某位愛爾蘭客戶資料交給聯邦調查局，而不斷地向美國司法部抗爭。[810]

我認為此議題應從兩個層面思考。第一是我們原本就已受到母國法律的規範，因此盡量壓低其他能以法律管轄我們資料的國家數量，會是最謹慎的做法。相反地，任何涉及犯罪的資料都可能讓自己在母國陷入麻煩，因此能讓國內執法機關難以取得這類資料的途徑，才是較謹慎的做法。就我自己而言，我會選擇第一個選項。我也曾在其他地方指出若能夠選擇，那我寧可讓自己的資料受到美國政府管轄，而不是受到世上其他國家的管轄。雖然這項意見曾讓我受到許多嚴詞批評，但我還是堅守這個立場。[811]

第十一章

政策可能出錯的層面

　　我在前一章指出政府會管制可能致命的事物，而網際網路＋即將落入這個類別。當政策制定者意識到這一點時，我們將再也無法選擇是否要訂立政府規範，而是得選擇該制定聰明的政府規範，還是愚蠢的政府規範。

　　讓我擔心的是愚蠢的規範。能對政府造成最大刺激的因素就是恐懼，這包含對攻擊的恐懼，以及怕自己看來軟弱的恐懼。還記得發生九一一恐攻事件後的那幾個月嗎？《美國愛國者法案》（*USA PATRIOT Act*）幾乎是在毫無爭論之下一致通過，號稱小政府路線的共和黨政府同時成立了一個全新的政府機構，並將資金投入其中。之後，該單位的人員如雨後春筍般增加至將近二十五萬人，以保護「國土」。上述兩項行動幾乎都沒有經過深思熟慮，因此在未來的幾十年裡，我們將需要承擔行動造成的後果。

　　若發生災難般的網際網路＋安全性事件，那麼無論美國國會隨後採取何種行動，或許都會成為頭條焦點，卻可能無法提升安全性。國會制定的法律與政策不但可能無法充分因應潛在威脅，還會讓問題實際惡化。

其中一個立法不當的例子是在一九九八年通過的《兒童線上保護法》，此法的宗旨為保護未成年者免受網際網路色情所害。其中的條款除了涵蓋範圍廣泛、不切實際之外，還計畫在網際網路內嵌入無所不在的監控架構，甚至連網路上最偏僻的角落也不例外。幸好法院阻止了此法生效。另一個例子則是在第二章首度提及的《數位千禧年著作權法》，此法不但無法防止數位盜版，更有損整體安全性。[812-813]

本章也會探討近期可能發生的情況，並且概述目前眾人正在熱烈議論的某些不良政策構想，若發生禍事，這類不良構想都可能迅速成為法案。

要求提供後門

我曾在第九章提及，相較於監控，我們需要更重視安全性，並且也談到了政府常會違背這項原則。國家安全局藉由降低加密效果，悄悄地違背原則；聯邦調查局則強迫各家公司在其加密系統內插入後門，打算公開違背原則。

這種要求並非首次出現。從九〇年代開始，美國執法機關一直主張加密已成為他們在調查犯罪時難以跨越的阻礙高牆。加密電話曾於九〇年代引起眾人警戒。到了二〇〇〇年代，聯邦調查局的代表在討論加密時，開始表示他們會因無法得知資訊而面臨「進入黑暗」（going dark）的危險，並且將關注的目標轉到加密的傳訊應用程式上。在二〇一〇年代，加密的智慧型手機成為新興危機。

相關人士的說詞聽來都一致地可怕。

以下是一九九七年，時任聯邦調查局局長的弗里（Louis Freeh）嚇唬眾議院情報常設委員會的言論：「若廣泛利用堅不可摧的強力加密措施，最終將會粉碎我們對抗犯罪與防制恐怖主義的能力。」[814]

以下則是在二〇一一年，時任聯邦調查局法務長的卡普羅尼（Valerie Caproni）嚇唬眾議院司法委員會的言論：「隨著權限與能力之間的鴻溝擴大，現在政府無論是面對兒童剝削與色情、組織犯罪與販毒、恐怖主義及間諜活動等等各種案件，都更難收集到有價值的證據，而且那明明都是法院授權政府收集的相關證據。而這道鴻溝對公共安全帶來的威脅正與日俱增。」[815]

接著以下是在二〇一五年，時任聯邦調查局局長的柯米（James Comey）嚇唬參議院司法委員會的言論：「我們可能無法識別並阻止那些利用社群媒體在我國境內招募、規畫及執行攻擊的恐怖分子。我們可能無法剷除那些躲藏在網際網路暗處剝削兒童的人，也可能無法找出並逮捕想要攻擊鄰里的暴力罪犯。我們可能會因為受害者無法提供密碼，而無法復原受害者裝置內的關鍵資訊，尤其當時間寶貴時更容易如此。」[816]

而以下是在二〇一七年，司法部副部長羅森斯坦（Rod Rosenstein）於劍橋網路大會（Cambridge Cyber Summit）中試圖當面嚇唬我這位觀眾的言論：「然而出現『防搜索票』（warrant-proof）的加密是一大問題。隱私與安全性在憲法內保有均衡狀態的時間已經超過兩世紀，但這類加密會帶來動搖均衡狀態的威脅。人類社會從沒有任何系統能使偵查無法觸碰到違法罪行證據的一根寒毛，就算警官已取得法院授權的搜索票也同樣束手無策。但現在科技公司卻正在打造這種環境。」[817]

恐怖分子、毒販、戀童癖者及組織犯罪是網際網路啟示錄中的四騎士，總是讓大家感到恐懼。「防搜索票」雖然是個格外嚇人的詞彙，不過它只是代表無法透過搜索票取得資訊，例如在壁爐中燒毀的紙張同樣是「防搜索票」。

前段指稱世上從未出現過偵查完全無法觸及的科技之言論根本不合理。發明網際網路之前，有許多通訊都是聯邦調查局永遠無法取得的資訊。大家所說的每段對話，都會在話語講出後消失無蹤，完全無法挽回。不管擁有何種法律權限，都沒有人能夠回到過去擷取某段對話，或追蹤某人的行動。以前，任何兩人都可以走到幽僻的地點，在四處張望、確定沒看到其他人後，就可確信自己擁有隱私，但那種時代已經永遠消失了。現在我們正活在監控的黃金時代裡。如同我在第九章所述，聯邦調查局需要的是專業技術能力，而不是後門。[818]

幾十年來，美國政府已提議過加裝各式各樣的後門。在九○年代，聯邦調查局建議軟體開發商提供每份加密金鑰的複本。這個構想稱為「金鑰託管」（key escrow），就像是要求每個人都複製一把住家鑰匙交給警察一樣。在二○○○年代初期，聯邦調查局力主軟體廠商應故意在電腦系統內插入漏洞，以供執法單位在必要時利用。過了十年，政府的要求發展為更廣義的「找出加入後門的方法」。聯邦調查局在較近期提出的建議是，科技公司應在獲得要求時，即利用更新程序向特定使用者推送假的更新項目，以及在個別的套裝軟體內安裝後門。羅森斯坦曾為這種有損安全性的提案取了個聽來無害的名字：

「負責任的加密」。在各位讀者讀到這段時，或許已出現較可取的不同解決方案。[819-822]

這種情形不只在美國上演，英國的政策制定者已暗示二〇一六年的《調查權力法》（*Investigatory Powers Act*）讓他們有權強迫公司破解加密。在二〇一六年，克羅埃西亞、法國、德國、匈牙利、義大利、拉脫維亞與波蘭向歐盟提出呼籲，希望歐盟要求企業加裝後門。另一方面，歐盟本身則在考量立法禁止後門。澳洲也試圖透過命令取得資料存取權。另外，由於巴西當地的警方無法存取加密訊息，因此巴西法院曾在二〇一六年三度暫停 WhatsApp 的服務。埃及封鎖了加密的傳訊應用程式 Signal。許多國家都曾禁止使用黑莓裝置，直到該公司讓各國政府能竊聽通訊之後才解除禁令。而俄羅斯與中國兩國的例行公事就是封鎖政府無法監控的應用程式。[823-830]

不管採用哪種稱呼、哪種執行方式，幫執法機關在電腦與通訊系統中加裝後門都是糟糕透頂的構想。我們需要優先重視的是安全性，而非監控，但後門卻與此背道而馳。理論上，若警察能在已實施合適政策並取得適當搜索票的前提下，監聽嫌疑犯、收集鑑識證據或以其他方式調查犯罪等等，會是非常理想的情況，但我們卻無法安全地規畫出這種體系。建立後門機制時，我們無法讓後門只有在取得搜索票後才能發揮作用，或是在執法官員嘗試將其用於合法用途時才正常運作。後門要不就是可供所有人利用，要不就是大家都無法使用。

這代表任何後門都會降低我們所有人的安全性。外國政府及罪犯會利用後門對付我們的政治領袖、重要基礎設施、企業等等，也就是用來對付所有人。他人會使用後門對付我們的駐外外交官和間諜，以及我們國內的執法機關。他人會使用後門執行犯罪、輔助政府的間諜活動，以及實施網路攻擊。安裝後門是個極其愚蠢的構想，但卻不斷有人提出這項提案。

若美國成功地規定美國公司需加裝後門，將無法阻止他國政府做出相同要求。雖然如俄羅斯、中國、哈薩克、沙烏地阿拉伯等等各個專制國家的法律，都是為了懲罰政治異議分子而擬定，但是這類國家也會要求取得同等的「合法存取權」。

羅森斯坦打算利用更新程序的構想，更會造成嚴重損害，因為更新程序已經存在漏洞了。若所有人都能盡快安裝更新，大家都會更安全。現在開始出現提高更新透明度的安全性措施。如此一來，個別系統即可確定所收到的更新是公司授權的更新，而且適用於每位消費者。這麼做對安全性來說至關重要。請回頭想想在第五章中，我們曾探討攻擊者會借用更新程序來傳送惡意軟體，因此聯邦調查局的要求會造成妨礙，讓企業難以在更新程序中提高前述透明度及加入其他安全性措施。

如果大家都知道警方會透過更新機制侵入他人的電腦與裝置，那麼所有人都會關閉自動更新功能。若因此失去眾人的信任，將需花上好幾年的時間才能重拾信賴，而且會對安全性造成毀滅性的整體影響。這就像是把作戰部隊藏在紅十字會的車輛中一樣，就算那是有效的計謀，我們也不會那樣做。

最後，利用更新程序傳送惡意軟體，會大幅降低更新程序的安全性。如果不需要常常進行更新，公司即可為認證程序建置強固的安全性機制。若蘋果等公司每天收到許多解鎖手機的要求（聯邦調查局在二〇一七年聲稱他們無法將七千支手機解鎖），那麼這些公司即必須實施某些例行程序來回應解鎖要求，但這類例行程序卻更容易受到攻擊。[831]

了解安全性的人都知道後門相當危險。某個二〇一六年國會工作小組所作的結論是：「任何減損加密效果的措施，皆有違國家利益。」掌管英國軍情五處的埃文斯爵士（Lord John Evans）表示：「就我看來，不應削弱整個網路市場中的密碼技術強度，因為我認為那將會帶來極為可觀的代價。」[832-833]

除了上述所有論點之外，更重要的是即使滿足聯邦調查局的要求，也無法解決聯邦調查局的問題。

即便聯邦調查局成功迫使蘋果、Google 與 Facebook 等大型美國公司降低其裝置通訊系統的安全性，仍有許多規模較小的競爭廠商會提供安全的產品。如果 Facebook 在 WhatsApp 裡加裝後門，壞人就會改用 Signal；如果蘋果在 iPhone 加密中加裝後門，壞人就會改從其他許多加密語音應用程式中挑一種使用。[834]

其實即使是聯邦調查局，私下也不會如此強勢要求。從聯邦調查局官員過去和我與其他人進行的對話中，可發現他們普遍認同選用的加密功能，因為大部分不良分子都懶得開啟加密，而官員們反對的是預設加密。

但那正是我們需要預設加密的理由。預設功能的效用強大。因為大部分人所知道的資訊並不充分，或是可能懶得動手，所以大家都不會開啟電腦、手機、網路服務、物聯網裝置或任何設備的選用安全功能。聯邦調查局認為一般犯罪者不會開啟選用的加密功能，雖然這項見解沒錯，但一般犯罪者還會犯下其他容易使自己成為調查目標的錯誤，尤其是若聯邦調查局提升數位辦案技巧的話，就能找到更多蛛絲馬跡。聯邦調查局該擔心的對象是那些聰明的犯罪者，以及會採用更安全替代方案的犯罪者。

後門會對一般的網際網路使用者造成危害，無論是好人或壞人皆然，但聯邦調查局卻目光短淺，過分戲劇化地把焦點集中在壞人身上。然而若我們能理解網際網路上的好人遠多於壞人，即可清楚看出相較於讓犯罪者可利用強加密後所帶來的弊病，我們可從普遍強加密中獲得的益處其實更多。

限制加密

在九〇年代中期之前，美國將加密視為軍火管制。使用加密功能的軟硬體產品，都如同手榴彈與來福槍般受到出口管制。強加密的產品不得出口，而且任何出口產品的加密都必須薄弱到可讓美國國家安全局輕鬆破解。不過隨著網際網路和國際科技社群興起，讓「出口」軟體這種概念不再合理之後，前述控管措施變得跟不上時代，於是畫下了句點。[835]

現在開始有人討論應重拾這類加密控管措施。在二〇一五年，當時的英國首相卡麥隆提議英國境內應全面禁止強加密。隨後接任的首相梅伊在發生二〇一七年倫敦橋恐攻事件後，呼應了卡麥隆的提案。[836-837]

此舉超越了在 WhatsApp 和 iPhone 等廣受利用的加密系統內加裝後門的要求，並且使所有配備強加密功能的電腦系統、軟體或服務都成為違法產品。當然，問題在於國家法只能管轄該國境內，軟體卻是國際化產品。我曾於二〇一六年調查加密產品的市場，結果發現在來自五十五個不同國家的八百六十五個軟體產品中，有八百一十一個產品可豁免在英國禁令之外，因為那都是在英國境外製作的產品。如果美國通過類似的禁令，則有五百四十六個產品不會受到影響。[838]

我們無法將這類外國產品擋在國門外。因為那需要封鎖搜尋引擎搜尋外國加密產品。那需要監控所有通訊，藉此確保沒有任何人從網站下載外國加密產品。那需要細查所有進入國內的電腦、手機與物聯網裝置，無論是某人欲攜帶入境的產品，或是透過郵件寄送的品項，無一例外。那需要禁止開放原始碼軟體與線上程式碼存放庫。那還需要禁止所有內含加密演算法與程式碼內容的書籍，並將這類書籍防堵在國門之外。簡而言之，那根本是瘋了。[839]

如果我們嘗試實施這類禁令，後果可能會比要求加裝後門更糟。那會迫使大家在面對所有威脅時，陷入更加不安全的處境。那會讓國內公司必須屈服在不利的競爭條件下，而且都是其他公司不需要承擔的劣勢，而犯罪分子與外國政府則會因此享有絕大優勢。

雖然我認為不可能發生這種情形，但仍存在可能性。我在去年發現相關人員對加密的說詞出現改變。司法部官員試圖要求安裝後門時，會迅速將加密描述為犯罪工具，同時以會喚起聯想的詞彙來指稱，例如網際網路啟示錄的四騎士、Tor 等匿名服務之類。此外，在完全不同的另一個陣線，有人開始使用「crypto」來簡稱比特幣等加密貨幣，同時繪聲繪影地指出在名稱駭人的「暗網」（Darknet）內，都以加密貨幣作為購買違法貨品的工具。於是，密碼技術的正面用途，以及可針對安全性整體提供的防護措施，都因此被排擠出討論範圍外。如果這種趨勢維持不變，未來可能會出現嚴屬要求禁止強加密的提案。[840]

在二〇一五年，麥康諾（Mike McConnell）、切爾托夫（Michael Chertoff）與林恩（William Lynn）這三位對前述事務擁有豐富經驗的前政府資深官員，撰文說明就國家安全而言，電腦與網際網路安全性的重要性何在：

> 我們相信更有益的公共財，是透過在裝置端、伺服器端與企業層級實施普遍加密以確保安全的通訊基礎設施；而且這類基礎設施的建置宗旨並非為了供政府監控之用。[841]

他們三位的觀點跟前雇主的官方立場背道而馳，不過因為他們都已安然退休且廣受敬重，所以能夠自在地發言。我們需要改變政府的官方立場，才能讓所有人齊力提升彼此的安全性。

禁止匿名

經常有人呼籲應禁止在網際網路上匿名，這類呼籲來自希望控管仇恨與騷擾言論的人士。根據他們的假設，如果可以找出酸民，就能趕走他們，或者更理想的是能讓酸民對自己的行徑感到羞愧。這類呼籲也來自希望防制網路犯罪的人士。根據他們的假設，如果能識別某人的身分，即可更輕易地拘捕那些人。此外，這類呼籲亦來自希望逮捕垃圾郵件寄件者、跟蹤者、毒販與恐怖分子的人士。

我們可透過各種不同形式禁止匿名，不過基本上，各位可以把它想像成發給每人一張網際網路版的駕駛執照。每個人都需使用這張執照才能設定電腦、註冊電子郵件帳號等各種網際網路服務，而無照人士將無法擁有任何存取權。

但基於四項理由，這種方法無法奏效。

第一，現實世界的基礎設施無法根據護照、國民身分證、駕照等等其他各種身分識別系統，提供網際網路使用者的認證資料。請回想在第三章文中提到的身分證明與原始證明文件相關內容，就能了解這一點。第二，上述系統可能會使盜用身分的事件大幅減少，但也會造成盜用身分更為有利可圖。

光是根據以上兩項理由，就能解釋為何強制識別網際網路使用人士的身分是個不良的構想。現在大家已設立了許多合宜的身分識別與認證系統。銀行的管理良好，因此足以讓我們在線上轉帳；Google和 Facebook 等公司的管理良好，因此足以讓其他人士使用該公司的系統。此外，現在在市場上競爭的智慧型手機支付應用程式也有好幾種。我們的手機號碼開始成為唯一辨識碼，足以因應雙因素認證等多種用途。

不過，若我們要建置強制性的身分識別系統，就需要能準確逮到那些試圖破壞系統的人。現行的每種身分識別系統，都已遭到試圖購買酒類的青少年突破。若要防護網際網路的強制性身分識別系統,困難度還會再高上許多。

第三,這類系統必須可於全球運作。任何國家的人民都能假裝自己來自其他地區,若美國將匿名視為違法,並規定美國人民需使用駕照才能註冊本人的電子郵件地址時,任何美國人只要找個無須提供身分證明的國家,就能取得匿名的電子郵件帳號。因此,我們的選擇只有兩種,一是接受所有人都能取得匿名電子郵件地址,一是禁止所有人與全球其他地區通訊,但這兩種選擇都行不通。

第四項理由,也是最重要的理由,就是總是有人能夠在任何可識別身分的通訊系統之上,再架設另一個可匿名的通訊系統。例如 Tor 是讓使用者可匿名瀏覽網路的系統,全世界的政治異議分子與犯罪分子都會使用這個系統。在此我不打算說明 Tor 系統的運作方式,不過,就算在 Tor 系統內所有人士的身分都已獲得識別,該系統同樣能提供匿名效果。

以上就是禁止匿名無法奏效的理由。禁止匿名之所以糟糕,在於此舉對社會有害。匿名言論有其珍貴之處,而且在某些國家中還能救人一命。人可在不同的生活面向中透過匿名擁有多種不同的身分,其實是難能可貴的一件事。若禁止匿名,代表我們需犧牲必要的自由來換取暫時安全的錯覺。[842]

但是,這不代表每個人都值得在所有領域內享有匿名保護。社會已禁止大眾在多種場合下匿名。大家不得在公共道路上駕駛無牌的汽車,所有車輛都必須具備車牌。現在亦將對無人機制定類似規定。美國已對全球的銀行實施「認識你的客戶」規定。目前在區分允許匿名及禁止匿名的空間時，似乎是根據會否造成重大的實質傷害或經濟傷害來判斷界線何在。隨著網際網路＋開始跨越那條界線，我們將會看到更多領域減少匿名成分。

大規模監控

大規模監控不是極權國家的專利。直到二〇一五年為止，美國政府都會收集大多數美國人民的電話通話元資料，而且現在仍可提出要求來存取這類資訊。許多地方政府會從安裝在電線杆與宣傳車上的車牌掃描器收集資料，藉此掌握關於民眾行蹤的綜合資料。當然，還有很多企業會透過各式各樣的機制來監控我們大家。政府經常透過傳票和國家安全信函（national security letter）等無須搜索票的途徑，要求存取這類資料。[843-845]

我擔憂在第五章提及的某些災難性風險，可能會促使政策制定者採取更甚於加裝後門與削弱密碼技術效果的行動，轉為授權對國內實施普遍監控。普遍監控會造成如《一九八四》（1984）一書描述的後果，因此乍看之下就已是個惡劣構想。即使撇開這點不談，普遍監控的效果也非常有限。普遍監控能派上用場的時間，僅限於從某種新功能成為可行技術的那一刻開始，直到該功能變得簡單易用為止。

只要想想某種特定破壞性技術的發展曲線，即可理解這類情形可能的演變方式。在技術發展的初期階段，根本不可能出現造成極重大損害的情形。舉例來說，現在我們無法調製出可讓幾百萬人致死的超級細菌，因為我們尚未具備必要的技術知識，即使電視節目與電影喜愛描繪這類情節，也不會讓我們擁有這類知識。

隨著生物科學持續發展，災難般的情境逐漸成為可能發生的局面，不過成本極其高昂。若要讓災難成真，需要以如同第二次世界大戰曼哈頓計畫的規模，齊力執行相關行動，或是得由軍方投入類似的心力，才能開發與製造生物武器。[846]

隨著技術不斷改善，傷害性功能的成本亦逐漸降低，讓更多缺乏組織的小規模團體都可利用這類能力。未來，陰謀將可能釀成實際災禍，雖然需要擁有資金與專業知識，但這兩者皆可輕易到手。因此，我們可以想見未來會出現以證券交易所資訊系統或發電廠、飛航導航系統等重要基礎設施為目標的攻擊行動，這些行動都經過精心策畫，藉此透過大規模行動來破壞全球經濟。

屆時普遍監控或許能維護大家的安全。我們希望能在陰謀的籌畫階段就偵查到相關計畫，並且可收集到足夠證據，以串連起每一點之間的關係，進而在陰謀付諸實現前就先將其摧毀。美國國家安全局目前在反恐上實施普遍監控的主因也在此。

然而，雖然普遍監控在前述大部分案例中都能奏效，但主要是用來對付較不熟悉科技的攻擊者，所以在面對擁有最強烈動機、最高明技術與最雄厚資金的攻擊者時，普遍監控將會失效。隨著技術進步，籌畫陰謀時的人數會進一步減少，為了造成嚴重亂象所需的規畫作業也會縮減，導致根據監控來進行的辦案成效跟著降低。例如艾爾弗雷德‧P‧默拉（Alfred P. Murrah）聯邦大樓爆炸案是由麥克維（Timothy McVeigh）一人製作肥料炸彈，而協助他攻擊的共犯則只有幾個人。或許普遍監控原先可在籌畫與採購階段偵查到前述爆炸案的計謀，但也可能無法辦到。目標明確的監控作業是根據警方老派的追蹤線索手法執行，因此對於那些鼓吹以暴力推翻美國政府，並且會動手組裝材料製作炸彈的人士，或許能較有效地識別出他們的身分。

　　隨著技術繼續提升，可能只需要一、兩人就能讓災難局面上演，因此普遍監控將毫無用武之地。先前已發生過類似的事件：無論執行多少監控作業，都無法阻止如胡德堡（Fort Hood）槍擊案（二〇〇九年）、聖伯納迪諾（二〇一五年）或拉斯維加斯槍擊案（二〇一七年）等等大規模槍擊案。無論執行多少監視作業，都無法阻止迪恩公司遭受分散式阻斷服務攻擊。我們之所以在預測波士頓馬拉松爆炸案時失敗，不是因為大規模監控失效，而是因為追蹤辦案線索的作業失敗，不過這是指那如果真的可視為失敗的話。[847-848]

　　大規模監控充其量只能為社會多爭取一些時間，而且即使能夠爭取時間，也沒有太大效果。相較於防範犯罪，監控用在社會控制上的效果更佳，所以這項手段才會如此受到獨裁政府的歡迎。

　　然而，這不代表未來不會實施大規模的國內監控，尤其是若再次發生傷害慘重的恐攻，就更有可能出現大規模的監控行動。雖然我們在面對那些自認會造成災難的威脅時，所採取的抵禦方式都相當拙劣，但我們卻十分擅長對涉及這類威脅的特定情境感到恐慌。從歷史上看來，這種恐慌心態對自由與自主的危害，遠超過實際威脅所造成的危害。此外，隨著技術發展曲線進展到各個不同階段，勢必會出現各種新的技術威脅，而每種威脅或許都能成為實施大規模監控的正當藉口。

反駁

「反駁」（hacking back）是另一個經常浮上檯面的差勁構想，基本上這是私人的反攻行動。「反駁」意指某個組織為了報復攻擊者，因而展開進攻，例如試圖追捕罪犯、取得證據或復原遭竊資料等等。有時會委婉地稱其為「主動網路防禦」，不過這種稱呼只是為了隱藏行動的真正意義，那就是伺服器對伺服器戰（server-to-server combat）。目前此舉在所有國家都是違法行為，然而不斷有聲浪指出應讓反駁成為合法行動。[849]

擁護派喜歡探討兩種似乎能證明反駁正當合理的特定情境。第一種是當受害者知道其遭竊資料位於何處的情境，這時受害者可以透過反駁侵入該電腦並刪除資料。第二種則是當下有攻擊行動正在進行的情境，這時受害者可透過駭客行為侵入攻擊者的電腦，即時阻止攻擊行動。

雖然那麼做可能看似合理，但或許很快就會釀成大禍。首先，如同第三章內容所述，找出責任歸屬並不容易。遭攻擊的組織該如何確定攻擊者是誰？如果該組織在報復時的滲透行動有誤，因此侵入其他無辜的網路，那麼會發生何種情況？畢竟要偽裝攻擊來源十分容易，或經過無辜的中間人路由攻擊行動。[850]

其次，若「反駁者」滲透位於他國境內的網路，又會發生何種情況？或者更糟的是若反駁者侵入的是他國軍方的網路呢？那幾乎肯定會被視為犯罪，而且可能引發國際事件。所以，許多國家都利用代理人、掩護公司與犯罪分子幫忙在網際網路上做骯髒活，處理那些極有可能出錯、存在誤估或遭到曲解的事務。經授權的反駁行為可能會加重亂象，而且大家都不希望看到公司意外引發網路戰。

第三，反駁行為十分適合濫用。任何組織都可籌畫攻擊競爭對手伺服器的行動，藉此打擊對手，或者也可在競爭對手的網路內植入易受影響的檔案，隨後再執行反駁。

第四，這麼做容易升高敵意。勇於冒險的謀策者可以矇騙兩家組織，讓他們以為對方透過駭客行為攻擊自己，藉此點燃這兩家組織間的戰火。

第五點，也是最後一點，就是我們甚至無法確定反駁是否為有效的手段。報仇能讓人心滿意足，但沒有證據證明反駁可改善安全性，或是具有威懾效果。[851]

反駁是惡劣構想的真正理由，在於這麼做等於批准執行私刑。有許多理由可說明即使我們知道鄰居偷了我們的東西，我們也不能為了把東西拿回來而侵入鄰居家。以前某些國家會發行補拿許可證（letter of marque）給私人船隻，藉此授與攻擊與搶奪其他船隻的權利，但如今已無人發行補拿許可證了，這是有道理的。現在，這類能力已正確地歸類為政府的專屬權限。

絕大多數的人都同意以上論點。美國的聯邦調查局與司法部皆對反駁行為提出警告。二〇一七年的一項法案欲將某些反駁手段合法化，但僅獲得些微支持，於是就此告終。主要的例外似乎是曾擔任國家安全局與國土安全部資深官員的律師貝克（Stewart Baker），他經常建議執行反駁行動。在世界各地，也有某些網路安全公司不斷呼籲授與反駁合法權限，因為他們想為企業客戶提供反駁服務。目前看

來，以色列似乎打算成為反駭產業的母國。[852-855]

　　雖然反駭違法，不過已有人在實施反駭行動。提供反駭服務的公司不會公開打廣告，他們可能是透過中介公司受雇，並且會簽訂能矢口否認的合約。就像存在企業賄賂一樣，世上也存在反駭行為，而且某些公司會為了從事反駭而違反國際法。

　　我推測反駭會成為未來的常態。無論美國及秉持類似想法的國家採取哪些行動，其餘國家都會成為反駭行動的避風港。這代表我們需要將反駭視為賄賂處理。我們需要宣布反駭在全球皆屬違法行為，並且起訴從事反駭活動的美國公司。我們需要呼籲針對反駭建立國際協定與常規；我們也需要盡最大力量將異常分子邊緣化。現在，美國尚未針對反駭表明官方立場，不過我相信政府很快就會闡明立場。

限制軟體的可及性

　　在歷史上，人常常憑藉稀少性來獲得安全性。也就是說，我們為了防止某物的惡意用途對自己造成傷害，會讓該物品成為難以取得的品項。這種做法對某些東西相當有效，我能想到的例子包含釙 210、天花病毒與反坦克飛彈等等，不過對如酒精、毒品、手槍等其他品項而言，效果就不是那麼理想了。而網際網路＋則會破壞前述模式。

　　舉例來說，射頻頻譜受到嚴格規範，許多規則都規定了哪些人士可透過哪些頻率進行傳輸。某些頻率保留給軍方使用，其他則供警方使用，另外還有部分頻率供飛機與地面控制通訊使用。某些廣播頻率必須持有執照才可使用，其他廣播頻率則必須持有特殊通訊裝置，才有辦法利用。

在電腦誕生之前，我們完全透過限制市售無線電的種類來實施前述規定。一般現成可用的無線電只能調頻至合法的頻率。但由於總是能夠買到或製作可收發其他頻道的無線電，上述解決方案並非完美無瑕，不過那是個需要具備專門知識（或至少要能取得特殊設備）的複雜解決方案。因此雖然那不是完美的安全性解決方案，不過已足以對付大多數企圖了。現在，無線電成為了加裝天線的電腦，我們只要購買個人電腦的軟體定義無線電卡，即可使用任何頻率進行廣播。

我在第四章所探討的風險，包括人為了避開一般的合理法律約束，會透過駭客手法改動自己的電腦。我也討論到人可能違反廢氣控管法規，自行修改車用軟體；或是違反著作權法，自行修改 3D 印表機以製作物品；也可能會違反規範大肆殺戮的法律，自行修改生物印表機。

每出現一種新技術，都需要有冷靜的人士呼籲大家對使用者可利用的裝置用途設定限制。例如美泰兒、迪士尼、審查人員與槍枝管制擁護人士，都會希望顧客所使用的 3D 印表機，無法用於製作列於禁止項目清單內的任何物品。[856]

這是與著作權議題一模一樣的問題。數位權利管理是已然失敗的技術解決方案，之後推行的法案為《數位千禧年著作權法》，但此法的效果只足以阻止業餘愛好者複製數位音樂與電影，無法防止專業人士從事相同行為，也無法在取消數位權利管理保護之後，防制散布著作權作品的行為。

大家對於自動車軟體遭駭客侵入，或某人列印出殺手病毒等等事件的恐懼，會遠高於大家對違法複製歌曲的恐懼。而那些受到影響的產業所握有的權力，都比娛樂業的權力強大許多。政府與私部門需要審視娛樂業採用數位權利管理的經驗，進而歸結出正確的判斷，了解問題其實在於電腦具有可擴充的本質。政府與私部門應檢視《數位千禧年著作權法》，進而歸納出該法案其實並未施加足夠的法律責任，而且限制性也不足。但我擔心用於規範 3D 印表機、生物印表機、汽車等等裝置的類似法律，可能會受到政府利益與私部門利益撐腰，而政府利益與私部門利益都會讓使用者陷入不利處境。[857]

若透過法律限制大家存取可修改物聯網電腦的軟體，或許能暫時管制大多數的人。但這類法律最後仍會失去規範效果，因為軟體與資訊可透過網際網路在全球自由流動，而且純粹的國內法絕對無法將電腦擋在國門之外。我們無法單靠接受某個最有效的解決方案，並容忍某些例外，就能解決這類問題。就歌曲與其他數位內容而言，失敗的代價極其輕微。但就前述新技術而言，失敗的代價會大幅提升。

我們需要直接解決這些問題，但我們不應透過法律限制利用技術或電腦功能，而是需要培養對抗的能力。

以無線電來說，有一種解決方案是讓所有無線電具備自我監督功能。這麼一來，無線電可化身組成偵查網路，並在發現惡意或設定不當的發射器時將資訊轉送給警察，接著警方就能針對指控的違法行為展開調查。我們可將無線電系統設計為能抵抗竊聽與干擾的企圖，讓惡意發射器無法干擾無線電系統運作。這其中當然含有一些需要釐清的細節，但我在此處的目標不是解決技術問題，只是想舉例說明我們可以找出解決方案。[858]

　　這是共通的教訓，從 3D 印表機、生物印表機、自主演算法到人工智慧等等，許多網際網路＋的層面都適用這項教訓。如果我們未來生活的世界，是單憑個人即可讓傷害遠播的世界，那麼我們終需找出方法來避開各個系統內的既有威脅。雖然類似《數位千禧年著作權法》的限制能為我們爭取時間，但卻無法解決安全性問題。

第十二章

打造備受信任且能復原的
和平網際網路＋

　　人類社會的運作建立在信任上，任何物種彼此信任的程度都無法媲美人類。若是沒有信任，社會就會崩解。沒錯，因為有了信任，社會才得以成形。我們一生中無時無刻都全心信任，甚至從不三思，而且我們並非沒有其他選擇。我們信任超市裡的食物不會讓我們吃出病；我們信任在街上擦身而過的人不會攻擊我們；我們信任銀行不會偷走我們的財產；我們信任其他駕駛人不會撞我們。當然，各位在閱讀這段內容時會想起各種告誡與例外，不過大家會想到這些事，是因為它們太過罕見。除非生活在地球上的無法地帶，否則我們每天都在盲目地信任數以百萬計的個人、組織與機構。我們甚少思考這項事實的情況，就證明了這個體系確實能夠良好運作。

　　例如光是使用電腦，我們就被迫信任那台電腦與所有相關公司。我們信任電腦內建晶片的設計人員與製造商，也信任組裝電腦的公司。事實上，我們信任的是整條供應鏈，從製造商到銷售電腦給我們的公司，無一例外。我們信任微軟或蘋果等撰寫作業系統的公司，也信任撰寫軟體供我們使用的公司，諸如瀏覽器、文字處理工具等應用程式，以及防毒程式等安全性軟體等等都包含在內。我們信任自己使用的各種網際網路服務，例如電子郵件供應商、社群平台或處理資料的雲端服務等等。我們信任自己的網際網路服務供應商，也信任設計、建置與安裝家用路由器的公司。我們不得不信任的公司隨隨便便就高達幾十個，而且我們還得一併信任那些公司所在國家的政府。前述任何一員都能夠損害我們的安全性與利用我們，而且任何一員都可能採行不安全的程序，導致其他人能夠損害我們的安全性與利用我們。

我們信任這些實體是因為我們必須這麼做，而不是因為我們認為其中任何一員值得信任。在網際網路上，值得信任的行為者數量已大幅縮減。根據一份二〇一七年的調查指出，70% 的美國人相信自己的電話通話與電子郵件至少有可能受到政府監視。而且普遍來說，全世界的人都不信任美國國家安全局與美國政府。[859-860]

我在第十章曾提及歐巴馬政府的二〇一六年網路安全性報告，其中是這麼描述的：

> 數位經濟能否成功，最終取決於個人與組織的信任心態，除了信任運算技術之外，亦需信任其產品與服務會收集並保留資料的組織。但與數年前相比，大眾的信任心態已不再那麼堅定，這是因為在發生某些事件與數起得逞的資料外洩案後，眾人開始憂懼企業和個人資料會遭到外流並誤用。此外，由於二〇一六年的美國選舉讓大家更清楚意識

到資料操控問題，因此眾人也愈發關切資訊系統能否防範資料遭到操控。在大多數情況下，資料操控都是比資料竊取更危險的威脅。[861]

目前，這種不信任心態還不算太嚴重。大致上，我們仍然可以忽略風險，並且信任相關的政府與公司，或至少假裝我們願意這麼做，因為我們沒有多少選擇。我們假裝 Facebook 動態中都是朋友的貼文，不是巧妙融入我們個人通訊的付費廣告。我們假裝搜尋引擎並未受到暗中推銷商品的演算法操控。我們假裝自己託付資料的公司並未將資料用在有違我們利益的用途上。我們接受這一切，因為我們真的沒有其他選擇。我們忽視所有隱含的祕密，因為祕密會令人起疑。

截至目前為止，這麼做沒有問題。我們使用電腦與電話、將資料儲存在雲端、透過 Facebook 與電子郵件私下對話、在網際網路上購物、購買並使用連網產品，而我們對這些舉動都未多想。

這種情形隨時都可能翻盤。如果真的翻盤，事情會變得很糟。若我們生活的社會缺乏信任，會產生嚴重的負面影響。經濟會受害、人民會受害、一切都會受害。

我在二〇一一年出版的《當信任崩壞》一書中，曾從信任的觀點對安全性進行探討。安全性體系是能實現信任的機制，我們可藉此確保大家能互助合作，並且從事符合預期的行為。在非正式的層面上，我們會根據自己的道德規範，從內實現信任，同時透過了解並記住他人的聲譽，對外實現信任。而在較正式的層面上，我們透過規定、法律與懲罰實現信任。我們也透過圍籬、鎖、安全攝影機、審核與調查實現信任。[862]

　　在第四章中，我曾表示大家都希望彼此能夠安全，卻不願自行提供安全性。這種情形無法永續。就長期而言，政府無法永續執行大規模的監控作業。我們必須限制大規模監控，才能建立值得信任的網際網路，進而建立值得信任的社會。

　　監控資本主義無法永續留存，我們也需要限制監控資本主義。然而只要監控仍是網際網路的商業模式，那麼我們託付資料與作業能力的那些公司就絕對不會全力協助防護我們的安全。他們做出的設計決策會降低保護我們免受政府與犯罪分子侵害的安全保障。我們需要改變網際網路的構造，讓網際網路不會成為供各國政府建立極權國家的途徑。這並非易事，而且在未來十年裡都不會發生。我們甚至不清楚在美國會以何種方式改變網際網路的構造，因為自由言論的議題將會阻撓所有欲限制商業監控行為的立法行動。不過即使如此，我仍相信會有實現的一天。或許不斷演變的常規將能帶動變革。面對自己的公開生活資料與私人生活資料不斷遭到他人擷取，大家已經開始覺得惱火了，而且雖然政府和企業都能取得這類資料，但我們自己卻無法拿到資料。監控資本主義對社會的危害無孔不入，因此社會遲早會要求實施改革。[863]

　　企業與政府若希望受到信任，就需要展現值得信任的風範。我在第九章所述的許多行動都是以此為根基。政府不能只是將防禦的順位排在進攻之前，而是必須清楚表明政府依循的優先順位。政府的保密主義與表裡不一的態度都會傷害信任。

　　企業不能只是保護系統的安全，而是需要以公開透明的方式施加保護，這麼一來，大家就能看到該公司是為了公共利益而努力，而不是在濫用自己的權力地位。本書的每項建議都應公開地實施與執行。標準應當開放；資料外洩的細節應當加以揭露；執法程序與罰款應當公開。不安全的網際網路＋不會受到信任，而安全的網際網路＋必須公開，才能受到信任。

本書所有建議的宗旨，都是為了推動我們朝心目中的網際網路邁進，那是從根本上即值得信任的網際網路，並且能夠防範力量最強大的行為者，阻止他們掠奪毫無戒心的一般使用者。我們需要投注許多心力才能達成這項目標，而且目標本身似乎有點像烏托邦般過於理想。不過既然我們已經下定決心，現在就來探討在我們致力追求的理想網際網路中，所具備的另外兩項關鍵特質，那就是復原力，以及終於可望擁有的和平。

可復原的網際網路

根據社會學家裴洛（Charles Perrow）的複雜性理論，與較簡單的系統相比，複雜系統比較不安全，因此攻擊與意外事件較常涉及複雜的系統，而且這類事件造成的損害也較高。但是裴洛證明了複雜性並非生來平等，特別是兼具非線性與緊耦合特性的複雜系統會較為脆弱。[864]

例如飛航管制系統就是鬆耦合系統。雖然飛航管制塔台與飛機常發生問題，但是因為此系統中的不同環節只會對彼此造成輕微影響，所以很少造成慘重後果。沒錯，雖然我們會看到機場因電腦問題而陷入混亂之類的頭條新聞，但卻很少看到飛機撞毀大樓、撞上山頭或彼此相撞等等消息。

一排直立的骨牌則屬於線性系統。當一張骨牌倒下時，就會撞到下一張骨牌，導致下一張骨牌倒下。即使這類連鎖的規模龐大，但是倒下時都會依照順序。

網際網路剛好相反。網際網路具有非線性特性，因此組件對彼此的影響程度可能會天差地遠；同時網際網路也具有緊耦合特性，所以前述影響會立即向下傳遞。這些都是會大幅提升災難發生機率的特性。因為過於複雜，所以沒有人能完全了解網際網路的運作方式。因為過於複雜，所以網際網路只能勉強運作。因為過於複雜，所以我們在許多情況下都無法預測網際網路的運作方式。

我們需要提升大型社會科技系統的安全性，不過，最重要的是我們需要復原力更佳的安全性。

我從很久以前就喜歡「復原力」這個詞。觀察周遭，就能發現在人類心理學、組織理論、災難復原、生態系統、材料科學與系統工程等眾多領域中，都會使用這個詞。以下定義摘自威爾達夫斯基（Aaron Wildavsky）在一九九一年的著作《尋求安全》（*Searching for Safety*）：「復原力是可在非預期危險顯現之後設法對應的能力，亦即了解如何反彈恢復。」[865]

超過十五年來，我一直在探討資訊工程安全性領域的復原力。我曾於二〇〇三年出版的《超越恐懼》（*Beyond Fear*）一書中，用了部分頁面討論復原力。當時我寫道：[866]

良好的安全性系統能夠復原。這類系統能承受失效問題，一次失效不會導致連鎖發生其他失效問題。這類系統能承受攻擊，即使面對善於欺瞞的攻擊者也不例外。這類系統能承受技術的新進展。這類系統能在因失效而故障後，重新恢復運作。[867]

世界經濟論壇在二〇一二年形容網路復原力是一種賦能能力（enabling capability），能提供人身安全、經濟安全性與商業競爭優勢。[868]

隸屬於國家情報總監辦公室的美國國家情報委員會，曾在二〇一七年發表的詳盡文件中探討長期的安全性趨勢。其中對復原力的論點如下：

復原力最佳的社會，可能是能夠釋放並接納世上每個人所有潛能的社會，無論是女性或弱勢族群，或是因近期經濟與科技趨勢所苦的任何人士，無一例外。這種社會能依循歷史趨勢向前邁進，不會反其道而行，並且亦能善用人類日益擴增的各式技能打造未來。即便在前景最黯淡的環境中，每個社會裡都會出現願意提升他人福祉、快樂與安全性的人士，他們會採行能帶來變革的技術，以求大規模地實現目標。但是反之亦然，因為毀滅性勢力將會獲得前所未見的能力。因此，政府與社會所面對的核心難題在於如何將個人、集體與國家秉賦互相融合，進而催生可永續的安全性、繁榮與希望。[869]

就策略與技術而言，復原力意味著許多不同要素，例如多層的防禦、隔離、備援等等。我們也需要能以社會的型態復原。網路攻擊造成的許多傷害都在於心理層面。俄羅斯兩度讓烏克蘭斷電，於是現在烏克蘭人民必須接受當地供電脆弱易壞的事實。若電網的復原力更高，社會的復原力也會更高。

我們可以預防某些攻擊，不過對於其餘攻擊，我們得在發生攻擊後才能察覺並做出回應，這段流程是讓我們實現復原的方式。在十五年前就是如此，而且現在其實更是如此。

去除武裝的網際網路

在第四章裡，我指出大家正身處在一場網路軍備競賽中。軍備競賽向來需要龐大資金。此外，因為我們對敵人的能力一無所知，並且也害怕敵人的能力比我們更為高超，所以我們的無知與恐懼亦會對軍備競賽火上加油。這種無知與恐懼的心態在網路空間中會進一步放大。記得美國耗費了多少苦心試圖辨別伊拉克的核武與化學武器能力嗎？網路能力更容易隱瞞。

網路軍備競賽會從兩方面傷害我們的社會。首先，網路軍備競賽會確保網際網路＋的不安全性質能繼續留存，因此會直接降低我們的安全性。只要有國家需要可用於網路武器的漏洞，而且願意自行找出漏洞或從他人手中購買漏洞,那麼就會存在無法得到修補的漏洞。

　　其次,網路軍備競賽提高了網路戰的爆發機率。武器央求著讓人使用,而且世上的武器愈多,受到使用的風險就愈高。第四章曾探討到網路武器的固有特性是效果會隨時間消逝,因此容易吸引人使用。由於戰場準備行動本質屬於進攻行為,會提高報復的機率,即使報復是因誤會而起亦然。此外,責任歸屬能力的差距提高了發生誤會與刻意欺瞞的可能性,尤其是私下不清楚美國情報能力的國家更容易如此。

　　我們需要致力去除網際網路的武裝。這聽來似乎是不可能達成的任務,而且就現今的地緣政治情勢而言,可能非常難以辦到。但長期而言,那勢必能成為可實現的目標。這是唯一能邁向永續未來的途徑。

　　我們可以從不再使用軍事譬喻形容網路安全性開始。例如若將網路安全性的概念描述為公共衛生或汙染問題,可望讓大家轉為尋找不同類型的解決方案。紐約網路專案小組在二〇一七年的報告中,建議政府可對網際網路服務供應商的有害「排放物」徵稅,例如惡意軟體、分散式阻斷服務流量等等,甚或可實施某種排汙交易制度。在竭力處理網際網路＋的國際安全性議題時,或許關於汙染的國際法會是有用的對照概念。[870-871]

　　此外,比以上兩點更重要的是我們需要積極建立和平的網際網路＋環境。面對愈來愈近似軍事用語的網路相關詞彙,大家提出了「網路和平」一詞作為替代用語。印第安納大學的網路安全法律教授沙克爾福德(Scott Shackelford)提出以下看法,嘗試定義這個模糊的詞彙：

> 「網路和平」並非意味著不存在攻擊行為或利用行為，這種不存在攻擊行為或利用行為的概念可稱為「負面網路和平」。「網路和平」反而意味著一種具有多層體系的網路，網路內的體系能釐清適用於公司與國家的常規，以協助減少網路空間內的衝突、犯罪與間諜相關風險，並使風險降低至類似其他商業與國家安全風險的程度，這些體系的協同運作將能協助在全球促成公正且永續的網路安全性。我們可透過多中心夥伴關係齊力合作，並在全心投入的個人與機構的領導之下，為「正面網路和平」奠定基礎，以求在網路戰爆發之前即先阻止戰爭。在正面網路和平的環境中，人權皆獲得尊重、網際網路的存取途徑四散遠播，並且可透過促成多方利害關係人攜手合作，進而強化治理機制。[872]

政治學家羅芙（Heather Roff）對此表示贊同，並且主張「網路和平必須以正面和平的概念為基礎」，而正面和平的概念可根據四項要素「消除暴力的結構型態」，那四項要素為「社會、信任、治理與自由的資訊流」。[873]

從某些角度看來，這聽來有些像網際網路領域的聯合國安全理事會，因此我們可以汲取聯合國安全理事會的成功與失敗教訓。這是值得一試的目標，也是我們應致力的方向。

從更為即時的較小範疇來看，我們現在就可採取某些方法促成更公正、平等的網際網路環境。雖然美國和其他西方民主國家存在各種政府與企業的監控問題，雖然我不斷描述到正逼近我們生活與自由的各種危機，但是我們也必須謹記在埃及、衣索比亞、緬甸與土耳其等等國家中，有幾十億人口享有的數位自由遠不及我們的項背，而且他們在使用網際網路時，需要承擔比我們更為嚴峻的風險。

我目前在名為「Access Now」的組織擔任董事會成員。本組織的宗旨是為全球面臨險境的使用者捍衛並擴展其數位權利。我們提供的其中一項服務是「數位安全熱線」（Digital Security Helpline），可向在網際網路上受到監視與攻擊的公民社會民眾提供即時的科技協助。我們也為全球的政府提案提供政策分析與倡議、在不同國家中推動改訂政策，並且召開年度大會探討數位時代的人權。

撰寫本書時，我一直謹記著本組織及其種種努力。我所探討的問題與解決方案皆以全球的自由民主環境為主。若某個國家會利用網際網路來追尋並逮捕異議分子，或逮捕向異議分子提供安全性訓練的人士等等，本書中的問題與解決方案就不是那麼適用了。即便如此，我提出的建議仍能對這類國家帶來正面影響，雖然可能只有民主國家會徹底依循這些建議。在此同時，尚有許多類似 Access Now 的組織正努力改善全球的數位權利，例如奈及利亞的典範行動、黎巴嫩的社群媒體交流會、肯亞的肯亞資訊與通信科技行動網、智利的數位權利組織等等。

世人常說網際網路是社會均衡工具，這相當公允地描繪出網際網路的特性。網際網路能流傳並強化重要的構思與人類理想，也能跨越國界，搭起人與人之間的橋梁。網際網路激勵了尋求更多自由與更佳未來的人士，並且讓他們有能力領導展開許多街頭革命。誰知道網際網路＋可能還具有哪些正向潛力呢？當然，網際網路也藏有黑暗的一面，本書的大部分內容都在探討潛伏於黑暗之中的問題。不過，就像人類大多數的努力一樣，我們需要繼續不懈地耕耘，以將新興的網際網路＋塑造為媒介，讓信任、安全性、復原力、和平與正義等人類理想得以成真。

結論

讓科技與政策相輔相成

　　現在請回頭想想本書一再提起的三種情境。第一種是攻擊電網的網路攻擊；第二種是透過遠端駭客行動侵入連網車輛；第三種是利用遭駭的生物印表機複製致命病毒，所造成的「點這裡以害死所有人」情境。過去已發生了第一種情境的案例，也證明了人有能力實現第二種情境，第三種情境則尚待觀察。

　　安全性專家基爾曾警告：「能賦予我們所需一切的科技，也能奪走我們手中的一切。」網際網路為社會帶來的益處一直不勝枚舉，未來也會繼續造福我們。網際網路從諸多層面讓我們的生活轉往好的方向發展。雖然至今只過了幾十年的時間，但我們已難以想像重回過去的生活。未來網際網路＋的發展會創造更多變革，例如感測器與控制器、演算法與資料、自主性與網路實體系統、人工智慧與機器人等等，各式各樣的技術都會出現進展。這些進展會讓未來社會變成現代人不認識的模樣，就像啟蒙運動前的歐洲人會覺得現代社會陌生難辨一樣。若能活在那種時代裡就太棒了，所以我相當欣羨眼前有著更長遠未來的年輕世代。[874]

　　但是風險和危險會帶來的變革也一樣多。網際網路＋能直接透過有形方式影響世界，而那些影響有大有小。若將萬物都連接至複雜的單一超連結系統，風險很快就會變得十分嚴重。

此外，我們的所有法律、規則與常規都是立基於良善的網際網路上。但網際網路的本質已改變，這是我們必須藉由敦促政府採取行動來因應的現實。

我的悲觀看法有部分來自世人推斷技術的方式。我們常會根據現今環境進行推斷，而且只在其中做出少數幾個大幅度的更動。我個人最喜愛舉的例子是一九八二年的電影《銀翼殺手》。這部電影裡的機器人已極度先進，所以必須使用特殊設備才能識別機器人。然而當哈里遜·福特飾演的戴克（Deckard）想跟某個機器人見面時，卻是用投幣式公用電話聯繫，這是因為當時的人還無法想像出手機。[875]

面對技術變遷，我們也常會高估其短期效果，同時卻低估其長期效果。例如早期使用網際網路時，許多人都認為網際網路可用來買賣，卻沒有人預料到會出現 eBay。許多人都了解朋友可利用網際網路來保持聯絡，卻沒有人預料到會出現 Facebook。一次又一次地，我們雖然能推想出新技術可立即派上用場的用途，卻無法掌握新技術未來會以何種樣貌出現在社會裡。在個人數位助理、機器人，以及比特幣、人工智慧與無人車等區塊鏈技術中，我都看到了相同情況。[876]

以上一切意味著我們易於落入技術決定論的陷阱。我可以輕鬆描繪出目前的安全性進展軌跡，但我不知道在未來三年、五年或十年裡，會出現哪些變革性的新發現與創新技術。我無法預測電腦科學在根本層面上會出現哪些進展，使攻擊與防禦間的均衡狀態發生無法挽回的轉變。我無法預測人類可能會發明其他哪些技術，使網際網路＋

的安全性發生深遠變化。我無法預測可能會發生何種社會與政治變遷，進而使本書提及的風險變得較不重要或較易於應付，甚或完全無關緊要。未來從根本上就難以想像，因此我們大家都無法想像出未來的情境。

但是我相信，網際網路＋安全性的解決方案不會來自過往，而會出現在我們眼前的將來。同時我相信，相較於透過限制排除問題，若能透過妥善規畫來對應問題，可望大幅提升克服問題的機率。雖然我在第六章提出了多項建議，但若解決方案需要對電腦、網際網路或本書討論的任何技術的普及性大幅設限，這類解決方案即可能無法成功。由於這些技術能帶來極大益處，我們現今的目光又極為短淺，因此大家都不願讓任何事物阻礙那些益處。

我們必須挹注資源以進行更多研究、提出更多構思與創意，並且研發更多科技。無論是意義重大的漸進式構想，或是革命性的深遠構思，我們從不缺乏各式想法。雖然我不清楚會出現何種解決方案，但我可以很有自信地確定存在解決方案。

例如在人工智慧與機器學習的技術中，我就看到了無窮潛力。簡而言之，攻擊比防禦容易的原因，有部分在於攻擊者能夠決定攻擊行動的本質。他們可運用人類與電腦的集合優勢，並且瞄準人類與電腦相對較脆弱之處進行攻擊。無論是在進攻或防禦層面上，人工智慧技術都可望改變這種電腦與人類之間的均衡狀態。如此就能削減攻擊者透過速度、意外性與複雜性所獲得的相對優勢。[877]

我的悲觀看法較多是源自美國大眾無法認為美國政府是世上的良善力量。審視目前的網際網路安全性情勢時，我發現打造出眼前環境的推手是追求最大利潤的企業決策，以及政府對保護全體人民的監管職責棄而不顧的做法。我看到大眾面對新連網技術亮眼出眾的能力時深感著迷，但我也看到大眾在考量這一切對社會帶來的龐大深遠反響時，顯得疏忽大意。我們目前的安全性水準由市場決定，但我知道這種安全性水準不足以因應網際網路＋環境，我也希望自己先前已證明這一點。

因此我才會花這麼多時間思考公共政策，我希望能在危機爆發前先準備好提案。若發生危機，美國國會將需要有所行動，而且想必會採用錯誤的三段論概念：「我們必須實施某種行動；這就是該做的行動；所以我們必須實施這項行動。」我們應在有時間慢慢地仔細作業，且尚未發生任何災難之前，即先探討何謂良好的網際網路＋政策，這點相當重要。

我在本書中主張應由良善的政府從事良善的行動。這或許是個難以論證的主張，而且政府非常可能無法帶來任何效用，甚至造成傷害，但我找不到其他選擇。若美國政府跟美國至今的大多數決策一樣，選擇放棄自己的責任，最後將會造就不安全的網際網路＋環境，並且只能滿足短期的商業利益與軍事利益。

雖然本書中的許多論調顯得悲觀，不過我對網路安全性的長遠情勢倒是感到樂觀。我們最終將能解決這些問題。

俾斯麥（Otto von Bismarck）曾評論：「政治是創造可能性的藝術。」我則想這麼響應他的話：「技術是創造可能性的科學。」不過，政治與科技提供的可能性各不相同。為了充分理解這一點，我們必須先體認到政治家和科技人員對「可能性」的定義其實大相逕庭。

身為科技人員，我希望能得出問題的正確答案或最佳解決方案。另一方面，政治家走的是務實路線，他們尋找的不是正確做法或最佳做法，而是實際可以達成的目標。[878]

今日的科技和政策彼此緊密交織，無法分離。我先前刻畫的各種情境，從扮演肇因的科技與經濟趨勢，到可作為解決方案的必要政治變動等等，都來自我多年參與開發網際網路安全性技術與政策的經驗。能理解科技和政策兩者是關鍵所在。

過去幾十年來，我們曾看到許多存在誤導的網際網路安全性政策建議。例如聯邦調查局堅持電腦裝置應採用方便政府存取的設計，藉此排除他們討厭的「進入黑暗」問題。或是政府在決定要揭露並修補漏洞，或利用漏洞攻擊其他系統時，採用的漏洞裁決程序。此外，無紙化的觸控螢幕投票機無法產生令人信服的選舉結果及《數位千禧年著作權法》等等，都屬於這類事例。如果各位曾追蹤過相關人士對上述任何政策展開的論戰，就會聽到政策制定者與科技人員之間各說各話。

我在第六章、第七章、第八章與第九章中已提過這類情形，也就是許多絕佳概念都不會在近期實現。在第十一章中則說明了相對的情形，也就是科技知識貧乏的政策制定者可能會如何讓情勢進一步惡化。

就算網際網路＋不會讓所有上述問題惡化，也會讓大多數問題加劇。華府與矽谷間的隔閡日益擴大，這種政府跟科技公司之間互不信任的情況相當危險。隨著電腦安全問題蔓延至其他產業，未來在科技與政策之間，以及科技人員和政策制定者之間，也會出現類似的斷層。英國律師波姆（Nick Bohm）生動描繪了這種情境：「律師和工程師的主張只會像憤怒的鬼魂般直接穿過對方的身體，無法留下影響。」[879]

這種隔閡不是新出現的情勢。愛沙尼亞總統伊爾韋斯（Toomas Hendrik Ilves）在二〇一四年的慕尼黑安全會議演講中曾評述：

斯諾（C. P. Snow）在五十五年前的〈兩種文化〉（The Two Cultures）一文中曾診斷出一項問題，那就是科學技術傳統與人文主義傳統之間缺乏對話，而我認為現今大眾面臨的許多問題，其實正是那項問題的極致表現。斯諾撰寫這篇經典文章時，曾惋惜地指出兩種文化都無法了解或影響彼此。現在，在缺乏對根本問題的了解，也缺乏探討自由民主發展的文章之下，電腦高手設計出更高明的方法來追蹤他人……那只是因為他們可以辦到，而且這麼做很酷。另一方面，人文主義者不了解基礎科技，而且深信追蹤元資料即代表政府會閱讀他們的電子郵件。

斯諾筆下的兩種文化不但不會彼此溝通，而且還會假裝對方根本不存在。[880]

一九五九年的人或許可以接受這種情形，因為當時的科技與政策較少對彼此造成影響，或是像現在一樣密切互動，但現今已完全不同。科技領域的不幸事故可能會造成災難般的下場。我們已經邁入險境。政策制定者和科技人員需要並肩合作，他們需要了解彼此的語言、互相指導。

實現這項目標的解決方案由兩個部分組成。第一，政策制定者需要了解科技。在我的幻想世界裡，政策的決策過程就像《銀河飛龍》裡的過程一樣。大家圍坐在會議桌旁，由科技人員向畢凱艦長（Captain Picard）解釋資料的意義與科學層面的事實。畢凱艦長聆聽人員的說明，並在考量現實條件與自己的看法之後，再根據得知的科學和技術資訊做出政策決策。

然而現實世界中的運作方式卻不是如此。我們太常看到政策制定者不了解科學與技術，也太常看到他們已抱有自己的議題與先入為主的觀念，試圖迫使科學配合自己的想法；政策制定者有時甚至還會誇耀自己對技術知之甚少。而說客通常樂於配合不同的政策，提供假的科學概念。此外，政策制定者身上已背滿了各種義務，因此沒有時間充分理解擺在自己面前的資訊。

我在第十一章曾提到澳洲嘗試立法在安全性系統中建置後門。前澳洲總理滕博爾（Malcolm Turnbull）在二〇一七年回答記者問題時表示：「我可以向各位保證在澳洲境內皆以澳洲的法律（law）為準。雖然數學定律（law）非常值得敬佩，但唯一能在澳洲適用的法律，就是澳洲法律。」當然，上述言論錯誤到可笑的地步，因此也合理地廣受眾人嘲弄。畢竟當澳洲法律和數學定律互相牴觸時，永遠都會以數學定律為準。[881]

同樣地，我認為對於那些裝滿個人資訊的企業大型資料庫造成的風險，或是駭客與民族國家加諸在重要基礎設施上的威脅，大多數政策制定者都未能完全理解。我認為對於我在第一章列舉的電腦安全性基本概念，或是在第二章和第三章中討論的失敗事例，他們也不甚了解。

政策必須將數學、科學與工程都納入考量。政策不應假定任何事物為真，反之亦然。政策不可強制讓任何事物成真，反之亦然。在我看來，政策是可用於對應電腦安全性問題的主要機制。所有安全性政策議題都會包含重大的科技要素，但若政策制定者對科技的理解錯誤，就永遠無法制定正確的政策。這不代表我們得讓政策制定者都成為科技專家，而是應確保政策制定者能透過某個科技機構獲得協助，藉此理解科技人員，並做出科技相關決策。無知已不再是可能的選項。

雖然政策制定者理解科技至關重要，但是仍然不夠。為了解決科技和政策間的隔閡，解決方案的第二部分是讓科技人員參與政策。當然不需要讓所有科技人員都投入，不過我們需要有更多科技人員投身追求公共利益，就像下列人士一樣。

斯威尼（Latanya Sweeney）在哈佛大學負責執掌資料隱私實驗室，她是哈佛的政府與科技教授。斯威尼可能是去匿名化領域中最優秀的分析師，她經常論證各種不同的匿名技術為何無法奏效。她也公開指出網際網路演算法內所存在的偏見，並且對隱私技術貢獻良多。斯威尼曾在二〇一四年於聯邦貿易委員會擔任了一年的技術長。[882-884]

蘭多目前是塔夫斯大學的網路安全性教授，她是密碼學家暨電腦安全性科技人員，曾在昇陽電腦（Sun Microsystems）和 Google 工作。現在，蘭多顯然是最出色的思想家暨溝通者，能說明就聯邦調查局擔憂的「進入黑暗」問題而言，普遍加密的價值何在。她曾撰寫相

關書籍與文章，並在國會對普遍加密的主題作證。[885-886]

費爾頓（Ed Felten）是普林斯頓大學的電腦科學教授，他已針對多種不同領域內的安全性從事了大量研究。費爾頓最為人熟知的研究可能是對電子投票機安全性所做的分析。他在二〇一〇年獲派擔任聯邦貿易委員會的技術長，並且曾在二〇一五年至二〇一七年期間擔任美國副首席技術長。[887]

我可以在本章寫滿眾多人士與其經歷，例如索爾塔尼、羅馬諾（Raquel Romano）、索霍安（Chris Soghoian）等等。然而，雖然這些傑出人士在初期即已選擇從科技職務轉入安全性政策規畫領域，我們的需求卻遠多於此。科技人員需要從各個層級融入政策，不能只擔任最顯而易見的職務。他們需要成為立法人員、新聞人員、智庫的政策專家，並且需要進入監管機關與非政府的監督組織。相較於現在，我們需要有更多科技人員投入政策事務。

現在已有讓科技人員擔任政策相關職位的方案。新美國智庫設有「科技國會」（TechCongress）研究員計畫，藉此讓科技人員加入美國國會職員的行列。「開放網路研究員」計畫（Open Web Fellowship program）則是讓科技人員進入非營利組織的計畫。該計畫目前將焦點放在致力保護開放網際網路的組織上，而更廣泛的重點則在於滿足網際網路政策議題的公共利益。

其他某些計畫則企圖讓科技成為政策的助力。美國程式代碼組織著重於將擁有工程與其他技術能力的人員安插至地方政府內，以求對系統的設計和實施方式帶來影響。

電子前哨基金會是我擔任董事會成員的另一個組織，此組織長年來不斷將科技與政策專業知識彼此融匯，而我曾擔任董事會成員的電子隱私資訊中心也是一樣。美國公民自由聯盟透過「言論、隱私與科技」（Speech, Privacy, and Technology）專案，將關注焦點放在新科技對公民自由造成的衝擊上。雖然比我期盼的慢了許多，不過其他如人權觀察組織、國際特赦組織等組織也開始踏入這個領域。[888]

許多大學現在都提供融合科技與政策的跨領域學位學程。麻省理工學院設有「網路政策研究行動」（Internet Policy Research Initiative），學生可透過提供的課程，以統整的方式了解科技與公共政策。喬治城大學法律中心則設有隱私和科技中心。此外，許多學校都提供法律與科技的雙聯學位。我在哈佛大學甘迺迪政府學院教授的課程，即屬於哈佛大學數位 HKS（Digital HKS）專案的一部分。[889-892]

這些都是非常良好的方案，但仍都屬於例外。我們需要為公共利益技術人員建立可行的職涯路徑。我們需要融合科技和政策的課程與學位學程。在需要這類技能的組織內，我們需要設立實習與研究員制度及全職職位。我們需要科技公司為希望探索這種職涯路徑的員工提供學術休假，並且在員工返回商界後，珍視他們所獲得的政策相關經驗。我們需要為加入這塊領域的新手建立職涯路徑，確保他們即使無法賺到媲美高科技新創公司的薪水，卻能夠擁有光明燦爛的職業前景。在這個透過網路相連的電腦化社會中，社會的安全性等同於我們自己、家庭、住家、商業與社區的安全性，而這些安全性皆需要仰賴上述行動。[893]

就此而言，公共利益法可作為良好的榜樣。在七〇年代初期，真的缺乏這類規定。但是在福特基金會及其他慈善事業決定支援剛起步的公共利益法法律事務所後,投入此領域的律師人數就開始飆升。在六○年代末,美國有九十二個公共利益法中心;而在二○○○年,則有上千個公共利益法中心。現在,哈佛法學院的畢業生中有20%會直接進入公共利益法領域,而不是選擇法律事務所或企業作為職涯起點。公共利益法的經歷不但備受重視,而且無論這些律師接下來朝哪個方向邁進,這段經歷對他們的職涯都同樣有益。[894-897]

電腦科學則不盡然。實際上,哈佛大學或其他大學的畢業生都不會投入公共利益科技領域。程式設計師與工程師一般不會考慮這條職涯路徑。我並不是在指責學生不對,而是目前沒有任何公共利益職務能提供給這些學生,公共利益領域的經歷也不會成為他們履歷表上的重點。

這股期盼結合科技與政策的需求已超越了安全性領域。未來在二十一世紀中,幾乎所有重大政策辯論都會涉及科技。無論辯論的主題是大規模毀滅性武器、機器人、氣候變遷、食物安全或無人機,若要了解政策,即需要了解相關的科學與技術。如果無法讓更多科技人員投入政策規畫,最後我們將會獲得不良的政策。

就更為一般性的角度而言,我們需要開始針對道德、倫理與政治層面做出決策,進而決定網路網路+應有的運作方式。在我們建立的這個環境裡,程式設計師享有天賦權利,能透過編寫程式碼將環境打造為自己想望的模樣,而且若他們在過程中造成任何傷害,還能獲得補償。大家願意接受這種情形,是因為過去程式設計師的決定不是那麼重要。不過,現在他們的決策已變得舉足輕重,因此我認為需要終止這種特權。

各位讀者可以協助實現這項目標。我們一直對科技帶來的璀璨前途倍感著迷，但卻未能事先料想到相關問題。我希望過去幾年來的新聞事件及本書的內容，已經改變了大家的想法。現在，我們必須反抗現況。我們可以鼓勵當選官員認真看待相關威脅，或是將網際網路＋安全性與隱私作為競選議題。如果我們自己不在乎這類問題的話，我們的領導者也不會放在心上。

網際網路＋即將到來，雖然我們幾乎不曾預先深思、規畫或安排，但網際網路＋同樣會到來。它會透過只存在於想像中的方式，以及我們尚無法想像的各種方式，改變周遭一切。網際網路＋也會改變安全性。未來的自主性將會提升、現實世界受到的影響將會增加、終止手段會減少，而風險則會大幅攀升。

網際網路＋降臨的速度會比大多數人以為的更快，而且勢必會快到我們無法利用現有工具預做準備。我們需要做得更好。我們需要搶在前頭。我們需要開始做出更妥善的選擇。我們需要開始建置跟威脅同樣頑強的安全性系統。我們需要能適當因應威脅、經濟與大眾心理的法律和政策，而且不會因科技變遷而過時。

唯一可實現這項目標的途徑，是讓科技人員和政策制定者齊聚在那間虛構的《銀河飛龍》簡報室中，合力找出解決方案，而時間就是現在。

謝辭

出版十多本書後，各位可能以為我現在相當擅長寫書。即便如此，每本書仍不盡相同。完成《隱形帝國》後，我太快著手撰寫本書，因此剛開始失敗了好幾次。我在二〇一七年夏天開始撰寫各位剛讀完的這本書，隨後在二〇一八年三月將本書付梓。

我近期的著作都由一組菁英團隊經手處理，本書也獲得他們全員合力支援。賽德爾（Kathleen Seidel）是卓越的研究人員，能從宏觀與微觀角度鑑別散文寫作。芙里曼（Beth Friedman）幫我審稿的時間至今已有二十年，她了解我這個人和我的寫作風格，如果沒有她幫忙的話，我真不知道該如何妥善因應相關事務。芙里曼不只會在我將稿件交給出版社前幫忙編輯內容，還負責跟出版社內部的審稿人員接洽，幫我省去這些作業。最後是同樣珍貴的成員凱絲勒（Rebecca Kessler），她在著書階段後期協助進行亟需的開發編輯作業。除了以上三位之外，還有在後期加入的曼絲泰德，她提供了額外的研究內容與彙總資訊。

許多人都曾幫忙閱讀完整或部分的原稿初稿，並且提供了不同意見。他們所發現的每個錯誤，或提醒我注意的模糊概念，都讓本書變得更好。亞當梅、安德森、貝斯、麥可・布倫南、布魯斯、沙雷特、戴維斯、多納斯、艾琳森、愛楊、法爾可、費瑞爾、福塞克、弗里舒曼、岡森、格里菲、戈德史密斯、顧德溫、格蘭特、哈博、赫爾德、何爾、埃森特、賈夫、凱爾、艾略特·金、夏京、科恩、柯斯堤雅克、克雷、里西萊特、麥當納、米斯勒爾、蒙特維爾、內瑟里、歐布萊恩、潘恩、裴利、羅素、馬丁·施奈爾、西奈、索伯、所羅門—史特勞斯、施皮納、泰勒、范查德霍夫、維許瓦納斯、華生、韋柏、惠勒以及維茨納，都曾提供一臂之力。若說有了他們的協助才讓本書更臻完善，絕不是誇大其詞。

諾頓出版向來是最優異的出版公司，在此我要感謝原任編輯什里夫，以及在什里夫離職後接任編輯的柯瑞。什里夫與我簽訂了時程緊迫的合約，當我因手忙腳亂而錯過原本期限時，他仍極有耐性地等待。我知道說編輯不曾對我失去信心聽來十分老套，而且老實說，我也不清楚什里夫那時在想什麼，但他曾**聲明**自己從未對我失去信心。而即使我提議欲先退回預付款，諾頓出版也從未收回款項。柯瑞面對的問題就沒有那麼多了。他開始擔任編輯時，我已確實有了進展。柯瑞在出書過程中展現了楷模般的工作風範，特別是面對我持續要求諾頓出版縮短出版作業時間之際，更是妥善對應。

同樣地，拉比娜一直是最出色的經紀人。如果只是要協商合約，任何人都可以辦到。但我總是驚訝地發現原來有人幫忙在我與出版社之間進行協商，其實是十分重要的一件事。

我也要感謝哈佛大學，特別是伯克曼網際網路與社會研究中心、貝爾福科學和國際事務研究中心的網路安全性專案，以及哈佛甘迺迪政府學院全體。他們為我提供了撰文、演講與教學的棲身之處。在這些機構內的同僚和朋友都是我的珍寶，本書的每一處都融入了他們的想法和理想。在劍橋，我要感謝我的主要雇主 Resilient Systems 公司（後來成為 IBM Resilient，近期將隸屬於 IBM Security 下），他們給予我自由，讓我能撰寫並出版本書。

最後，我想要感謝與我結縭二十一年的妻子庫柏以及所有朋友與同僚，謝謝大家能在我撰寫本書時包容我的言行舉止。我常會對書籍原稿產生過度依存的心態。當原稿看來不錯時，我也不錯。當原稿出現問題時，我就不開心。就像所有書籍一樣，本書也有順利的時候。在此誠心感謝大家的耐性與體諒。

注釋

前言：萬物正逐漸成為電腦

1. Andy Greenberg (21 Jul 2015), "Hackers remotely kill a Jeep on the highway— with me in it," *Wired*, https://www.wired.com/2015/07/hackers-remotely-kill-jeep- highway, https://www.youtube.com/watch?v=MK0SrxBC1xs（影片）

2. Andy Greenberg (1 Aug 2016), "The Jeep hackers are back to prove car hacking can get much worse," *Wired*, https://www.wired.com/2016/08/jeep-hackers-return-high- speed-steering-acceleration-hacks

3. Ishtiaq Rouf et al. (12 Aug 2010), "Security and privacy vulnerabilities of in-car wireless networks: A tire pressure monitoring system case study," *19th USENIX Security Symposium*, http://www.winlab.rutgers.edu/~Gruteser/papers/xu_tpms10.pdf

4. Jim Finkle and Bernie Woodall (30 Jul 2015), "Researcher says can hack GM's OnStar app, open vehicle, start engine," *Reuters*, http://www.reuters.com/article/us- gm-hacking-idUSKCN0Q42FI20150730

5. Ishtiaq Rouf et al. (12 Aug 2010), "Security and privacy vulnerabilities of in-car wireless networks: A tire pressure monitoring system case study," *19th USENIX Security Symposium*, http://www.winlab.rutgers.edu/~Gruteser/papers/xu_tpms10.pdf

6. Kim Zetter (16 Jun 2016), "Feds say that banned researcher commandeered plane," *Wired*, https://www.wired.com/2015/05/feds-say-banned-researcher-commandeered- plane

7. Sam Grobart (12 Apr 2013), "Hacking an airplane with only an Android phone," *Bloomberg*, http://www.bloomberg.com/news/articles/2013-04-12/hacking-an- airplane-with-only-an-android-phone

8. Calvin Biesecker (8 Nov 2017), "Boeing 757 testing shows airplanes vulnerable to hacking, DHS says," *Aviation Today*, http://www.aviationtoday.com/2017/11/08/boeing-757-testing-shows-airplanes-vulnerable-hacking-dhs-says

9. Kim Zetter (12 Jun 2017), "The malware used against the Ukrainian power grid is more dangerous than anyone thought," *Vice Motherboard*, https://motherboard.vice.com/en_us/article/zmeyg8/ukraine-power-grid-malware-crashoverride-industroyerKevin Poulsen (12 Jun 2017), "U.S. power companies warned 'nightmare' cyber weapon already causing blackouts," *Daily Beast*, https://www.thedailybeast.com/newly-discovered-nightmare-cyber-weapon-is-already-causing-blackouts

10. Kim Zetter (3 Mar 2016), "Inside the cunning, unprecedented hack of Ukraine's power grid," *Wired*, https://www.wired.com/2016/03/inside-cunning-unprecedented-hack-ukraines-power-grid

11. Jim Finkle (7 Jan 2016), "U.S. firm blames Russian 'Sandworm' hackers for Ukraine outage," *Reuters*, https://www.reuters.com/article/us-ukraine-cybersecurity-sandworm/u-s-firm-blames-russian-sandworm-hackers-for-ukraine-outage-idUSKBN0UM00N20160108

12. C&M News (24 Jun 2017), "Watch how hackers took over a Ukrainian power station," *YouTube*, https://www.youtube.com/watch?v=8ThgK1WXUgk

13. Dragos, Inc. (13 Jun 2017), "CRASHOVERRIDE: Analysis of the threat to electric grid operations," https://dragos.com/blog/crashoverride/CrashOverride-01.pdf

14. 這是 Nicholas Weaver 提出的論點。Nicholas Weaver (14 Jun 2017), "A cyber-weapon warhead test," *Lawfare*, https://www.lawfareblog.com/cyber-weapon-warhead-test

15. 此行動取名為「Dragonfly」。Security Response Attack Investigation Team (20 Oct 2017), "Dragonfly: Western energy sector targeted by sophisticated attack group," *Symantec Corporation*, https://www.symantec.com/connect/blogs/dragonfly-western-energy-sector-targeted-sophisticated-attack-group. Nicole Perlroth and David Sanger (15 Mar 2018), "Cyberattacks put Russian fingers on the switch at power plants, U.S. says," *New York Times*, https://www.nytimes.com/2018/03/15/us/politics/russia-cyberattacks.html

16. Christopher Meyer (8 Feb 2017), "This teen hacked 150,000 printers to show how the Internet of Things is shit," *Vice Motherboard*, https://motherboard.vice.com/en_us/article/nzqayz/this-teen-hacked-150000-printers-to-show-how-the-internet-of-things-is-shit

17. Carl Straumsheim (27 Jan 2017), "More anti-Semitic fliers printed at universities," *Inside Higher Ed*, https://www.insidehighered.com/quicktakes/2017/01/27/more-anti-semitic-fliers-printed-universities

18. Jennifer Kite-Powell (29 Oct 2014), "3D printed virus to attack cancer cells," *Forbes*, https://www.forbes.com/sites/jenniferhicks/2014/10/29/3d-printed-virus-to-attack-cancer-cells/#7a8dbddb104b. Katie Collins (16 Oct 2014), "Meet the biologist hacking 3D printed cancer-fighting viruses," *Wired UK*, https://www.wired.co.uk/article/andrew-hessel-autodesk

19. University of the Basque Country (28 Jan 2015), "Pacemakers with Internet connection, a not-so-distant goal," *Science Daily*, https://www.sciencedaily.com/releases/2015/01/150128113715.htm

20. Brooke McAdams and Ali Rizvi (4 Jan 2016), "An overview of insulin pumps and glucose sensors for the generalist," *Journal of Clinical Medicine* 5, no. 1, http://www.mdpi.com/2077-0383/5/1/5. Tim Vanderveen (27 May 2014), "From smart pumps to intelligent infusion systems: The promise of interoperability," *Patient Safety and Quality Healthcare*, http://psqh.com/may-june-2014/from-smart-pumps-to-intelligent-infusion-systems-the-promise-of-interoperability

21. Pam Belluck (13 Nov 2017), "First digital pill approved to worries about biomedical 'Big Brother,'" *New York Times*, https://www.nytimes.com/2017/11/13/health/digital-pill-fda.html

22. Diego Barretino (25 Jul 2017), "Smart contact lenses and eye implants will give doctors medical insights," *IEEE Spectrum*, https://spectrum.ieee.org/biomedical/devices/smart-contact-lenses-and-eye-implants-will-give-doctors-medical-insights

23. Brendan Borrell (29 Jun 2017), "Precise devices: Fitness trackers are more accurate than ever," *Consumer Reports*, https://www.consumerreports.org/fitness-trackers/precise-devices-fitness-trackers-are-more-accurate-than-ever

24. Anthony Cuthbertson (12 Apr 2016), "This smart collar turns your pet into a living Tamagotchi," *Newsweek*, http://www.newsweek.com/smart-collar-pet-kyon-tamagotchi-gps-dog-446754

25. Owen Williams (21 Feb 2016), "All I want for Christmas is LG's adorable cat toy," *Next Web*, http://thenextweb.com/gadgets/2016/02/21/all-i-want-for-christmas-is-lgs-adorable-cat-toy

26. Livescribe, Inc.（存取時間 24 Apr 2018）, "Livescribe Smartpens," http://www.livescribe.com/en-us/smartpen

27. Brandon Griggs (22 Feb 2014), "'Smart' toothbrush grades your brushing habits," *CNN*, http://www.cnn.com/2014/01/09/tech/innovation/smart-toothbrush-kolibree. Sarmistha Acharya (23 Feb 2016), "MWC 2016: Oral-B unveils smart toothbrush that uses mobile camera to help you brush your teeth," *International Business Times*, http://www.ibtimes.co.uk/mwc-2016-oral-b-unveils-smart-toothbrush-that-uses-mobile-camera-help-you-brush-better-1545414

28. Diana Budds (9 Nov 2017), "A smart coffee cup? It's more useful than it sounds," *Fast Company*, https://www.fastcodesign.com/90150019/the-perfect-smart-coffee-cup-is-here

29. Phoebe Luckhurst(3Aug2017),"These sex toys and smart hook-up apps will make your summer hotter than ever," *Evening Standard*, https://www.standard.co.uk/lifestyle/london-life/these-sex-toys-and-smart-apps-will-make-your-summer-hotter-than-ever-a3603056.html

30. Samuel Gibbs (13 Mar 2015), "Privacy fears over 'smart' Barbie that can listen to your kids," *Guardian*, https://www.theguardian.com/technology/2015/mar/13/smart-barbie-that-can-listen-to-your-kids-privacy-fears-mattel

31. Stanley（存取時間 24 Apr 2018）, "Smart Measure Pro," http://www.stanleytools.com/explore/stanley-mobile-apps/stanley-smart-measure-pro

32. April Glaser (26 Apr 2016), "Dig gardening? Plant some connected tech this spring," *Wired*, https://www.wired.com/2016/04/connected-gardening-tech-iot

33. Samar Warsi (26 Dec 2017), "A motorcycle helmet will call an ambulance and text your family if you have an accident," *Vice Motherboard*, https://motherboard.vice.

com/en_us/article/a37bwp/smart-motorcycle-helmet-helli-will-call-ambulance-skully-pakistan

34. Christopher Snow (14 Mar 2017), "Everyone's buying a smart thermostat—here's how to pick one," *USA Today*, https://www.usatoday.com/story/tech/reviewedcom/2017/03/14/smart-thermostats-are-2017s-hottest-home-gadget heres-how-to-pick-the-right-one-for-you/99125582

35. Kashmir Hill and Surya Mattu (7 Feb 2018), "The house that spied on me," *Gizmodo*, https://gizmodo.com/the-house-that-spied-on-me-1822429852

36. Rose Kennedy (14 Aug 2017), "Want a scale that tells more than your weight? Smart scales are it," *Atlanta Journal-Constitution*, http://www.ajc.com/news/health-med-fit-science/want-scale-that-tells-more-than-your-weight-smart-scales-are/XHpLELYnLgn8cQtBtsay6J

37. Alina Bradford (1 Feb 2016), "Why smart toilets might actually be worth the upgrade," *CNET*, http://www.cnet.com/how-to/smart-toilets-make-your-bathroom-high-tech

38. Alex Colon and Timothy Torres (30 May 2017), "The best smart light bulbs of 2017," *PC Magazine*, https://www.pcmag.com/article2/0,2817,2483488,00.asp

39. Eugene Kim and Christina Farr (10 Oct 2017), "Amazon is exploring ways to deliver items to your car trunk and the inside of your home," *CNBC*, https://www.cnbc.com/2017/10/10/amazon-is-in-talks-with-phrame-and-is-working-on-a-smart-doorbell.html

40. Adam Gabbatt (5 Jan 2017), "Don't lose your snooze: The technology that's promising a better night's sleep," *Guardian*, https://www.theguardian.com/technology/2017/jan/05/sleep-technology-ces-2017-las-vegas-new-products

41. Matt Hamblen (1 Oct 2015), "Just what IS a smart city?" *Computerworld*, https://www.computerworld.com/article/2986403/internet-of-things/just-what-is-a-smart-city.html

42. Tim Johnson (20 Sep 2017), "Smart billboards are checking you out—and making judgments," *Miami Herald*, http://www.miamiherald.com/news/nation-world/national/article174197441.html

43. 這是本書中仍將「Internet」的「I」寫成大寫的原因，雖然現在大多數的寫作指南已偏向使用小寫的「I」。本書採用的前提條件之一為網際網路是單一的互連網路，也就是其中任何一個部分都會對其他部分造成影響，所以我們亦需要從這個角度著眼，才能對安全性進行適當的探討。

44. Gartner（存取時間 24 Apr 2018），"Internet of Things," *Gartner IT Glossary*, https://www.gartner.com/it-glossary/internet-of-things

45. Gartner (7 Feb 2017), "Gartner says 8.4 billion connected 'things' will be in use in 2017, up 31 percent from 2016," https://www.gartner.com/newsroom/id/3598917

46. Tony Danova (2 Oct 2013), "Morgan Stanley: 75 billion devices will be connected to the Internet of Things by 2020," *Business Insider*, http://www.businessinsider.com/75-billion-devices-will-be-connected-to-the-internet-by-2020-2013-10. Peter Brown (25 Jan 2017), "20 billion connected Internet of Things devices in 2017, IHS Markit says," *Electronics 360*, http://electronics360.globalspec.com/article/8032/20-billion-connected-internet-of-things-devices-in-2017-ihs-markit-says. Julia Boorstin (1 Feb 2016), "An Internet of Things that will number ten billions," *CNBC*, https://www.cnbc.com/2016/02/01/an-internet-of-things-that-will-number-ten-billions.html. Statista (2018), "Internet of Things (IoT) connected devices installed base worldwide from 2015 to 2025 (in billions)," https://www.statista.com/statistics/471264/iot-number-of-connected-devices-worldwide

47. Michael Sawh (26 Sep 2017), "The best smart clothing: From biometric shirts to contactless payment jackets," *Wareable*, https://www.wareable.com/smart-clothing/best-smart-clothing

48. J. R. Raphael (7 Jan 2016), "The 'smart'-everything trend has officially turned stupid," *Computerworld*, http://www.computerworld.com/article/3019713/internet-of-things/smart-everything-trend.html

49. 機器人的傳統定義為能進行感測、規畫與行動的裝置。Robin R. Murphy (2000), "Robotic paradigms," in Introduction to AI Robotics, MIT Press, https://books.google.com/books/about/?id=RVlnL_X6FrwC

50. 我在二○一六年試過稱此為「全球規模網」（World-Sized Web），不過「網際網路＋」一詞更為貼切。Bruce Schneier (2 Feb 2016), "The Internet of

Things will be the world's biggest robot," *Forbes*, https://www.forbes.com/sites/bruceschneier/2016/02/02/the-internet-of-things-will-be-the-worlds-biggest-robot

51. 即使是保守的《經濟學人》，也在二〇一七年發表的社論中表示支持對物聯網裝置施加管制與相關責任。*Economist* (8 Apr 2017), "How to manage the computer-security threat," https://www.economist.com/news/leaders/21720279-incentives-software-firms-take-security-seriously-are-too-weak-how-manage

52. 以下著作對這項主題做了精湛的說明：Alexander Klimburg (2017), The Darkening Web: The War for Cyberspace, Penguin, https://books.google.com/books/about/?id=kytBvgAACAAJ

53. Cambridge Cyber Security Summit (4 Oct 2017), "Transparency, communication and conflict," *CNBC*, https://www.cnbc.com/video/2017/10/09/cambridge-cyber-security-summit-transparency-communication-and-conflict.html

第一部分：趨勢

54. Ankit Anubhav (20 Jul 2017), "IoT thermostat bug allows hackers to turn up the heat," *NewSky Security*, https://blog.newskysecurity.com/iot-thermostat-bug-allows-hackers-to-turn-up-the-heat-948e554e5e8b

55. Lorenzo Franceschi-Bicchierai (7 Aug 2016), "Hackers make the first-ever ransomware for smart thermostats," *Vice Motherboard*, https://motherboard.vice.com/en_us/article/aekj9j/internet-of-things-ransomware-smart-thermostat

56. 不，我不會說出我買了哪個牌子。

57. Kim Zetter (26 May 2015), "Is it possible for passengers to hack commercial aircraft?" *Wired*, http://www.wired.com/2015/05/possible-passengers-hack-commercial-aircraft. Gerald L. Dillingham, Gregory C. Wilshusen, and Nabajyoti Barkakati (14 Apr 2015), "Air traffic control: FAA needs a more comprehensive approach to address cybersecurity as agency transitions to NextGen," *GAO-15-370*, US Government Accountability Office, http://www.gao.gov/assets/670/669627.pdf

58. Andy Greenberg (21 Jul 2015), "Hackers remotely kill a Jeep on the highway—with me in it," *Wired*, https://www.wired.com/2015/07/hackers-remotely-kill-jeep-highway, https://www.youtube.com/watch?v=MK0SrxBC1xs（影片）

59. Liviu Arsene (20 Nov 2014), "Hacking vulnerable medical equipment puts millions at risk," *Information Week*, http://www.informationweek.com/partner-perspectives/bitdefender/hacking-vulnerable-medical-equipment-puts-millions-at-risk/a/d-id/1319873

60. David Hambling (10 Aug 2017), "Ships fooled in GPS spoofing attack suggest Russian cyberweapon," *New Scientist*, https://www.newscientist.com/article/2143499-ships-fooled-in-gps-spoofing-attack-suggest-russian-cyberweapon

61. Colin Neagle (2 Apr 2015), "Smart home hacking is easier than you think," *Network World*, http://www.networkworld.com/article/2905053/security0/smart-home-hacking-is-easier-than-you-think.html

62. 廣告封鎖軟體是人類史上最大的消費者杯葛行動。Sean Blanchfield (1 Feb 2017), "The state of the blocked web: 2017 global adblock report," *PageFair*, https://pagefair.com/downloads/2017/01/PageFair-2017-Adblock-Report.pdf

63. Kate Murphy (20 Feb 2016), "The ad blocking wars," *New York Times*, https://www.nytimes.com/2016/02/21/opinion/ sunday/the-ad-blocking-wars.html

64. Pedro H. Calais Guerra et al. (13-14 Jul 2010), "Exploring the spam arms race to characterize spam evolution," *Electronic Messaging, Anti-Abuse and Spam Conference* (CEAS 2010), https://honeytarg.cert.br/spampots/papers/ spampots-ceas10.pdf

65. Alfred Ng (1 Oct 2017), "Credit card thieves are getting smarter. You can, too," *CNET*, https://www.cnet.com/news/credit-card-skimmers-thieves-are-getting-smarter-you-can-too

66. David Sancho, Numaan Huq, and Massimiliano Michenzi (2017), "Cashing in on ATM malware: A comprehensive look at various attack types," *Trend Micro*, https://documents.trendmicro.com/assets/white_papers/wp-cashing-in-on-atm-malware.pdf

第一章：目前仍難以確保電腦安全無虞

67. Quoted in A. K. Dewdney (1 Mar 1989), "Computer recreations: Of worms, viruses and core war," *Scientific American*, http://corewar.co.uk/dewdney/1989-03.htm

68. Rod Beckstrom (2 Nov 2011), "Statement to the London Conference on Cyberspace,

Internet Corporation for Assigned Names and Numbers (ICANN)," https://www.icann.org/en/system/files/files/beckstrom-speech-cybersecurity-london-02nov11-en.pdf

69. Bruce Schneier (1 Apr 2000), "The process of security," *Information Security*, https://www.schneier.com/essays/archives/2000/04/the_process_of_secur.html

70. Mystic，等級四十。我曾在二〇一七年八月於首爾抓到一隻大蔥鴨之後，到超夢在橫濱推出之前的這段期間，花了約一星期抓到所有角色。後來我在二〇一七年十一月抓到第一隻超夢之後，到十二月推出第三世代之前，又再度抓到了所有角色。我旅行的次數頻繁，所以能到所有地區限定寶可夢的原始所在地抓這些角色。不過我想可能還要再花一些時間，才能抓到第三世代的所有地區限定角色。

71. 我在二〇一七年年底時曾需要馬上更換 iPhone。為了換手機，我啟用了 iCloud，試圖備份手機資料。我不確定到底發生了什麼事，但是 iCloud 把我二十年的行事曆紀錄都刪除了。要不是我曾在稍早備份行事曆，還真不知道該怎麼辦。

72. Roger A. Grimes (8 Jul 2014), "5 reasons why software bugs still plague us," *CSO*, https://www.csoonline.com/article/2608330/security/5-reasons-why-software-bugs-still-plague-us.html. David Heinemeier Hansson (7 Mar 2016), "Software has bugs. This is normal," *Signal v. Noise*, https://m.signalvnoise.com/software-has-bugs-this-is-normal-f64761a262ca

73. 蓋茲在二〇〇二年向所有員工發出了劃時代的「可信任的電腦運算」備忘錄。就在同一年，Windows 的開發作業全面暫停，以讓所有員工接受安全性訓練。該公司在 2004 年推出了首批 Security Development Lifecycle 安全性工具。Abhishek Baxi (10 Mar 2014), "From a Bill Gates memo to an industry practice: The story of Security Development Lifecycle," *Windows Central*, https://www.windowscentral.com/bill-gates-memo-industry-practice-story-security-development-cycle

74. 說句公道話，蘋果在二〇一七年曾發生幾個頗為嚴重的程式問題。Adrian Kingsley-Hughes (19 Dec 2017), "Apple seems to have forgotten about the whole 'it just works' thing," *ZDNet*, http://www.zdnet.com/article/apple-seems-to-have-

forgotten-about-the-whole-it-just-works-thing

75. National Research Council (1996), "Case study: NASA space shuttle flight control software," in *Statistical Software Engineering*, National Academies Press, https://www.nap.edu/read/5018/chapter/4

76. Martha Wetherholt (1 Sep 2015), "NASA's approach to software assurance," *Crosstalk*, http://static1.1.sqspcdn.com/static/f/702523/26502332/1441086732177/201509-Wetherholt.pdf

77. Peter Bright (25 Aug 2015), "How security flaws work: The buffer overflow," *Ars Technica*, https://arstechnica.com/information-technology/2015/08/how-security-flaws-work-the-buffer-overflow

78. Eric Rescorla (1 Jan 2005), "Is finding security holes a good idea?" *IEEE Security & Privacy* 3, no. 1, https://dl.acm.org/citation.cfm?id=1048817. Andy Ozment and Stuart Schechter (1 Jul 2006), "Milk or wine: Does software security improve with age?" in *Proceedings of the 15th USENIX Security Symposium*, https://www.microsoft.com/en-us/research/publication/milk-or-wine-does-software-security-improve-with-age

79. Heather Kelly (9 Apr 2014), "The 'Heartbleed' security flaw that affects most of the Internet," *CNN*, https://www.cnn.com/2014/04/08/tech/web/heartbleed-openssl/index.html

80. Andy Greenberg (7 Jan 2018), "Triple Meltdown: How so many researchers found a 20-year-old chip flaw at the same time," *Wired*, https://www.wired.com/story/meltdown-spectre-bug-collision-intel-chip-flaw-discovery

81. Sandy Clark et al. (6-10 Dec 2010), "Familiarity breeds contempt: The honeymoon effect and the role of legacy code in zero-day vulnerabilities," in *Proceedings of the 26th Annual Computer Security Applications Conference*, https://dl.acm.org/citation.cfm?id=1920299

82. Nate Anderson (17 Nov 2010), "How China swallowed 15% of 'Net traffic for 18 minutes," *Ars Technica*, https://arstechnica.com/information-technology/2010/11/how-china-swallowed-15-of-net-traffic-for-18-minutes

83. 某些大型網路已增添薄弱的安全性功能，不過定義邊界閘道通訊協定的文件明確聲明：「本文件並未探討安全性議題。」Yakov Rekhter and Tony Li (Mar 1995), "A Border Gateway Protocol 4 (BGP-4)," *Network Working Group*, Internet Engineering Task Force, https://tools.ietf.org/html/rfc1771

84. Axel Arnbak and Sharon Goldberg (30 Jun 2014), "Loopholes for circumventing the Constitution: Unrestrained bulk surveillance on Americans by collecting network traffic abroad," *Michigan Telecommunications and Technology Law Review 21*, no. 2, https://repository.law.umich.edu/cgi/viewcontent.cgi?article=1204&context=mttlr. Sharon Goldberg (22 Jun 2017), "Surveillance without borders: The 'traffic shaping' loophole and why it matters," *CenturyFoundation*, https://tcf.org/content/report/surveillance-without-borders-the-traffic-shaping-loophole-and-why-it-matters

85. Jim Cowie (19 Nov 2013), "The new threat: Targeted Internet traffic misdirection," *Vantage Point*, Oracle + Dyn, https://dyn.com/blog/mitm-internet-hijacking

86. Jim Cowie (19 Nov 2013), "The new threat: Targeted Internet traffic misdirection," *Vantage Point*, Oracle + Dyn, https://dyn.com/blog/mitm-internet-hijacking

87. DanGoodin(13 Dec 2017),"'Suspicious'eventroutestraffic for big-name sites through Russia," *Ars Technica*, https://arstechnica.com/information-technology/2017/12/suspicious-event-routes-traffic-for-big-name-sites-through-russia

88. Dan Goodin (27 Aug 2008), "Hijacking huge chunks of the internet: A new How To," *Register*, https://www.theregister.co.uk/2008/08/27/bgp_exploit_revealed

89. Craig Timberg (30 May 2015), "A flaw in the design," *Washington Post*, http://www.washingtonpost.com/sf/business/2015/05/30/net-of-insecurity-part-1

90. Brian E. Carpenter, ed. (Jun 1996), "Architectural principles of the Internet," *Network Working Group*, Internet Engineering Task Force, https://www.ietf.org/rfc/rfc1958.txt

91. Tyler Moore (2010), "The economics of cybersecurity: Principles and policy options," *International Journal of Critical Infrastructure Protection*, https://tylermoore.utulsa.edu/ijcip10.pdf

92. 轉換行動在二〇一七年又再度遭到延後。Internet Corporation for Assigned Names and Numbers (27 Sep 2017), "KSK rollover postponed," https://www.icann.org/news/announcement-2017-09-27-en

93. Michael Jordon (12 Sep 2014), "Hacking Canon Pixma printers: Doomed

encryption," *Context Information Security*, https://www.contextis.com/blog/hacking-canon-pixma-printers-doomed-encryption

94. Ralph Kinney (25 May 2017), "Will it run Doom? Smart thermostat running classic FPS game Doom," *Zareview*, https://www.zareview.com/will-run-doom-smart-thermostat-running-classic-fps-game-doom

95. JJ (1 Mar 2010), "The DoomBox," *Dashfest*, http://www.dashfest.com/?p=113

96. Kyle Orland (19 Oct 2017), "Denuvo's DRM now being cracked within hours of release," *Ars Technica*, https://arstechnica.com/gaming/2017/10/denuvos-drm-ins-now-being-cracked-within-hours-of-release

97. Seth Schoen (17 Mar 2016), "Thinking about the term 'backdoor,'" *Electronic Frontier Foundation*, https://www.eff.org/deeplinks/2016/03/thinking-about-term-backdoor

98. Bruce Schneier (18 Feb 2016), "Why you should side with Apple, not the FBI, in the San Bernardino iPhone case," *Washington Post*, https://www.washingtonpost.com/posteverything/wp/2016/02/18/why-you-should-side-with-apple-not-the-fbi-in-the-san-bernardino-iphone-case

99. Dan Goodin (12 Jan 2016), "Et tu, Fortinet? Hard-coded password raises new backdoor eavesdropping fears," *Ars Technica*, https://arstechnica.com/information-technology/2016/01/et-tu-fortinet-hard-coded-password-raises-new-backdoor-eavesdropping-fears

100. Maria Korolov (6 Dec 2017), "What is a botnet? And why they aren't going away anytime soon," *CSO*, https://www.csoonline.com/article/3240364/hacking/what-is-a-botnet-and-why-they-arent-going-away-anytime-soon.html

101. 從電腦安全性的起步階段開始就是如此。以下是取自一份一九七九年期刊的引述:「當代的電腦安全性控管措施極少能阻止專家任務團隊,讓他們無法輕鬆存取尋找的資訊。」基本上,攻擊者總是會獲勝。Roger R. Schell (Jan–Feb 1979), "Computer security: The Achilles' heel of the electronic Air Force?" *Air University Review 30*, no. 2 (reprinted in *Air & Space Power Journal*, Jan–Feb 2013), http://insct.syr.edu/wp-content/uploads/2015/05/Schell_Achilles_Heel.pdf

102. Bruce Schneier (19 Nov 1999), "A plea for simplicity: You can't secure what

you don't understand," *Information Security*, https://www.schneier.com/essays/archives/1999/11/a_plea_for_simplicit.html

103. David McCandless (24 Sep 2015), "How many lines of code does it take?" *Information Is Beautiful*, http://www.informationisbeautiful.net/visualizations/million-lines-of-code

104. Lily Hay Newman (12 Mar 2017), "Hacker lexicon: What is an attack surface?" *Wired*, https://www.wired.com/2017/03/hacker-lexicon-attack-surface

105. Robert McMillan (17 Sep 2017), "An unexpected security problem in the cloud," *Wall Street Journal*, https://www.wsj.com/articles/an-unexpected-security-problem-in-the-cloud-1505700061

106. Elena Kadavny (1 Dec 2017), "Thousands of records exposed in Stanford data breaches," *Palo Alto Online*, https://www.paloaltoonline.com/news/2017/12/01/thousands-of-records-exposed-in-stanford-data-breaches

107. 28 Dan Geer (6 Aug 2014), "Cybersecurity as realpolitik," *Black Hat 2014*, http://geer.tinho.net/geer.blackhat.6viii14.txt

108. 除了社會系統外，人們秉持的心理與道德價值觀是阻止我們互相殘殺的主要功臣。

109. Elizabeth A. Harris et al. (17 Jan 2014), "A sneaky path into Target customers' wallets," *New York Times*, https://www.nytimes.com/2014/01/18/business/a-sneaky-path-into-target-customers-wallets.html

110. Catalin Cimpanu (30 Mar 2017), "New Mirai botnet slams U.S. college with 54-hour DDoS attack," *Bleeping Computer*, https://www.bleepingcomputer.com/news/security/new-mirai-botnet-slams-us-college-with-54-hour-ddos-attack. Manos Antonakakis et al. (8 Aug 2017), "Understanding the Mirai botnet," in Proceedings of the 26th USENIX Security Symposium, https://www.usenix.org/system/files/conference/usenixsecurity17/sec17-antonakakis.pdf

111. Alex Schiffer (21 Jul 2017), "How a fish tank helped hack a casino," *Washington Post*, https://www.washingtonpost.com/news/innovations/wp/2017/07/21/how-a-fish-tank-helped-hack-a-casino

112. 以下文章說明了 Gmail 與網飛解譯電子郵件地址的方式會對彼此造成影響，

導致安全性下降：James Fisher (7 Apr 2018), "The dots do matter: How to scam a Gmail user," *Jameshfisher.com*, https://jameshfisher.com/2018/04/07/the-dots-do-matter-how-to-scam-a-gmail-user.html

113. Mat Honan (6 Aug 2012), "How Apple and Amazon security flaws led to my epic hacking," *Wired*, https://www.wired.com/2012/08/apple-amazon-mat-honan-hacking. Mat Honan (17 Aug 2012), "How I resurrected my digital life after an epic hacking," *Wired*, https://www.wired.com/2012/08/mat-honan-data-recovery

114. Pedro Venda (18 Aug 2015), "Hacking DefCon 23's IoT Village Samsung fridge," *Pen Test Partners*, http://www.pentestpartners.com/blog/hacking-defcon-23s-iot-village-samsung-fridge. John Leyden (25 Aug 2015), "Samsung smart fridge leaves Gmail logins open to attack," *Register*, http://www.theregister.co.uk/2015/08/24/smart_fridge_security_fubar

115. Yan Michalevsky, Gabi Nakibly, and Dan Boneh (20-22 Aug 2014), "Gyrophone: Recognizing speech from gyroscope signals," in *Proceedings of the 23rd USENIX Security Symposium*, https://crypto.stanford.edu/gyrophone

116. Dan Goodin (10 Oct 2017), "How Kaspersky AV reportedly was caught helping Russian hackers steal NSA secrets," *Ars Technica*, https://arstechnica.com/information-technology/2017/10/russian-hackers-reportedly-used-kaspersky-av-to-search-for-nsa-secrets

117. Catalin Cimpanu (30 Mar 2017), "New Mirai botnet slams U.S. college with 54-hour DDoS attack," *Bleeping Computer*, https://www.bleepingcomputer.com/news/security/new-mirai-botnet-slams-us-college-with-54-hour-ddos-attack

118. Tara Seals (18 May 2016), "Enormous malware as a service infrastructure fuels ransomware epidemic," *Infosecurity Magazine*, https://www.infosecurity-magazine.com/news/enormous-malware-as-a-service

119. Aaron Sankin (9 Jul 2015), "Forget Hacking Team—many other companies sell surveillance tech to repressive regimes," *Daily Dot*, https://www.dailydot.com/layer8/hacking-team-competitors

120. US Department of Justice (28 Nov 2017), "Canadian hacker who conspired with and aided Russian FSB officers pleads guilty," https://www.justice.gov/opa/pr/canadian-

hacker-who-conspired-and-aided-russian-fsb-officers-pleads-guilty

121. Bruce Schneier (3 Jan 2017), "Class breaks," *Schneier on Security*, https://www. schneier.com/blog/archives/2017/01/class_breaks.html

122. Dan Goodin (6 Nov 2017), "Flaw crippling millions of crypto keys is worse than first disclosed," *Ars Technica*, https://arstechnica.com/information-technology/2017/11/ flaw-crippling-millions-of-crypto-keys-is-worse-than-first-disclosed

123. US Department of Homeland Security (Nov 2012), "National risk estimate: Risks to U.S. critical infrastructure from global positioning system disruptions," https://www. hsdl.org/?abstract&did=739832

124. Andy Greenberg (26 Nov 2012), "Security flaw in common keycard locks exploited in string of hotel room break-ins," *Forbes*, https://www.forbes.com/sites/ andygreenberg/2012/11/26/security-flaw-in-common-keycard-locks-exploited-in-string-of-hotel-room-break-ins

125. Andy Greenberg (6 Dec 2012), "Lock firm Onity starts to shell out for security fixes to hotels' hackable locks," *Forbes*, https://www.forbes.com/sites/ andygreenberg/2012/12/06/lock-firm-onity-starts-to-shell-out-for-security-fixes-to-hotels-hackable-locks. Andy Greenberg (15 May 2013), "Hotel lock hack still being used in burglaries months after lock firm's fix," *Forbes*, https://www.forbes. com/sites/andygreenberg/2013/05/15/hotel-lock-hack-still-being-used-in-burglaries-months-after-lock-firms-fix. Andy Greenberg (1 Aug 2017), "The hotel room hacker," *Wired*, https://www.wired.com/2017/08/the-hotel-hacker

126. Whitfield Diffie and Martin E. Hellman (1 Jun 1977), "Exhaustive cryptanalysis of the NBS Data Encryption Standard," *Computer*, https://www-ee.stanford. edu/~hellman/publications/27.pdf

127. Bruce Schneier (1995), *Applied Cryptography*, 2nd edition, Wiley

128. Electronic Frontier Foundation (1998), Cracking DES: Secrets of Encryption Research, Wiretap Politics, and Chip Design, O'Reilly & Associates

129. Stephanie K. Pell and Christopher Soghoian (29 Dec 2014), "Your secret Stingray's no secret anymore: The vanishing government monopoly over cell phone surveillance and its impact on national security and consumer privacy," *Harvard Journal of*

Law and Technology 28, no. 1, https://papers.ssrn.com/sol3/papers.cfm?abstract_id=2437678

130. Kim Zetter (31 Jul 2010), "Hacker spoofs cell phone tower to intercept calls," *Wired*, https://www.wired.com/2010/07/intercepting-cell-phone-calls

131. 以下為我說明如何選擇安全密碼的文章：Bruce Schneier (25 Feb 2014), "Choosing a secure password," *Boing Boing*, https://boingboing.net/2014/02/25/choosing-a-secure-password.html

132. Don Coppersmith (May 1994), "The Data Encryption Standard (DES) and its strength against attacks," *IBM Journal of Research and Development 38*, no. 3, http://simson.net/ref/1994/coppersmith94.pdf

133. Eli Biham and Adi Shamir (1990), "Differential cryptanalysis of DES-like cryptosystems," *Journal of Cryptology 4*, no. 1, https://link.springer.com/article/10.1007/BF00630563

第二章：修補已無法作為安全性典範

134. Facebook 在二〇一四年更改該公司的座右銘。Samantha Murphy (30 Apr 2014), "Facebook changes its 'Move fast and break things' motto," *Mashable*, http://mashable.com/2014/04/30/facebooks-new-mantra-move-fast-with-stability/#ebhnHppqdPq9

135. Stephen A. Shepherd (22 Apr 2003), "How do we define responsible disclosure?" *SANS Institute*, https://www.sans.org/reading-room/whitepapers/threats/define-responsible-disclosure-932

136. Andy Greenberg (16 Jul 2014), "Meet 'Project Zero,' Google's secret team of bug-hunting hackers," *Wired*, https://www.wired.com/2014/07/google-project-zero. Robert Hackett (23 Jun 2017), "Google's elite hacker SWAT team vs. everyone," *Fortune*, http://fortune.com/2017/06/23/google-project-zero-hacker-swat-team

137. Andy Ozment and Stuart Schechter (1 Jul 2006), "Milk or wine: Does software security improve with age?" in *Proceedings of the 15th USENIX Security Symposium*, https://www.microsoft.com/en-us/research/publication/milk-or-wine-does-software-security-improve-with-age

138. Malwarebytes (4 Oct 2017), "PUP reconsideration information: How do we identify potentially unwanted software?" https://www.malwarebytes.com/pup. Chris Hutton (1 Aug 2014), "12 downloads that sneak unwanted software into your PC," *Tom's Guide*, https://www.tomsguide.com/us/top-downloads-unwanted-software,news-19249.html

139. Cyrus Farivar (15 Sep 2017), "Equifax CIO, CSO 'retire' in wake of huge security breach," *Ars Technica*, https://arstechnica.com/tech-policy/2017/09/equifax-cio-cso-retire-in-wake-of-huge-security-breach

140. John Leyden (7 Apr 2017), " 'Amnesia' IoT botnet feasts on year-old unpatched vulnerability," *Register*, https://www.theregister.co.uk/2017/04/07/amnesia_iot_botnet

141. Fredric Paul (7 Sep 2017), "Fixing, upgrading and patching IoT devices can be a real nightmare," *Network World*, https://www.networkworld.com/article/3222651/internet-of-things/fixing-upgrading-and-patching-iot-devices-can-be-a-real-nightmare.html

142. Lucian Constantin (17 Feb 2016), "Hard-coded password exposes up to 46,000 video surveillance DVRs to hacking," *PC World*, https://www.pcworld.com/article/3034265/hard-coded-password-exposes-up-to-46000-video-surveillance-dvrs-to-hacking.html

143. Craig Heffner (6 Jul 2010), "How to hack millions of routers," *DefCon 18*, https://www.defcon.org/images/defcon-18/dc-18-presentations/Heffner/DEFCON-18-Heffner-Routers.pdf. Craig Heffner (5 Oct 2010), "DEFCON 18: How to hack millions of routers," *YouTube*, http://www.youtube.com/watch?v=stnJiPBIM6o

144. Jennifer Valentino-DeVries (18 Jan 2016), "Rarely patched software bugs in home routers cripple security," *Wall Street Journal*, https://www.wsj.com/articles/rarely-patched-software-bugs-in-home-routers-cripple-security-1453136285

145. Elinor Mills (17 Jun 2008), "New DNSChanger Trojan variant targets routers," *CNET*, http://news.cnet.com/8301-10784_3-9970972-7.html

146. Graham Cluley (1 Oct 2012), "How millions of DSL modems were hacked in Brazil, to pay for Rio prostitutes," *Naked Security*, http://nakedsecurity.sophos.

com/2012/10/01/hacked-routers-brazil-vb2012

147. Dan Goodin (27 Nov 2013), "New Linux worm targets routers, cameras, 'Internet of things' devices," *Ars Technica*, http://arstechnica.com/security/2013/11/new-linux-worm-targets-routers-cameras-Internet-of-things-devices

148. Robinson Meyer (21 Oct 2016), "How a bunch of hacked DVR machines took down Twitter and Reddit," *Atlantic*, https://www.theatlantic.com/technology/archive/2016/10/how-a-bunch-of-hacked-dvr-machines-took-down-twitter-and-reddit/505073

149. Manos Antonakakis et al. (8 Aug 2017), "Understanding the Mirai botnet," in *Proceedings of the 26th USENIX Security Symposium*, https://www.usenix.org/system/files/conference/usenixsecurity17/sec17-antonakakis.pdf

150. Andy Greenberg (24 Jul 2016), "After Jeep hack, Chrysler recalls 1.4m vehicles for bug fix," *Wired*, https://www.wired.com/2015/07/jeep-hack-chrysler-recalls-1-4m-vehicles-bug-fix

151. Dan Goodin (30 Aug 2017), "465k patients told to visit doctor to patch critical pacemaker vulnerability," *Ars Technica*, https://www.arstechnica.com/information-technology/2017/08/465k-patients-need-a-firmware-update-to-prevent-serious-pacemaker-hacks

152. Kyree Leary (27 Apr 2017), "How to update your Kindle and Kindle Fire devices," *Digital Trends*, https://www.digitaltrends.com/mobile/how-to-update-your-kindle

153. Flexera Software (13 Mar 2017), Vulnerability Review 2017, https://www.flexera.com/enterprise/resources/research/vulnerability-review

154. Alex Dobie (16 Sep 2012), "Why you'll never have the latest version of Android," *Android Central*, http://www.androidcentral.com/why-you-ll-never-have-latest-version-android

155. Gregg Keizer (23 Mar 2017), "Google: Half of Android devices haven't been patched in a year or more," *Computerworld*, https://www.computerworld.com/article/3184400/android/google-half-of-android-devices-havent-been-patched-in-a-year-or-more.html

156. Adrian Kingsley-Hughes (24 Sep 2014), "Apple pulls iOS 8.0.1 update, after killing

cell service, Touch ID," *ZDNet*, http://www.zdnet.com/article/apple-pulls-ios-8-0-1-update-after-killing-cell-service-touch-id

157. Dan Goodin (14 Aug 2017), "Update gone wrong leaves 500 smart locks inoperable," *Ars Technica*, https://www.arstechnica.com/information-technology/2017/08/500-smart-locks-arent-so-smart-anymore-thanks-to-botched-update

158. Mathew J. Schwartz (9 Jan 2018), "Microsoft pauses Windows security updates to AMD devices," *Data Breach Today*, https://www.databreachtoday.com/microsoft-pauses-windows-security-updates-to-amd-devices-a-10567

159. Larry Seltzer (15 Dec 2014), "Microsoft update blunders going out of control," *ZDNet*, http://www.zdnet.com/article/has-microsoft-stopped-testing-their-updates

160. 微軟目前僅支援四種最新的 Windows 版本。Microsoft Corporation（存取時間 24 Apr 2018）, "Windows lifecycle fact sheet," https://support.microsoft.com/en-us/help/13853/windows-lifecycle-fact-sheet

161. Brian Barrett (14 Jun 2017), "If you still use Windows XP, prepare for the worst," *Wired*, https://www.wired.com/2017/05/still-use-windows-xp-prepare-worst

162. Jeff Parsons (15 May 2017), "This is how many computers are still running Windows XP," *Mirror*, https://www.mirror.co.uk/tech/how-many-computers-still-running-10425650

163. David Sancho, Numaan Huq, and Massimiliano Michenzi (2017), "Cashing in on ATM malware: A comprehensive look at various attack types," *Trend Micro*, https://documents.trendmicro.com/assets/white_papers/wp-cashing-in-on-atm-malware.pdf

164. Catalin Cimpanu (26 Oct 2017), "Backdoor account found in popular ship satellite communications system," *Bleeping Computer*, https://www.bleepingcomputer.com/news/security/backdoor-account-found-in-popular-ship-satellite-communications-system

165. Lucian Armasu (13 Nov 2017), "Boeing 757 hacked by DHS in cybersecurity test," *Tom's Hardware*, http://www.tomshardware.com/news/boeing-757-remote-hack-test,35911.html

166. Dan Goodin (30 Aug 2017), "465k patients told to visit doctor to patch critical pacemaker vulnerability," *Ars Technica*, https://arstechnica.com/information-

technology/2017/08/465k-patients-need-a-firmware-update-to-prevent-serious-pacemaker-hacks

167. Electronic Frontier Foundation（1 Jul 2011；最後更新時間 7 Aug 2012）, "US v. ElcomSoft Sklyarov," https://www.eff.org/cases/us-v-elcomsoft-sklyarov

168. John Leyden (31 Jul 2002), "HP invokes DMCA to quash Tru64 bug report," *Register*, https://www.theregister.co.uk/2002/07/31/hp_invokes_dmca_to_quash. Declan McCullagh (2 Aug 2002), "HP backs down on copyright warning," *CNET*, https://www.cnet.com/news/hp-backs-down-on-copyright-warning

169. Electronic Frontier Foundation (1 Mar 2013), "Unintended consequences: Fifteen years under the DMCA," https://www.eff.org/pages/unintended-consequences-fifteen-years-under-dmca

170. Charlie Osborne (31 Oct 2016), "US DMCA rules updated to give security experts legal backing to research," *ZDNet*, http://www.zdnet.com/article/us-dmca-rules-updated-to-give-security-experts-legal-backing-to-research

171. Maria A. Pallante (Oct 2015), "Section 1201 rulemaking: Sixth triennial proceeding to determine exemptions to the prohibition on circumvention," *United States Copyright Office*, https://www.copyright.gov/1201/2015/registers-recommendation.pdf

172. Kim Zetter (9 Sep 2008), "DefCon: Boston subway officials sue to stop talk on fare card hacks," *Wired*, https://www.wired.com/2008/08/injunction-requ

173. Chris Perkins (14 Aug 2015), "Volkswagen suppressed a paper about car hacking for 2 years," *Mashable*, http://mashable.com/2015/08/14/volkswagen-suppress-car-vulnerability

174. Kim Zetter (11 Sep 2016), "A bizarre twist in the debate over vulnerability disclosures," *Wired*, https://www.wired.com/2015/09/fireeye-enrw-injunction-bizarre-twist-in-the-debate-over-vulnerability-disclosures

175. Electronic Frontier Foundation (21 Jul 2016), "EFF lawsuit takes on DMCA section 1201: Research and technology restrictions violate the First Amendment," https://www.eff.org/press/releases/eff-lawsuit-takes-dmca-section-1201-research-and-technology-restrictions-violate

176. Winston Royce (25-28 Aug 1970), "Managing the development of large software systems," *1970 WESCON Technical Papers 26*, https://books.google.com/books?id=9U1GAQAAIAAJ

177. Agile Alliance (accessed 24 Apr 2018), "Agile 101," https://www.agilealliance.org/agile101

178. 目前已有某些行動將安全性整合至敏捷式開發實務。Information Security Forum (Oct 2017), "Embedding Security into Agile Development: Ten Principles for Rapid Development"，未發表的草稿。

第三章：辨識網際網路使用者的身分愈發困難

179. Glenn Fleishman (14 Dec 2000), "Cartoon captures spirit of the Internet," *New York Times*, http://www.nytimes.com/2000/12/14/technology/cartoon-captures-spirit-of-the-internet.html

180. Kaamran Hafeez (23 Feb 2015), "Cartoon:'Remember when, on the Internet, nobody knew who you were?'" *New Yorker*, http://www.kaamranhafeez.com/product/remember-internet-nobody-knew-new-yorker-cartoon

181. 現在稱為「電腦網路行動單位」。

182. Rob Joyce (28 Jan 2016), "Disrupting nation state hackers," *USENIX Enigma 2016*, https://www.youtube.com/watch?v=bDJb8WOJYdA（影片）, https://www.usenix.org/sites/default/files/conference/protected-files/enigma_slides_joyce.pdf（投影片）

183. Brendan I. Koerner (23 Oct 2016), "Inside the cyberattack that shocked the U.S. government," *Wired*, https://www.wired.com/2016/10/inside-cyberattack-shocked-us-government

184. Brian Krebs (5 Feb 2014), "Target hackers broke in via HVAC company," *Krebs on Security*, https://krebsonsecurity.com/2014/02/target-hackers-broke-in-via-hvac-company

185. Jim Finkle (29 May 2014), "Iranian hackers use fake Facebook accounts to spy on U.S., others," *Reuters*, http://www.reuters.com/article/iran-hackers/iranian-hackers-use-fake-facebook-accounts-to-spy-on-u-s-others-idUSL1N0OE2CU20140529

186. Lorenzo Franceschi-Bicchierai (15 Apr 2016), "The vigilante who hacked Hacking

Team explains how he did it," *Vice Motherboard*, https://motherboard.vice.com/en_us/article/3dad3n/the-vigilante-who-hacked-hacking-team-explains-how-he-did-it

187. David E. Sanger and Nick Corasanti (14 Jun 2016), "D.N.C. says Russian hackers penetrated its files, including dossier on Donald Trump," *New York Times*, https://www.nytimes.com/2016/06/15/us/politics/russian-hackers-dnc-trump.html

188. Andras Cser (8 Jul 2016), "The Forrester Wave: Privileged identity management, Q3 2016," *Forrester*, https://www.beyondtrust.com/wp-content/uploads/forrester-wave-for-privilege-identity-management-2016.pdf

189. Kurt Thomas and Angelika Moscicki (9 Nov 2017), "New research: Understanding the root cause of account takeover," *Google Security Blog*, https://security.googleblog.com/2017/11/new-research-understanding-root-cause.html

190. Bruce Schneier (9 Feb 2005), "The curse of the secret question," *Schneier on Security*, https://www.schneier.com/essays/archives/2005/02/the_curse_of_the_sec.html

191. Eric Lipton, David E. Sanger, and Scott Shane (13 Dec 2016), "The perfect weapon: How Russian cyberpower invaded the U.S.," *New York Times*, https://www.nytimes.com/2016/12/13/us/politics/russia-hack-election-dnc.html

192. Alex Johnson (4 May 2017), "Massive phishing attack targets Gmail users," *NBC News*, https://www.nbcnews.com/tech/security/massive-phishing-attack-targets-millions-gmail-users-n754501

193. Nary Subramanian (1 Jan 2011), "Biometric authentication," in *Encyclopedia of Cryptography and Security*, Springer, https://link-springer-com/content/pdf/10.1007%2F978-1-4419-5906-5_775.pdf

194. Robert Zuccherato (1 Jan 2011), "Authentication token," in *Encyclopedia of Cryptography and Security*, Springer, https://link-springer-com.ezproxy.cul.columbia.edu/referencework/10.1007%2F978-1-4419-5906-5

195. J. R. Raphael (30 Nov 2017), "What is two-factor authentication (2FA)? How to enable it and why you should," *CSO*, https://www.csoonline.com/article/3239144/password-security/what-is-two-factor-authentication-2fa-how-to-enable-it-and-why-you-should.html

196. Andy Greenberg (26 Jun 2016), "So hey you should stop using texts for two-factor authentication," *Wired*, https://www.wired.com/2016/06/hey-stop-using-texts-two-factor-authentication

197. Steve Dent (8 Sep 2017), "U.S. carriers partner on a better mobile authentication system," *Engadget*, https://www.engadget.com/2017/09/08/mobile-authentication-taskforce-att-verizon-tmobile-sprint

198. Dario Salice (17 Oct 2017), "Google's strongest security, for those who need it most," *Keyword*, https://www.blog.google/topics/safety-security/googles-strongest-security-those-who-need-it-most

199. 以下是二〇一八年的一起事例：Kif Leswing (16 Jan 2018), "A password for the Hawaii emergency agency was hiding in a public photo, written on a Post-it note," *Business Insider*, http://www.businessinsider.com/hawaii-emergency-agency-password-discovered-in-photo-sparks-security-criticism-2018-1

200. Gary Robbins (23 Apr 2017), "The Internet of Things lets you control the world with a smartphone," *San Diego Union Tribune*, http://www.sandiegouniontribune.com/sd-me-connected-home-20170423-story.html

201. Steven Melendez (18 Jul 2017), "How to steal a phone number and everything linked to it," *Fast Company*, https://www.fastcompany.com/40432975/how-to-steal-a-phone-number-and-everything-linked-to-it

202. Alex Perekalin (19 May 2017), "Why two-factor authentication is not enough," *Kaspersky Daily*, https://www.kaspersky.com/blog/ss7-attack-intercepts-sms/16877. Nathaniel Popper (21 Aug 2017), "Identity thieves hijack cellphone accounts to go after virtual currency," *New York Times*, https://www.nytimes.com/2017/08/21/business/dealbook/phone-hack-bitcoin-virtual-currency.html

203. Rapid7 (9 Aug 2017), "Man-in-the-middle (MITM) attacks," *Rapid7 Fundamentals*, https://www.rapid7.com/fundamentals/man-in-the-middle-attacks

204. Gartner（存取時間 24 Apr 2018）, "Reviews for online fraud detection," https://www.gartner.com/reviews/market/OnlineFraudDetectionSystems

205. David Kushner (26 Feb 2013), "The real story of Stuxnet," *IEEE Spectrum*, https://spectrum.ieee.org/telecom/security/the-real-story-of-stuxnet

206. Dan Goodin (3 Nov 2017), "Stuxnet-style code signing is more widespread than anyone thought," *Ars Technica*, https://arstechnica.com/information-technology/2017/11/evasive-code-signed-malware-flourished-before-stuxnet-and-still-does. Doowon Kim, Bum Jun Kwon, and Tudor Dumitras (1 Nov 2017), "Certified malware: Measuring breaches of trust in the Windows code-signing PKI," *ACM Conference on Computer and Communications Security (ACM CCS '17)*, http://www.umiacs.umd.edu/~tdumitra/papers/CCS-2017.pdf

207. Amanda Holpuch (15 Dec 2015), "Facebook adjusts controversial 'real name' policy in wake of criticism," *Guardian*, https://www.theguardian.com/us-news/2015/dec/15/facebook-change-controversial-real-name-policy

208. Eric Griffith (3 Dec 2017), "How to create an anonymous email account," *PC Magazine*, https://www.pcmag.com/article2/0,2817,2476288,00.asp

209. Nate Anderson and Cyrus Farivar (3 Oct 2013), "How the feds took down the Dread Pirate Roberts," *Ars Technica*, https://arstechnica.com/tech-policy/2013/10/how-the-feds-took-down-the-dread-pirate-roberts

210. Joseph Cox (15 Jun 2016), "How the feds use Photoshop to track down pedophiles," *Vice Motherboard*, https://motherboard.vice.com/en_us/article/8q8594/enhance-enhance-enhance-how-the-feds-use-photoshop-to-track-down-pedophiles. Tom Kelly (27 Oct 2007), "Ashbourne Interpol officer's role in paedophile suspect hunt," *Heath Chronicle*, http://www.meathchronicle.ie/news/roundup/articles/2007/03/11/1025-ashbourne-interpol-officers-role-in-paedophile-suspect-hunt

211. Dan Goodin (5 Dec 2017), "Mastermind behind sophisticated, massive botnet outs himself," *Ars Technica*, https://arstechnica.com/tech-policy/2017/12/mastermind-behind-massive-botnet-tracked-down-by-sloppy-opsec

212. John Leyden (13 Apr 2012), "FBI track alleged Anon from unsanitised busty babe pic," *Register*, https://www.theregister.co.uk/2012/04/13/fbi_track_anon_from_iphone_photo

213. Leon E. Panetta (11 Oct 2012), "Remarks by Secretary Panetta on cybersecurity to the Business Executives for National Security, New York City," *US Department of Defense*, http://archive.defense.gov/transcripts/transcript.aspx?transcriptid=5136

214. Andy Greenberg (8 Apr 2010), "Security guru Richard Clarke talks cyberwar," *Forbes*, http://www.forbes.com/2010/04/08/cyberwar-obama-korea-technology-security-clarke.html

215. Kim Zetter (29 Jan 2016), "NSA hacker chief explains how to keep him out of your system," *Wired*, https://www.wired.com/2016/01/nsa-hacker-chief-explains-how-to-keep-him-out-of-your-system

216. US Department of Justice (19 May 2014), "U.S. charges five Chinese military hackers for cyber espionage against U.S. corporations and a labor organization for commercial advantage," https://www.justice.gov/opa/pr/us-charges-five-chinese-military-hackers-cyber-espionage-against-us-corporations-and-labor

217. Matt Apuzzo and Sharon LaFraniere (16 Feb 2018), "13 Russians indicted as Mueller reveals effort to aid Trump campaign," *New York Times*, https://www.nytimes.com/2018/02/16/us/politics/russians-indicted-mueller-election-interference.html

218. Benjamin Edwards et al. (11 Jan 2017), "Strategic aspects of cyberattack, attribution, and blame," *Proceedings of the National Academy of Sciences of the United States of America 114*, no. 11, http://www.pnas.org/content/pnas/114/11/2825.full.pdf

219. William R. Detlefsen (23 May 2015), "Cyber attacks, attribution, and deterrence: Three case studies," *School of Advanced Military Studies*, US Army Command and General Staff College, http://www.dtic.mil/dtic/tr/fulltext/ u2/1001276.pdf. Benjamin Edwards et al. (11 Jan 2017), "Strategic aspects of cyberattack, attribution, and blame," *Proceedings of the National Academy of Sciences of the United States of America 114*, no. 11, http://www.pnas.org/content/114/11/2825.full.pdf. Delbert Tran (16 Aug 2017), "The law of attribution," *Cyber Conflict Project*, Yale University, https://law.yale.edu/system/files/area/center/global/document/2017.05.10_-_law_of_attribution.pdf

220. Bruce Schneier (11 Dec 2014), "Comments on the Sony hack," *Schneier on Security*, https://www.schneier.com/blog/archives/2014/12/comments_on_the.html

221. David E. Sanger and Martin Fackler (18 Jan 2015), "N.S.A. breached North Korean networks before Sony attack, officials say," *New York Times*, https://www.nytimes.com/2015/01/19/world/asia/nsa-tapped-into-north-korean-networks-before-sony-

attack-officials-say.html

222. 俄羅斯攻擊二〇一八年的南韓冬奧時，試圖將責任歸咎到北韓身上。Ellen Nakashima (24 Feb 2018), "Russian spies hacked the Olympics and tried to make it look like North Korea did it, U.S. officials say," *Washington Post*, https://www. washingtonpost.com/world/national-security/russian-spies-hacked-the-olympics-and-tried-to-make-it-look-like-north-korea-did-it-us-officials-say/2018/02/24/44b5468e-18f2-11e8-92c9-376b4fe57ff7_story.html

第四章：大家都偏愛不安全的環境

223. 我在第十一章會探討這項主題，不過以下提供一個最近的例子：Cyrus Farivar (7 Mar 2018), "FBI again calls for magical solution to break into encrypted phones," *Ars Technica*, https://arstechnica.com/tech-policy/2018/03/fbi-again-calls-for-magical-solution-to-break-into-encrypted-phones

224. Shoshana Zuboff (17 Apr 2015), "Big other: Surveillance capitalism and the prospects of an information civilization," *Journal of Information Technology 30*, https://papers.ssrn.com/sol3/papers.cfm?abstract_id=2594754

225. Aaron Taube (24 Jan 2014), "Apple wants to use your heart rate and facial expressions to figure out what mood you're in," *Business Insider*, http://www. businessinsider.com/apples-mood-based-ad-targeting-patent-2014-1. Andrew McStay (4 Aug 2015), "Now advertising billboards can read your emotions... and that's just the start," *Conversation*, http://theconversation.com/now-advertising-billboards-can-read-your-emotions-and-thats-just-the-start-45519

226. Andrew McStay (27 Jun 2017), "Tech firms want to detect your emotions and expressions, but people don't like it," *Conversation*, https://theconversation.com/tech-firms-want-to-detect-your-emotions-and-expressions-but-people-dont-like-it-80153. Nick Whigham (13 May 2017), "Glitch in digital pizza advert goes viral, shows disturbing future of facial recognition tech," *News.com.au*, http://www.news.com.au/technology/innovation/design/glitch-in-digital-pizza-advert-goes-viral-shows-disturbing-future-of-facial-recognition-tech/news-story/3b43904b6dd5444a279fd3cd6f8551db

227. Pamela Paul (10 Dec 2010), "Flattery will get an ad nowhere," *New York Times*, http://www.nytimes.com/2010/12/12/fashion/12Studied.html

228. Paul Boutin (30 May 2016), "The secretive world of selling data about you," *Newsweek*, http://www.newsweek.com/secretive-world-selling-data-about-you-464789

229. Keith Collins (21 Nov 2017), "Google collects Android users' locations even when location services are disabled," *Quartz*, https://qz.com/1131515/google-collects-android-users-locations-even-when-location-services-are-disabled. Arsalan Mosenia et al. (15 Sep 2017), "PinMe: Tracking a smartphone user around the world," *IEEE Transactions on Multi-Scale Computing Systems vol. PP*, no. 99, http://ieeexplore.ieee.org/document/8038870. Christopher Loran (13 Dec 2017), "How you can be tracked even with your GPS turned off," *Android Authority*, https://www.androidauthority.com/tracked-gps-off-822865

230. Jialiu Lin et al. (5-8 Sep 2012), "Expectation and purpose: Understanding users' mental models of mobile app privacy through crowdsourcing," in *Proceedings of the 2012 International Conference on Ubiquitous Computing*, ACM, https://www.winlab.rutgers.edu/~janne/privacyasexpectations-ubicomp12-final.pdf

231. 顧客在逛賣店時，零售業者會利用顧客手機的 Wi-Fi 來追蹤顧客。Stephanie Clifford and Quentin Hardy (14 Jul 2013), "Attention, shoppers: Store is tracking your cell," *New York Times*, http://www.nytimes.com/2013/07/15/business/attention-shopper-stores-are-tracking-your-cell.html

232. Sapna Maheshwari (28 Dec 2017), "That game on your phone may be tracking what you're watching on TV," *New York Times*, https://www.nytimes.com/2017/12/28/business/media/alphonso-app-tracking.html

233. Ben Chen and Facebook Corporation (22 Mar 2016), "Systems and methods for utilizing wireless communications to suggest connections for a user," US Patent 9,294,991, https://patents.justia.comm/patent/9294991

234. Catherine Crump et al. (17 Jul 2013), "You are being tracked: How license plate readers are being used to record Americans' movements," *American Civil Liberties Union*, https://www.aclu.org/files/assets/071613-aclu-alprreport-opt-v05.pdf

235. Dylan Curren (30 Mar 2018), "Are you ready? Here's all the data Facebook and Google have on you," *Guardian*, https://www.theguardian.com/commentisfree/2018/mar/28/all-the-data-facebook-google-has-on-you-privacy

236. 例如 Chrome 的「無痕式視窗」或 Firefox 的「隱私瀏覽」功能可讓瀏覽器不會儲存我們的瀏覽紀錄，但這類功能無法阻止任何我們造訪的網站追蹤我們。

237. Hans Greimel (6 Oct 2015), "Toyota unveils new self-driving safety tech, targets 2020 autonomous drive," *Automotive News*, http://www.autonews.com/article/20151006/OEM06/151009894/toyota-unveils-new-self-driving-safety-tech-targets-2020-autonomous

238. Dana Bartholomew (2015), "Long comment regarding a proposed exemption under 17 U.S.C. 1201," *Deere and Company*, https://copyright.gov/1201/2015/comments-032715/class%2021/John_Deere_Class21_1201_2014.pdf

239. Stuart Dredge (30 Sep 2015), "Apple removed drone-strike apps from App Store due to 'objectionable content,'" *Guardian*, https://www.theguardian.com/technology/2015/sep/30/apple-removing-drone-strikes-app. Lorenzo Franceschi-Bicchierai (28 Mar 2017), "Apple just banned the app that tracks U.S. drone strikes again," *Vice Motherboard*, https://motherboard.vice.com/en_us/article/538kan/apple-just-banned-the-app-that-tracks-us-drone-strikes-again

240. Jason Grigsby (19 Apr 2010), "Apple's policy on satire: 16 apps rejected for 'ridiculing public figures,'" *Cloudfour*, https://cloudfour.com/thinks/apples-policy-on-satire-16-rejected-apps

241. Telegraph Reporters (31 Jul 2017), "Apple removes VPN apps used to evade China's internet censorship," *Telegraph*, http://www.telegraph.co.uk/technology/2017/07/31/apple-removes-vpn-apps-used-evade-chinas-internet-censorship

242. AdNauseam (5 Jan 2017), "AdNauseam banned from the Google Web Store," https://adnauseam.io/free-adnauseam.html

243. Bruce Schneier (26 Nov 2012), "When it comes to security, we're back to feudalism," *Wired*, https://www.wired.com/2012/11/feudal-security

244. Judith Donath (16 Nov 2017), "Uber-FREE: The ultimate advertising experience," *Medium*, https://medium.com/@judithd/the-future-of-self-driving-cars-and-of-

advertising-will-be-promoted-rides-free-transportation-b5f7acd702d4

245. 克里格公司多年來一直拒絕讓消費者使用填充式膠囊，不過現在該公司讓消費者在購買特殊附加裝置之後，即可隨心所欲地沖泡不同咖啡。Alex Hern (11 May 2015), "Keurig takes steps towards abandoning coffee-pod DRM," *Guardian*, https://www.theguardian.com/technology/2015/may/11/keurig-takes-steps-towards-abandoning-coffee-pod-drm

246. Brian Barrett (23 Sep 2016), "HP has added DRM to its ink cartridges. Not even kidding (updated)," *Wired*, https://www.wired.com/2016/09/hp-printer-drm

247. Electronic Frontier Foundation（最後更新時間 31 Aug 2004）, *Chamberlain Group Inc. v. Skylink Technologies Inc.*, https://www.eff.org/cases/chamberlain-group-inc-v-skylink-technologies-inc. Tech Law Journal (31 Aug 2004), "Federal Circuit rejects anti-circumvention claim in garage door opener case," http://www.techlawjournal.com/topstories/2004/20040831.asp. US Supreme Court (25 Mar 2014), "Opinion," *Lexmark International, Inc. v. Static Control Components, Inc.*, No. 12-873, https://www.supremecourt.gov/opinions/13pdf/12-873_3dq3.pdf

248. Hugo Campos (24 Mar 2015), "The heart of the matter," *Slate*, http://www.slate.com/articles/technology/future_tense/2015/03/patients_should_be_allowed_to_access_data_generated_by_implanted_devices.html

249. Darren Murph (6 Apr 2007), "Mileage maniacs hack Toyota's Prius for 116 mpg," *Engadget*, https://www.engadget.com/2007/04/06/mileage-maniacs-hack-toyotas-prius-for-116-mpg

250. Jeremy Hoag (13 Mar 2012), "Hack your ride: Cheat codes and workarounds for your car's tech annoyances," *Lifehacker*, http://lifehacker.com/5893227/hack-your-ride-cheat-codes-and-workarounds-for-your-cars-tech-annoyances63

251. Michelle V. Rafter (22 Jul 2014), "Decoding what's in your car's black box," *Edmunds*, https://www.edmunds.com/car-technology/car-black-box-recorders-capture-crash-data.html

252. Peter Hall (7 Jun 2014), "Car black box data can be used as evidence," *Morning Call*, http://www.mcall.com/mc-car-black-box-data-can-be-used-as-evidence-story.html

253. Brian Heaton (27 Mar 2014), "Expert: California car data privacy bill 'unworkable,'"

Government Technology, http://www.govtech.com/transportation/Expert-California-Car-Data-Privacy-Bill-Unworkable.html

254. Jason Koebler (21 Mar 2017), "Why American farmers are hacking their tractors with Ukrainian firmware," *Vice Motherboard*, https://motherboard.vice.com/en_us/article/xykkkd/why-american-farmers-are-hacking-their-tractors-with-ukrainian-firmware

255. Jerome Radcliffe (4 Aug 2011), "Hacking medical devices for fun and insulin: Breaking the human SCADA system," *Black Hat 2011*, https://media.blackhat.com/bh-us-11/Radcliffe/BH_US_11_Radcliffe_Hacking_Medical_Devices_WP.pdf. Chuck Seegert (8 Oct 2014), "Hackers develop DIY remote-monitoring for diabetes," *Med Device Online*, http://www.meddeviceonline.com/doc/hackers-develop-diy-remote-monitoring-for-diabetes-0001

256. John Scott-Railton et al. (19 Jun 2017), "Reckless exploit: Mexican journalists, lawyers, and a child targeted with NSO spyware," *Citizen Lab*, https://citizenlab.ca/2017/06/reckless-exploit-mexico-nso

257. John Scott-Railton et al. (29 Jun 2017), "Reckless redux: Senior Mexican legislators and politicians targeted with NSO spyware," *Citizen Lab*, https://citizenlab.ca/2017/06/more-mexican-nso-targets

258. John Scott-Railton et al. (10 Jul 2017), "Reckless III: Investigation into Mexican mass disappearance targeted with NSO spyware," *Citizen Lab*, https://citizenlab.ca/2017/07/mexico-disappearances-nso

259. John Scott-Railton et al. (2 Aug 2017), "Reckless IV: Lawyers for murdered Mexican women's families targeted with NSO spyware," *Citizen Lab*, https://citizenlab.ca/2017/08/lawyers-murdered-women-nso-group

260. John Scott-Railton et al. (30 Aug 2017), "Reckless V: Director of Mexican anti-corruption group targeted with NSO group's spyware," *Citizen Lab*, https://citizenlab.ca/2017/08/nso-spyware-mexico-corruption

261. John Scott-Railton et al. (11 Feb 2017), "Bitter sweet: Supporters of Mexico's soda tax targeted with NSO exploit links," *Citizen Lab*, https://citizenlab.ca/2017/02/bittersweet-nso-mexico-spyware

262. Bill Marczak et al. (15 Oct 2015), "Pay no attention to the server behind the proxy: Mapping FinFisher's continuing proliferation," *Citizen Lab*, https://citizenlab.ca/2015/10/mapping-finfishers-continuing-proliferation

263. Glenn Greenwald (2014), *No Place to Hide: Edward Snowden, the NSA, and the U.S. Surveillance State*, Metropolitan Books, https://books.google.com/books/?id=AvFzAgAAQBAJ

264. 對國家安全局的許多資料收集計畫來說，電信業的合作是不可或缺的要素。Mieke Eoyang (6 Apr 2016), "Beyond privacy and security: The role of the telecommunications industry in electronic surveillance," *Aegis Paper Series No. 1603*, Hoover Institution, https://www.hoover.org/research/beyond-privacy-security-role-telecommunications-industry-electronic-surveillance-0

265. Andrei Soldatov and Irina Borogan (8 Sep 2015), "Inside the Red Web: Russia's back door onto the internet—extract," *Guardian*, https://www.theguardian.com/world/2015/sep/08/red-web-book-russia-internet

266. Aaron Sankin (9 Jul 2015), "Forget Hacking Team—Many other companies sell surveillance tech to repressive regimes," *Daily Dot*, https://www.dailydot.com/layer8/hacking-team-competitors

267. Patrick Howell O'Neill (20 Jun 2017), "ISS World: The traveling spyware roadshow for dictatorships and democracies," *CyberScoop*, https://www.cyberscoop.com/iss-world-wiretappers-ball-nso-group-ahmed-mansoor

268. Juan Andres Guerrero-Saade et al. (Apr 2017), "Penquin's moonlit maze: The dawn of nation-state digital espionage," *Kaspersky Lab*, https://securelist.com/files/2017/04/Penquins_Moonlit_Maze_PDF_eng.pdf

269. Richard Norton-Taylor (4 Sep 2007), "Titan Rain: How Chinese hackers targeted Whitehall," *Guardian*, https://www.theguardian.com/technology/2007/sep/04/news.internet

270. Ellen Nakashima (8 Dec 2011), "Cyber-intruder sparks response, debate," *Washington Post*, https://www.washingtonpost.com/national/national-security/cyber-intruder-sparks-response-debate/2011/12/06/gIQAxLuFgO_story.html

271. Caitlin Dewey (28 May 2013), "The U.S. weapons systems that experts say were

hacked by the Chinese," *Washington Post*, https://www.washingtonpost.com/news/worldviews/wp/2013/05/28/the-u-s-weapons-systems-that-experts-say-were-hacked-by-the-chinese

272. Kim Zetter (12 Jan 2010), "Google to stop censoring search results in China after hack attack," *Wired*, https://www.wired.com/2010/01/google-censorship-china

273. Robert Windrem (10 Aug 2015), "China read emails of top U.S. officials," *NBC News*, https://www.nbcnews.com/news/us-news/china-read-emails-top-us-officials-n406046

274. Brendan I. Koerner (23 Oct 2016), "Inside the cyberattack that shocked the U.S. government," *Wired*, https://www.wired.com/2016/10/inside-cyberattack-shocked-us-government. Evan Perez (24 Aug 2017), "FBI arrests Chinese national connected to malware used in OPM data breach," *CNN*, http://www.cnn.com/2017/08/24/politics/fbi-arrests-chinese-national-in-opm-data-breach/index.html

275. Kaspersky Lab Global Research and Analysis Team (30 Aug 2017), "Introducing White Bear," *SecureList*, https://securelist.com/introducing-whitebear/81638

276. British Broadcasting Corporation (29 Mar 2009), "Major cyber spy network uncovered," *BBC News*, http://news.bbc.co.uk/1/hi/world/americas/7970471.stm

277. Boldizsár Bencsáth et al. (14 Oct 2011), "Duqu: A Stuxnet-like malware found in the wild," *Laboratory of Cryptography and System Security*, Budapest University of Technology and Economics, http://www.crysys.hu/publications/files/bencsathPBF11duqu.pdf

278. Ellen Nakashima, Greg Miller, and Julie Tate (19 Jun 2012), "U.S., Israel developed Flame computer virus to slow Iranian nuclear efforts, officials say," *Washington Post*, https://www.washingtonpost.com/world/national-security/us-israel-developed-computer-virus-to-slow-iranian-nuclear-efforts-officials-say/2012/06/19/gJQA6xBPoV_story.html

279. Fahmida Y. Rashid (11 Feb 2014), "The Mask hack 'beyond anything we've seen so far,'" *PC Magazine*, http://securitywatch.pcmag.com/hacking/320622-the-mask-hack-beyond-anything-we-ve-seen-so-far. Brian Donohue (11 Feb 2014), "The Mask: Unveiling the world's most sophisticated APT campaign," *Kaspersky Lab Daily*,

https://www.kaspersky.com/blog/the-mask-unveiling-the-worlds-most-sophisticated-apt-campaign/3723. Dan Goodin (8 Aug 2016), "Researchers crack open unusually advanced malware that hid for 5 years," *Ars Technica*, https://arstechnica.com/information-technology/2016/08/researchers-crack-open-unusually-advanced-malware-that-hid-for-5-years

280. Choe Sang-Hun (10 Oct 2017), "North Korean hackers stole U.S.-South Korean military plans, lawmaker says," *New York Times*, https://www.nytimes.com/2017/10/10/world/asia/north-korea-hack-war-plans.html

281. Barack Obama and Xi Jinping (25 Sep 2015), "Remarks by President Obama and President Xi of the People's Republic of China in joint press conference," *White House Office of the Press Secretary*, https://obamawhitehouse.archives.gov/the-press-office/2015/09/25/remarks-president-obama-and-president-xi-peoples-republic-china-joint

282. Joseph Menn and Jim Finkle (20 Jun 2016), "Chinese economic cyber-espionage plummets in U.S.: Experts," *Reuters*, http://www.reuters.com/article/us-cyber-spying-china/chinese-economic-cyber-espionage-plummets-in-u-s-experts-idUSKCN0Z700D

283. Josh Dawsey, Emily Stephenson, and Andrea Peterson (5 Oct 2017), "John Kelly's personal cellphone was compromised, White House believes," *Politico*, https://www.politico.com/story/2017/10/05/john-kelly-cell-phone-compromised-243514

284. Mike Levine (25 Jun 2015), "China is 'leading suspect' in massive hack of US government networks," *ABC News*, http://abcnews.go.com/US/china-leading-suspect-massive-hack-us-government-networks/story?id=32036222

285. 國家安全局的預算是機密，不過據估約為一百一十億美元，這是其他國家無法比擬的金額。Scott Shane (29 Aug 2013), "New leaked document outlines U.S. spending on intelligence agencies," *New York Times*, http://www.nytimes.com/2013/08/30/us/politics/leaked-document-outlines-us-spending-on-intelligence.html. Michael Holt (4 Oct 2015), "Top 15 global intelligence agencies with biggest budgets in the world have tripled since 2009-2016," *LinkedIn*, https://www.linkedin.com/pulse/top-15-global-intelligence-agencies-biggest-budgets-world-holt

286. Anne Edmundson et al. (10 Mar 2017), "RAN: Routing around nation-states," *Princeton University*, https://www.cs.princeton.edu/~jrex/papers/ran17.pdf

287. Kiyo Dorrer (31 Mar 2017), "Hello, Big Brother: How China controls its citizens through social media," *Deutsche Welle*, http://www.dw.com/en/hello-big-brother-how-china-controls-its-citizens-through-social-media/a-38243388. Maya Wang (18 Aug 2017), "China's dystopian push to revolutionize surveillance," *Human Rights Watch*, https://www.hrw.org/news/2017/08/18/chinas-dystopian-push-revolutionize-surveillance

288. Gary King, Jennifer Pan, and Margaret E. Roberts (May 2013), "How censorship in China allows government criticism but silences collective expression," *American Political Science Review 107*, no. 2, https://gking.harvard.edu/files/censored.pdf

289. 雖然這是能夠破壞闖越的系統，不過在搭配中國的監控與執法體系，以及因而產生的自我審查制度之後，這套系統就變得非常有效。Oliver August (23 Oct 2007), "The Great Firewall: China's misguided— and futile—attempt to control what happens online," *Wired*, https://www.wired.com/2007/10/ff-chinafirewall

290. Josh Chin and Gillian Wong (28 Nov 2016), "China's new tool for social control: A credit rating for everything," *Wall Street Journal*, https://www.wsj.com/articles/chinas-new-tool-for-social-control-a-credit-rating-for-everything-1480351590

291. Matthew Lasar (22 Jun 2011), "Nazi hunting: How France first 'civilized' the internet," *Ars Technica*, https://arstechnica.com/tech-policy/2011/06/how-france-proved-that-the-internet-is-not-global. Anthony Faiola (6 Jan 2016), "Germany springs to action over hate speech against migrants," *Washington Post*, https://www.washingtonpost.com/world/europe/germany-springs-to-action-over-hate-speech-against-migrants/2016/01/06/6031218e-b315-11e5-8abc-d09392edc612_story.html

292. Richard Clarke and Robert K. Knake (Apr 2010), *Cyber War: The Next Threat to National Security and What to Do about It*, Harper Collins, https://books.google.com/books?id=rNRlR4RGkecC

293. David E. Sanger (2018), *The Perfect Weapon: War, Sabotage, and Fear in the Cyber Age*, Crown, https://books.google.com/books?id=htc7DwAAQBAJ

294. Fred Kaplan (2016), *Dark Territory: The Secret History of Cyber War*, Simon &

Schuster, https://books.google.com/books?id=q1AJCgAAQBAJ

295. 或許最受到一致認同的定義是 *Tallinn Manual* 中的定義。NATO Cooperative Cyber Defence Centre of Excellence (Feb 2017), *Tallinn Manual 2.0 on the International Law Applicable to Cyber Operations*, 2nd edition, Cambridge University Press, http://www.cambridge.org/us/academic/subjects/law/humanitarian-law/tallinn-manual-20-international-law-applicable-cyber-operations-2nd-edition

296. David Kushner (26 Feb 2013), "The real story of Stuxnet," *IEEE Spectrum*, https://spectrum.ieee.org/telecom/security/the-real-story-of-stuxnet. Ralph Langner (1 Nov 2013), "To kill a centrifuge," *Langner Group*, https://www.langner.com/wp-content/uploads/2017/03/to-kill-a-centrifuge.pdf. Kim Zetter (2015), *Countdown to Zero Day: Stuxnet and the Launch of the World's First Digital Weapon*, Crown Books, https://books.google.com/books?id=1l2YAwAAQBAJ

297. 這通常稱為資料擷取與監控系統。Alex Hern (17 Oct 2013), "U.S. power plants 'vulnerable to hacking,'" *Guardian*, https://www.theguardian.com/technology/2013/oct/17/us-power-plants-hacking. Jack Wiles et al. (23 Aug 2008), *Techno Security's Guide to Securing SCADA*, Ingress, https://books.google.com/books?id=sHtIdWn1gnAC

298. David A. Fulghum, Robert Wall, and Douglas Barrie (5 Nov 2007), "Details about Israel's high-tech strike on Syria," *Aviation Week Network*, http://aviationweek.com/awin/details-about-israel-s-high-tech-strike-syria

299. John Markoff (13 Aug 2008), "Before the gunfire, cyberattacks," *New York Times*, http://www.nytimes.com/2008/08/13/technology/13cyber.html

300. Alan D. Campen, ed. (1992), *The First Information War: The Story of Communications, Computers, and Intelligence Systems in the Persian Gulf War*, AFCEA International Press, https://archive.org/details/firstinformation00camp

301. Barack Obama (13 Apr 2016), "Statement by the president on progress in the fight against ISIL," *White House Office of the Press Secretary*, https://obamawhitehouse.archives.gov/the-press-office/2016/04/13/statement-president-progress-fight-against-isil

302. 此行動稱為「Dragonfly」。Security Response Attack Investigation Team (20 Oct

2017), "Dragonfly: Western energy sector targeted by sophisticated attack group," *Symantec Corporation*, https://www.symantec.com/connect/blogs/dragonfly-western-energy-sector-targeted-sophisticated-attack-group

303. Joseph Berger (25 Mar 2016), "A dam, small and unsung, is caught up in an Iranian hacking case," *New York Times*, http://www.nytimes.com/2016/03/26/nyregion/rye-brook-dam-caught-in-computer-hacking-case.html

304. United States Computer Emergency Readiness Team (20 Oct 2017), "Alert (TA17-293A): Advanced persistent threat activity targeting energy and other critical infrastructure sectors," https://www.us-cert.gov/ncas/alerts/TA17-293A

305. Seymour M. Hersh (7 Jul 2008), "Preparing the battlefield," *New Yorker*, https://www.newyorker.com/magazine/2008/07/07/preparing-the-battlefield

306. Kertu Ruus (2008), "Cyber war I: Estonia attacked from Russia," *European Affairs 9*, no. 1-2, http://www.europeaninstitute.org/index.php/component/content/article?id=67:cyber-war-i-estonia-attacked-from-russia

307. Benjamin Elgin and Michael Riley (12 Dec 2014), "Now at the Sands Casino: An Iranian hacker in every server," *Bloomberg*, http://www.businessweek.com/articles/2014-12-11/iranian-hackers-hit-sheldon-adelsons-sands-casino-in-las-vegas

308. 業界稱呼這類攻擊者是「APT」，即「進階持續性滲透攻擊」。

309. Ben Buchanan (Jan 2017), "The legend of sophistication in cyber operations," *Harvard Kennedy School Belfer Center for Science and International Affairs*, https://www.belfercenter.org/publication/legend-sophistication-cyber-operations

310. Scott DePasquale and Michael Daly (12 Oct 2016), "The growing threat of cyber mercenaries," *Politico*, https://www.politico.com/agenda/story/2016/10/the-growing-threat-of-cyber-mercenaries-000221

311. David E. Sanger, David D. Kirkpatrick, and Nicole Perlroth (15 Oct 2017), "The world once laughed at North Korean cyberpower. No more," *New York Times*, https://www.nytimes.com/2017/10/15/world/asia/north-korea-hacking-cyber-sony.html

312. John D. Negroponte (11 Jan 2007), "Annual threat assessment of the Director of National Intelligence," *Office of the Director of National Intelligence*, http://www.au.af.mil/au/awc/awcgate/dni/threat_assessment_11jan07.pdf

313. Dennis C. Blair (12 Feb 2009), "Annual threat assessment of the intelligence community for the Senate Select Committee on Intelligence," *Office of the Director of National Intelligence*, https://www.dni.gov/files/documents/Newsroom/Testimonies/20090212_testimony.pdf

314. Dennis C. Blair (2 Feb 2010), "Annual threat assessment of the U.S. intelligence community for the Senate Select Committee on Intelligence," *Office of the Director of National Intelligence*, https://www.dni.gov/files/documents/Newsroom/Testimonies/20100202_testimony.pdf

315. Daniel R. Coats (11 May 2017), "Statement for the record: Worldwide threat assessment of the US intelligence community: Senate Select Committee on Intelligence," *Office of the Director of National Intelligence*, https://www.dni.gov/files/documents/Newsroom/Testimonies/SSCI%20Unclassified%20SFR%20-%20Final.pdf

316. Toomas Hendrik Ilves (31 Jan 2014), "Rebooting trust? Freedom vs. security in cyberspace," *Office of the President*, Republic of Estonia, https://vp2006-2016.president.ee/en/official-duties/speeches/9796-qrebooting-trust-freedom-vs-security-in-cyberspaceq

317. Jarrad Shearer (13 Jul 2010; updated 26 Sep 2017), "W32.Stuxnet," *Symantec*, https://www.symantec.com/security_response/writeup.jsp?docid=2010-071400-3123-99

318. Iain Thomson (28 Jun 2017), "Everything you need to know about the Petya, er, NotPetya nasty trashing PCs worldwide," *Register*, https://www.theregister.co.uk/2017/06/28/petya_notpetya_ransomware. Josh Fruhlinger (17 Oct 2017), "Petya ransomware and NotPetya: What you need to know now," *CSO*, https://www.csoonline.com/article/3233210/ransomware/petya-ransomware-and-notpetya-malware-what-you-need-to-know-now.html. Nicholas Weaver (28 Jun 2017), "Thoughts on the NotPetya ransomware attack," *Lawfare*, https://lawfareblog.com/thoughts-notpetya-ransomware-attack. Ellen Nakashima (12 Jan 2018), "Russian military was behind 'Notpetya' cyberattack in Ukraine, CIA concludes," *Washington Post*, https://www.washingtonpost.com/world/national-security/russian-military-was-behind-notpetya-cyberattack-in-ukraine-cia-concludes/2018/01/12/048d8506-f7ca-

11e7-b34a-b85626af34ef_story.html

319. Nicole Perlroth (23 Oct 2012), "In cyberattack on Saudi firm, U.S. sees Iran firing back," *New York Times*, http://www.nytimes.com/2012/10/24/business/global/cyberattack-on-saudi-oil-firm-disquiets-us.html

320. David E. Sanger and William J. Broad (4 Mar 2017), "Trump inherits a secret cyberwar against North Korean missiles," *New York Times*, https://www.nytimes.com/2017/03/04/world/asia/north-korea-missile-program-sabotage.html

321. Mark Galeotti (6 Jul 2014), "The 'Gerasimov Doctrine' and Russian non-linear war," *In Moscow's Shadows*, https://inmoscowsshadows.wordpress.com/2014/07/06/the-gerasimov-doctrine-and-russian-non-linear-war. Henry Foy (15 Sep 2017), "Valery Gerasimov, the general with a doctrine for Russia," *Financial Times*, https://www.ft.com/content/7e14a438-989b-11e7-a652-cde3f882dd7b

322. David E. Sanger and Elisabeth Bumiller (31 May 2011), "Pentagon to consider cyberattacks acts of war," *New York Times*, http://www.nytimes.com/2011/06/01/us/politics/01cyber.html

323. Lucas Kello (2017), *The Virtual Weapon and International Order*, Yale University Press, https://yalebooks.yale.edu/book/9780300220230/virtual-weapon-and-international-order

324. Carol Morello and Greg Miller (2 Jan 2015), "U.S. imposes sanctions on N. Korea following attack on Sony," *Washington Post*, https://www.washingtonpost.com/world/national-security/us-imposes-sanctions-on-n-korea-following-attack-on-sony/2015/01/02/3e5423ae-92af-11e4-a900-9960214d4cd7_story.html

325. Lauren Gambino and Sabrina Siddiqui (30 Dec 2016), "Obama expels 35 Russian diplomats in retaliation for US election hacking," *Guardian*, https://www.theguardian.com/us-news/2016/dec/29/barack-obama-sanctions-russia-election-hack

326. Jason Healey (2011), "The spectrum of national responsibility for cyberattacks," *Brown Journal of World Affairs 18*, no. 1, https://www.brown.edu/initiatives/journal-world-affairs/sites/brown.edu.initiatives.journal-world-affairs/files/private/articles/18.1_Healey.pdf

327. David E. Sanger and William J. Broad (4 Mar 2017), "Trump inherits a secret

cyberwar against North Korean missiles," *New York Times*, https://www.nytimes.com/2017/03/04/world/asia/north-korea-missile-program-sabotage.html

328. Nadiya Kostyuk and Yuri M. Zhukov (10 Nov 2017), "Invisible digital front: Can cyber attacks shape battlefield events?" *Journal of Conflict Resolution*, http://journals.sagepub.com/doi/pdf/10.1177/0022002717737138

329. Robert Axelrod and Rum Iliev (28 Jan 2014), "Timing of cyber conflict," *Proceedings of the National Academy of Sciences of the United States of America 111*, no. 4, http://www.pnas.org/content/111/4/1298

330. Caitlin Dewey (28 May 2013), "The U.S. weapons systems that experts say were hacked by the Chinese," *Washington Post*, https://www.washingtonpost.com/news/worldviews/wp/2013/05/28/the-u-s-weapons-systems-that-experts-say-were-hacked-by-the-chinese. Marcus Weisgerber (23 Sep 2015), "China's copycat jet raises questions about F-35," *Defense One*, http://www.defenseone.com/threats/2015/09/more-questions-f-35-after-new-specs-chinas-copycat/121859. Justin Ling (24 Mar 2016), "Man who sold F-35 secrets to China pleads guilty," *Vice News*, https://news.vice.com/article/man-who-sold-f-35-secrets-to-china-pleads-guilty

331. 外交關係協會試圖追蹤所有類似行動。Adam Segal (6 Nov 2017), "Tracking state-sponsored cyber operations," *Council on Foreign Relations*, https://www.cfr.org/blog/tracking-state-sponsored-cyber-operations

332. 平心而論，雖然攻擊比防禦容易，但並不代表在網路空間的進攻行動也比防禦行動容易。Rebecca Slayton (1 Feb 2017), "What is the cyber offense-defense balance? Conceptions, causes, and assessment," *International Security 41*, no. 3, https://www.mitpressjournals.org/doi/abs/10.1162/ISEC_a_00267?journalCode=isec

333. Gideon Rachman (5 Jan 2017), "Axis of power," *New World*, BBC Radio 4, http://www.bbc.co.uk/programmes/b086tfbh

334. 這段引述內容來自多位人士，不過以下是我能找到的最早引文：Fred Kaplan (12 Dec 2016), "How the U.S. could respond to Russia's hacking," *Slate*, http://www.slate.com/articles/news_and_politics/war_stories/2016/12/the_u_s_response_to_russia_s_hacking_has_consequences_for_the_future_of.html

335. Charlie Osborne (17 Jan 2018), "US hospital pays $55,000 to hackers after

ransomware attack," *ZDNet*, http://www.zdnet.com/article/us-hospital-pays-55000-to-ransomware-operators

336. Brian Krebs (16 Sep 2016), "Ransomware getting more targeted, expensive," *Krebs on Security*, https://krebsonsecurity.com/2016/09/ransomware-getting-more-targeted-expensive

337. Kaspersky Lab (28 Nov 2016), "Story of the year: The ransomware revolution," *Kaspersky Security Bulletin 2016*, https://media.kaspersky.com/en/business-security/kaspersky-story-of-the-year-ransomware-revolution.pdf

338. Symantec Corporation (19 Jul 2016), "Ransomware and businesses 2016," https://www.symantec.com/content/en/us/enterprise/media/security_response/whitepapers/ISTR2016_Ransomware_and_Businesses.pdf.Symantec Corporation (26 Apr 2017), "Alarming increase in targeted attacks aimed at politically motivated sabotage and subversion," https://www.symantec.com/about/newsroom/press-releases/2017/symantec_0426_01

339. Carbon Black (9 Oct 2017), "The ransomware economy," https://cdn.www.carbonblack.com/wp-content/uploads/2017/10/Carbon-Black-Ransomware-Economy-Report-101117.pdf

340. Herb Weisman (9 Jan 2017), "Ransomware: Now a billion dollar a year crime and growing," *NBC News*, https://www.nbcnews.com/tech/security/ransomware-now-billion-dollar-year-crime-growing-n704646. Symantec Corporation (19 Jul 2016), "Ransomware and businesses 2016," http://www.symantec.com/content/en/us/enterprise/media/security_response/whitepapers/ISTR2016_Ransomware_and_Businesses.pdf

341. Luke Graham (7 Feb 2017), "Cybercrime costs the global economy $450 billion: CEO," *CNBC*, https://www.cnbc.com/2017/02/07/cybercrime-costs-the-global-economy-450-billion-ceo.html

342. Steve Morgan (22 Aug 2016), "Cybercrime damages expected to cost the world $6 trillion by 2021," *CSO*, https://www.csoonline.com/article/3110467/security/cybercrime-damages-expected-to-cost-the-world-6-trillion-by-2021.html

343. Dennis C. Blair et al. (22 Feb 2017), "Update to the IP Commission Report: The theft

of American intellectual property: Reassessments of the challenge and United States Policy," *National Bureau of Asian Research*, http://www.ipcommission.org/report/IP_Commission_Report_Update_2017.pdf

344. Federal Bureau of Investigation (14 Jun 2016), "Business e-mail compromise: The 3.1 billion dollar scam," https://www.ic3.gov/media/2016/160614.aspx. Brian Krebs (23 Jun 2016), "FBI: Extortion, CEO fraud among top online fraud complaints in 2016," *Krebs on Security*, https://krebsonsecurity.com/2017/06/fbi-extortion-ceo-fraud-among-top-online-fraud-complaints-in-2016

345. Kenneth R. Harney (31 Mar 2016), "Scary new scam could swipe all your closing money," *Chicago Tribune*, http://www.chicagotribune.com/classified/realestate/ct-re-0403-kenneth-harney-column-20160331-column.html

346. Brian Krebs (12 Oct 2012), "The scrap value of a hacked PC, revisited," *Krebs on Security*, https://krebsonsecurity.com/2012/10/the-scrap-value-of-a-hacked-pc-revisited

347. Dan Goodin (2 Feb 2018), "Cryptocurrency botnets are rendering some companies unable to operate," *Ars Technica*, https://arstechnica.com/information-technology/2018/02/cryptocurrency-botnets-generate-millions-but-exact-huge-cost-on-victims

348. White Ops (20 Dec 2016), "The Methbot operation," https://www.whiteops.com/hubfs/Resources/WO_Methbot_Operation_WP.pdf

349. Rob Wainwright et al. (15 Mar 2017), "European Union serious and organized crime threat assessment: Crime in the age of technology," *Europol*, https://www.europol.europa.eu/activities-services/main-reports/european-union-serious-and-organised-crime-threat-assessment-2017

350. Nicolas Rapp and Robert Hackett (25 Oct 2017), "A hacker's tool kit," *Fortune*, http://fortune.com/2017/10/25/cybercrime-spyware-marketplace. Dan Goodin (1 Feb 2018), "New IoT botnet offers DDoSes of once-unimaginable sizes for $20," *Ars Technica*, https://arstechnica.com/information-technology/2018/02/for-sale-ddoses-guaranteed-to-take-down-gaming-servers-just-20

351. Dorothy Denning (20 Feb 2018), "North Korea's growing criminal cyberthreat,"

Conversation, https://theconversation.com/north-koreas-growing-criminal-cyberthreat-89423

352. Sam Kim (7 Feb 2018), "Inside North Korea's hacker army," *Bloomberg*, https://www.bloomberg.com/news/features/2018-02-07/inside-kim-jong-un-s-hacker-army

353. Kim Zetter (17 Jun 2016), "That insane, \$81M Bangladesh bank heist? Here's what we know," *Wired*, https://www.wired.com/2016/05/insane-81m-bangladesh-bank-heist-heres-know

354. Brian Krebs (16 Oct 2016), "Hacked cameras, DVRs powered today's massive internet outage," *Krebs on Security*, https://krebsonsecurity.com/2016/10/hacked-cameras-dvrs-powered-todays-massive-internet-outage

355. Proofpoint (16 Jan 2014), "Your fridge is full of spam: Proof of an IoT-driven attack," https://www.proofpoint.com/us/threat-insight/post/Your-Fridge-is-Full-of-SPAM. Dan Goodin (17 Jan 2014), "Is your refrigerator really part of a massive spam-sending botnet?"Ars Technica, https://arstechnica.com/information-technology/2014/01/is-your-refrigerator-really-part-of-a-massive-spam-sending-botnet

356. Pierluigi Paganini (12 Apr 2017), "The rise of the IoT botnet: Beyond the Mirai bot," *InfoSec Institute*, http://resources.infosecinstitute.com/rise-iot-botnet-beyond-mirai-bot

357. Dana Ford (24 Aug 2013), "Cheney's defibrillator was modified to prevent hacking," *CNN*, http://www.cnn.com/2013/10/20/us/dick-cheney-gupta-interview/index.html

358. David Kravets (17 Mar 2017), "Man accused of sending a seizure-inducing tweet charged with cyberstalking," *Ars Technica*, https://arstechnica.com/tech-policy/2017/03/man-arrested-for-allegedly-sending-newsweek-writer-a-seizure-inducing-tweet

359. Steve Overly (8 Mar 2017), "What we know about car hacking, the CIA and those WikiLeaks claims," *Washington Post*, https://www.washingtonpost.com/news/innovations/wp/2017/03/08/what-we-know-about-car-hacking-the-cia-and-those-wikileaks-claims

360. Lorenzo Franceschi-Bicchierai (7 Aug 2016), "Hackers make the first-ever

ransomware for smart thermostats," *Vice Motherboard*, https://motherboard.vice. com/en_us/article/aekj9j/Internet-of-things-ransomware-smart-thermostat

361. David Z. Morris (29 Jan 2017), "Hackers hijack hotel's smart locks, demand ransom," *Fortune*, http://fortune.com/2017/01/29/hackers-hijack-hotels-smart-locks

362. Russell Brandom (12 May 2017), "UK hospitals hit with massive ransomware attack," *Verge*, https://www.theverge.com/2017/5/12/15630354/nhs-hospitals-ransomware-hack-wannacry-bitcoin. April Glaser (27 Jun 2017), "U.S. hospitals have been hit by the global ransomware attack," *Recode*, https://www.recode. net/2017/6/27/15881666/global-eu-cyber-attack-us-hackers-nsa-hospitals

363. Denis Campbell and Haroon Siddique (15 May 2017), "Operations cancelled as Hunt accused of ignoring cyber-attack warnings," *Guardian*, https://www.theguardian. com/technology/2017/may/15/warning-of-nhs-cyber-attack-was-not-acted-on-cybersecurity

364. ITV (16 May 2017), "NHS cyber attack: Hospitals no longer diverting patients," http://www.itv.com/news/2017-05-16/nhs-cyber-attack-hospitals-no-longer-diverting-patients

365. Sean Gallagher (25 Oct 2016), "How one rent-a-botnet army of cameras, DVRs caused Internet chaos," *Ars Technica*, https://arstechnica.com/information-technology/2016/10/inside-the-machine-uprising-how-cameras-dvrs-took-down-parts-of-the-internet

第五章：風險漸趨慘重

366. Mike Gault (20 Dec 2016), "The CIA secret to cybersecurity that no one seems to get," *Wired*, https://www.wired.com/2015/12/the-cia-secret-to-cybersecurity-that-no-one-seems-to-get

367. Jon Blistein (15 Mar 2016), "Hacker pleads guilty to stealing celebrity nude photos," *Rolling Stone*, https://www.rollingstone.com/movies/news/hacker-pleads-guilty-to-stealing-celebrity-nude-photos-20160315

368. Nate Lord (27 Jul 2017), "A timeline of the Ashley Madison hack," *Digital Guardian*, https://digitalguardian.com/blog/timeline-ashley-madison-hack

369. Eric Lipton, David E. Sanger, and Scott Shane (13 Dec 2016), "The perfect weapon: How Russian cyberpower invaded the U.S.," *New York Times*, https://www.nytimes.com/2016/12/13/us/politics/russia-hack-election-dnc.html

370. Stacy Cowley (2 Oct 2017), "2.5 million more people potentially exposed in Equifax breach," *New York Times*, https://www.nytimes.com/2017/10/02/business/equifax-breach.html

371. Brendan I. Koerner (23 Oct 2016), "Inside the cyberattack that shocked the U.S. government," *Wired*, https://www.wired.com/2016/10/inside-cyberattack-shocked-us-government. Evan Perez (24 Aug 2017), "FBI arrests Chinese national connected to malware used in OPM data breach," *CNN*, http://www.cnn.com/2017/08/24/politics/fbi-arrests-chinese-national-in-opm-data-breach/index.html

372. 這是安德森在他文中的說法。Eireann Leverett, Richard Clayton, and Ross Anderson (6 Jun 2017), "Standardization and certification of the 'Internet of Things,'" *Institute for Consumer Policy*, https://www.conpolicy.de/en/news-detail/standardization-and-certification-of-the-internet-of-things

373. Kim Zetter (26 Sep 2007), "Simulated cyberattack shows hackers blasting away at the power grid," *Wired*, https://www.wired.com/2007/09/simulated-cyber

374. Kim Zetter (1 Jan 2015), "A cyberattack has caused confirmed physical damage for the second time ever," *Wired*, https://www.wired.com/2015/01/german-steel-mill-hack-destruction

375. Joseph Berger (25 Mar 2016), "A dam, small and unsung, is caught up in an Iranian hacking case," *New York Times*, http://www.nytimes.com/2016/03/26/nyregion/rye-brook-dam-caught-in-computer-hacking-case.html

376. Charles Perrow (1999), *Normal Accidents: Living with High-Risk Technologies*, Princeton University Press, https://www.amazon.com/Normal-Accidents-Living-High-Risk-Technologies/dp/0691004129

377. Michael Martinez, John Newsome, and Rene Marsh (21 Jul 2015), "Handgun-firing drone appears legal in video, but FAA, police probe further," *CNN*, http://www.cnn.com/2015/07/21/us/gun-drone-connecticut/index.html

378. Jordan Golson (2 Aug 2016), "Jeep hackers at it again, this time taking control of

steering and braking systems," *Verge*, https://www.theverge.com/2016/8/2/12353186/car-hack-jeep-cherokee-vulnerability-miller-valasek

379. Kim Zetter (8 Jun 2015), "Hacker can send fatal dose to hospital drug pumps," *Wired*, https://www.wired.com/2015/06/hackers-can-send-fatal-doses-hospital-drug-pumps

380. Kim Zetter (26 May 2015), "Is it possible for passengers to hack commercial aircraft?" *Wired*, https://www.wired.com/2015/05/possible-passengers-hack-commercial-aircraft. Anthony Cuthbertson (20 Dec 2016), "Hackers expose security flaws with major airlines," *Newsweek*, http://www.newsweek.com/hackers-hijack-planes-flight-system-flaw-534071

381. Jack Morse (18 Jul 2017), "Remotely hacking ships shouldn't be this easy, and yet..."Mashable, http://mashable.com/2017/07/18/hacking-boats-is-fun-and-easy

382. Jill Scharr (6 Jun 2014), "Hacking an electronic highway sign is way too easy," *Tom's Guide*, https://www.tomsguide.com/us/highway-signs-easily-hacked,news-18915.html

383. Robert McMillan (12 Apr 2017), "Tornado-siren false alarm shows radio-hacking risk," *Wall Street Journal*, https://www.wsj.com/articles/tornado-siren-false-alarm-shows-radio-hacking-risk-1492042082

384. John Denley (28 Sep 2017), "No nuclear weapon is safe from cyberattacks," *Wired*, https://www.wired.co.uk/article/no-nuclear-weapon-is-safe-from-cyberattacks

385. Gregory Falco (Mar 2018), "The Vacuum of Space Cyber Security," *Cyber Security Project*, Harvard Kennedy School Belfer Center for Science and Interna-tional Affairs，未發表的草稿。

386. Neal A. Pollar, Adam Segal, and Matthew G. DeVost (16 Jan 2018), "Trust war: Dangerous trends in cyber conflict," *War on the Rocks*, https://warontherocks.com/2018/01/trust-war-dangerous-trends-cyber-conflict

387. Rick Maese and Matt Bonesteel (9 Dec 2016), "World Anti-Doping Agency report details scope of massive Russian scheme," *Washington Post*, https://www.washingtonpost.com/news/early-lead/wp/2016/12/09/wada-report-details-scope-of-massive-russian-doping-scheme

388. Karen DeYoung and Ellen Nakashima (16 Jul 2016), "UAE orchestrated hacking of Qatari government sites, sparking regional upheaval, according to U.S. intelligence officials," *Washington Post*, https://www.washingtonpost.com/world/national-security/uae-hacked-qatari-government-sites-sparking-regional-upheaval-according-to-us-intelligence-officials/2017/07/16/00c46e54-698f-11e7-8eb5-cbccc2e7bfbf_story.html

389. Nicole Perlroth, Michael Wines, and Matthew Rosenberg (1 Sep 2017), "Russian election hacking efforts, wider than previously known, draw little scrutiny," *New York Times*, https://www.nytimes.com/2017/09/01/us/politics/russia-election-hacking.html

390. James R. Clapper (26 Feb 2015), "Statement for the record: Worldwide threat assessment of the US intelligence community: Senate Armed Services Committee," *Office of the Director of National Intelligence*, http://www.dni.gov/files/documents/Unclassified_2015_ATA_SFR_-_SASC_FINAL.pdf

391. Ashley Carman (11 Sep 2015), " 'Information integrity' among top cyber priorities for U.S. gov't, Clapper says," *SC Magazine*, http://www.scmagazine.com/intelligence-committee-hosts-cybersecurity-hearing/article/438202

392. Katie Bo Williams (27 Sep 2015), "Officials worried hackers will change your data, not steal it," *Hill*, http://thehill.com/policy/cybersecurity/254977-officials-worried-hackers-will-change-your-data-not-steal-it

393. James R. Clapper (9 Feb 2016), "Statement for the record: Worldwide threat assessment of the US intelligence community: Senate Armed Services Committee," *Office of the Director of National Intelligence*, https://www.dni.gov/files/documents/SASC_Unclassified_2016_ATA_SFR_FINAL.pdf

394. Shaun Waterman (20 Jul 2016), "Bank regulators briefed on Treasury-led cyber drill," *Fed Scoop*, https://www.fedscoop.com/us-treasury-cybersecurity-drill-july-2016

395. Telis Demos (3 Dec 2017), "Banks build line of defense for doomsday cyberattack," *Wall Street Journal*, https://www.wsj.com/articles/banks-build-line-of-defense-for-doomsday-cyberattack-1512302401

396. Ben Buchanan and Taylor Miller (Jun 2017), "Machine Learning for Policymakers: What It Is and Why It Matters," *Cyber Security Project*, Harvard Kennedy School Belfer Center for Science and International Affairs, https://www.belfercenter.org/sites/default/files/files/publication/MachineLearningforPolicymakers.pdf

397. Sam Wong (30 Nov 2016), "Google Translate AI invents its own language to translate with," *New Scientist*, https://www.newscientist.com/article/2114748-google-translate-ai-invents-its-own-language-to-translate-with. Cade Metz (9 May 2017), "Facebook's new AI could lead to translations that actually make sense," *Wired*, https://www.wired.com/2017/05/facebook-open-sources-neural-networks-speed-translations

398. Elizabeth Gibney (17 Jan 2016), "Google AI algorithm masters ancient game of Go," *Nature 529*, http://www.nature.com/news/google-ai-algorithm-masters-ancient-game-of-go-1.19234

399. Andre Esteva et al. (25 Jan 2017), "Dermatologist-level classification of skin cancer with deep neural networks," *Nature 542*, https://www.nature.com/nature/journal/v542/n7639/full/nature21056.html

400. Julia Angwin et al. (23 May 2016), "Machine bias," *ProPublica*, https://www.propublica.org/article/machine-bias-risk-assessments-in-criminal-sentencing

401. Peter Holley (26 Sep 2017), "Teenage suicide is extremely difficult to predict. That's why some experts are turning to machines for help," *Washington Post*, https://www.washingtonpost.com/amphtml/news/innovations/wp/2017/09/25/teenage-suicide-is-extremely-difficult-to-predict-thats-why-some-experts-are-turning-to-machines-for-help

402. 老實說，大家對這項研究有許多疑問。Yilun Wang and Michal Kosinski（15 Feb 2017；最後更新時間 16 Oct 2017），"Deep neural networks are more accurate than humans at detecting sexual orientation from facial images," *Open Science Framework*, https://osf.io/zn79k

403. Orley Ashenfelter (29 May 2008), "Predicting the quality and prices of Bordeaux wine," *Economic Journal*, http://onlinelibrary.wiley.com/doi/10.1111/j.1468-0297.2008.02148.x/abstract

404. Mitchell Hoffman, Lisa Kahn, and Danielle Li (Nov 2015), "Discretion in hiring," *National Bureau of Economic Research*, https://www.nber.org/papers/w21709.pdf

405. Adam Himmelsbach (18 Aug 2012), "Punting less can be rewarding, but coaches aren't risking jobs on it," *New York Times*, http://www.nytimes.com/2012/08/19/sports/football/calculating-footballs-risk-of-not-punting-on-fourth-down.html

406. Sally Adee (17 Aug 2016), "Scammer AI can tailor clickbait to you for phishing attacks," *New Scientist*, https://www.newscientist.com/article/2101483-scammer-ai-can-tailor-clickbait-to-you-for-phishing-attacks

407. Riccardo Miotto, Brian A. Kidd, and Joel T. Dudley (17 May 2016), "Deep Patient: An unsupervised representation to predict the future of patients from the electronic health records," *Scientific Reports 6*, no. 26094, https://www.nature.com/articles/srep26094

408. Will Knight (11 Apr 2017), "The dark secret at the heart of AI," *MIT Technology Review*, https://www.technologyreview.com/s/604087/the-dark-secret-at-the-heart-of-ai

409. William Messner, ed. (2014), *Autonomous Technologies: Applications That Matter*, SAE International, http://books.sae.org/jpf-auv-004

410. Anh Nguyen, Jason Yosinski, and Jeff Clune (2 Apr 2015), "Deep neural networks are easily fooled: High confidence predictions for unrecognizable images," in *Proceedings of the 2015 IEEE Conference on Computer Vision and Pattern Recognition (CVPR '15)*, https://arxiv.org/abs/1412.1897

411. Christian Szegedy et al. (19 Feb 2014), "Intriguing properties of neural networks," in *Conference Proceedings: International Conference on Learning Representations (ICLR) 2014*, https://arxiv.org/abs/1312.6199

412. Andrew Ilyas et al. (20 Dec 2017), "Partial information attacks on real-world AI," *LabSix*, http://www.labsix.org/partial-information-adversarial-examples

413. James Vincent (24 Mar 2016), "Twitter taught Microsoft's AI chatbot to be a racist asshole in less than a day," *Verge*, https://www.theverge.com/2016/3/24/11297050/tay-microsoft-chatbot-racist

414. Timothy B. Lee (10 Oct 2017), "Dow Jones posts fake story claiming Google was buying Apple," *Ars Technica*, https://arstechnica.com/tech-policy/2017/10/dow-

jones-posts-fake-story-claiming-google-was-buying-apple

415. Bob Pisani (21 Apr 2015), "What caused the flash crash? DFTC, DOJ weigh in," *CNBC*, https://www.cnbc.com/2015/04/21/what-caused-the-flash-crash-cftc-doj-weigh-in.html

416. Edmund Lee (24 Apr 2013), "AP Twitter account hacked in market-moving attack," *Bloomberg*, https://www.bloomberg.com/news/articles/2013-04-23/dow-jones-drops-recovers-after-false-report-on-ap-twitter-page

417. George Dvorsky (11 Sep 2017), "Hackers have already started to weaponize artificial intelligence," *Gizmodo*, https://gizmodo.com/hackers-have-already-started-to-weaponize-artificial-in-1797688425

418. Cade Metz (6 Jul 2016), "DARPA goes full Tron with its grand battle of the hack bots," *Wired*, https://www.wired.com/2016/07/__trashed-19

419. Matthew Braga (16 Jun 2016), "In the future, we'll leave software bug hunting to the machines," *Vice Motherboard*, https://motherboard.vice.com/en_us/article/mg73a8/cyber-grand-challenge. Cade Metz (5 Aug 2016), "Hackers don't have to be human anymore. This bot battle proves it," *Wired*, https://www.wired.com/2016/08/security-bots-show-hacking-isnt-just-humans

420. Sharon Gaudin (5 Aug 2016), "'Mayhem' takes first in DARPA hacking challenge," *Computerworld*, https://www.computerworld.com/article/3104891/security/mayhem-takes-first-in-darpas-all-computer-hacking-challenge.html

421. Kevin Townsend (29 Nov 2016), "How machine learning will help attackers," *Security Week*, http://www.securityweek.com/how-machine-learning-will-help-attackers

422. Cylance (1 Aug 2017), "Black Hat attendees see AI as double-edged sword," https://www.cylance.com/en_us/blog/black-hat-attendees-see-ai-as-double-edged-sword.html

423. Greg Allen and Taniel Chan (13 Jul 2017), "Artificial intelligence and national security," *Harvard Kennedy School Belfer Center for Science and International Affairs*, https://www.belfercenter.org/sites/default/files/files/publication/AI%20NatSec%20-%20final.pdf

424. Matt Burgess (22 Aug 2017), "Ethical hackers have turned this robot into a stabbing machine," *Wired*, https://www.wired.co.uk/article/hacked-robots-pepper-nao-alpha-2-stab-screwdriver

425. Tamara Bonaci et al. (17 Apr 2015), "To make a robot secure: An experimental analysis of cyber security threats against teleoperated surgical robotics," *ArXiv* 1504.04339v1, https://arxiv.org/pdf/1504.04339v1.pdf. Darlene Storm (27 Apr 2015), "Researchers hijack teleoperated surgical robot: Remote surgery hacking threats," *Computerworld*, https://www.computerworld.com/article/2914741/cybercrime-hacking/researchers-hijack-teleoperated-surgical-robot-remote-surgery-hacking-threats.html

426. Thomas Fox-Brewster (3 May 2017), "Catastrophe warning: Watch an industrial robot get hacked," *Forbes*, https://www.forbes.com/sites/thomasbrewster/2017/05/03/researchers-hack-industrial-robot-making-a-drone-rotor

427. Paul Scharre (24 Apr 2017), *Army of None: Autonomous Weapons and the Future of War*, W. W. Norton, https://books.google.com/books?id=sjMsDwAAQBAJ

428. Heather Roff (9 Feb 2016), "Distinguishing autonomous from automatic weapons," *Bulletin of the Atomic Scientists*, http://thebulletin.org/autonomous-weapons-civilian-safety-and-regulation-versus-prohibition/distinguishing-autonomous-automatic-weapons

429. Paul Scharre (29 Feb 2016), "Autonomous weapons and operational risk," *Center for a New American Security*, https://www.cnas.org/publications/reports/autonomous-weapons-and-operational-risk

430. Michael Sainato (19 Aug 2015), "Stephen Hawking, Elon Musk, and Bill Gates warn about artificial intelligence," *Observer*, http://observer.com/2015/08/stephen-hawking-elon-musk-and-bill-gates-warn-about-artificial-intelligence

431. Stuart Russell et al. (11 Jan 2015), "An open letter: Research priorities for robust and beneficial artificial intelligence," *Future of Life Institute*, https://futureoflife.org/ai-open-letter

432. These two essays talk about that: Ted Chiang (18 Dec 2017), "Silicon Valley is turning into its own worst fear," *BuzzFeed*, https://www.buzzfeed.com/tedchiang/

the-real-danger-to-civilization-isnt-ai-its-runaway. Charlie Stross (Jan 2018), "Dude, you broke the future!" *Charlie's Diary*, http://www.antipope.org/charlie/blog-static/2018/01/dude-you-broke-the-future.html

433. Rodney Brooks (7 Sep 2017), "The seven deadly sins of predicting the future of AI," http://rodneybrooks.com/the-seven-deadly-sins-of-predicting-the-future-of-ai

434. Sean Gallagher (15 Nov 2016), "Chinese company installed secret backdoor on hundreds of thousands of phones," *Ars Technica*, https://arstechnica.com/information-technology/2016/11/chinese-company-installed-secret-backdoor-on-hundreds-of-thousands-of-phones

435. Cyrus Farivar (11 Jul 2017), "Kaspersky under scrutiny after Bloomberg story claims close links to FSB," *Ars Technica*, https://arstechnica.com/information-technology/2017/07/kaspersky-denies-inappropriate-ties-with-russian-govt-after-bloomberg-story

436. Selena Larson (14 Feb 2018), "The FBI, CIA and NSA say Americans shouldn't use Huawei phones," *CNN*, http://money.cnn.com/2018/02/14/technology/huawei-intelligence-chiefs/index.html

437. Emily G. Cohen (7 Jul 1997), "Check Point response to Mossad rumor," *Firewalls Mailing List*, Great Circle Associates, http://old.greatcircle.com/firewalls/mhonarc/firewalls.199707/msg00223.html

438. Julia Angwin et al. (15 Aug 2015), "AT&T helped U.S. spy on Internet on a vast scale," *New York Times*, https://www.nytimes.com/2015/08/16/us/politics/att-helped-nsa-spy-on-an-array-of-internet-traffic.html

439. Arnd Weber et al. (22 Mar 2018), "Sovereignty in information technology: Security, safety and fair market access by openness and control of the supply chain," *Karlsruher Institut für Technologie*, http://www.itas.kit.edu/pub/v/2018/weua18a.pdf

440. 88 Georg T. Becker et al. (Jan 2014), "Stealthy dopant-level hardware Trojans: Extended version," *Journal of Cryptographic Engineering 4*, https://link.springer.com/article/10.1007/s13389-013-0068-0

441. Paul Mozur (28 Jan 2015), "New rules in China upset Western tech companies," *New York Times*, https://www.nytimes.com/2015/01/29/technology/in-china-new-

cybersecurity-rules-perturb-western-tech-companies.html

442. Zack Whittaker (17 Mar 2016), "U.S. government pushed tech firms to hand over source code," *ZDNet*, http://www.zdnet.com/article/us-government-pushed-tech-firms-to-hand-over-source-code

443. John Leyden (23 Oct 2017), "'We've nothing to hide': Kaspersky Lab offers to open up source code," *Register*, https://www.theregister.co.uk/2017/10/23/kaspersky_source_code_review

444. Joel Schectman, Dustin Volz, and Jack Stubbs (2 Oct 2017), "HP Enterprise let Russia scrutinize cyberdefense system used by Pentagon," *Reuters*, https://www.reuters.com/article/us-usa-cyber-russia-hpe-specialreport/special-report-hp-enterprise-let-russia-scrutinize-cyberdefense-system-used-by-pentagon-idUSKCN1C716M

445. 《紐約時報》聲明基於國家安全考量，因此特意隱瞞了那些企圖最後有無成功。我猜想應該是成功了。David E. Sanger and Nicole Perlroth (23 Mar 2014), "N.S.A. breached Chinese servers seen as security threat," *New York Times*, https://www.nytimes.com/2014/03/23/world/asia/nsa-breached-chinese-servers-seen-as-spy-peril.html

446. 我們手邊的一份文件顯示國家安全局的竊聽裝置「被送往 Syrian Telecommunications Establishment（STE），作為該國網際網路骨幹的組件使用」。Chief（姓名刪除）, Access and Target Development (S3261) (Jun 2010), "Stealthy techniques can crack some of SIGINT's hardest targets," *SID Today*, http://www.spiegel.de/media/media-35669.pdf. Sean Gallagher (14 May 2014), "Photos of an NSA 'upgrade' factory show Cisco router getting implant," *Ars Technica*, https://arstechnica.com/tech-policy/2014/05/photos-of-an-nsa-upgrade-factory-show-cisco-router-getting-implant

447. Darren Pauli (18 Mar 2015), "Cisco posts kit to empty houses to dodge NSA chop shops," *Register*, https://www.theregister.co.uk/2015/03/18/want_to_dodge_nsa_supply_chain_taps_ask_cisco_for_a_dead_drop

448. Kim Zetter (19 Dec 2015), "Secret code found in Juniper's firewalls shows risk of government backdoors," *Wired*, https://www.wired.com/2015/12/juniper-networks-hidden-backdoors-show-the-risk-of-government-backdoors

449. Jeremy Kirk (14 Oct 2013), "Backdoor found in D-Link router firmware code," *InfoWorld*, http://www.infoworld.com/article/2612384/network-router/backdoor-found-in-d-link-router-firmware-code.html

450. Gio Benitez (7 Nov 2017), "How to protect yourself from downloading fake apps and getting hacked," *ABC News*, http://abcnews.go.com/US/protect-downloading-fake-apps-hacked/story?id=50972286

451. Lorenzo Franceschi-Bicchierai (3 Nov 2017), "More than 1 million people downloaded a fake WhatsApp Android app," *Vice Motherboard*, https://motherboard.vice.com/en_us/article/evbakk/fake-whatsapp-android-app-1-million-downloads

452. Lucian Constantin (18 Sep 2017), "Malware-infected CCleaner installer distributed to users via official servers for a month," *Vice Motherboard*, https://motherboard.vice.com/en_us/article/a3kgpa/ccleaner-backdoor-malware-hack. Thomas Fox-Brewster (21 Sep 2017), "Avast: The 2.3M CCleaner hack was a sophisticated assault on the tech industry," *Forbes*, https://www.forbes.com/sites/thomasbrewster/2017/09/21/avast-ccleaner-attacks-target-tech-industry

453. Andy Greenberg (7 Jul 2017), "The Petya plague exposes the threat of evil software updates," *Wired*, https://www.wired.com/story/petya-plague-automatic-software-updates

454. Joseph Graziano (21 Nov 2013), "Fake AV software updates are distributing malware," *Symantec Corporation*, https://www.symantec.com/connect/blogs/fake-av-software-updates-are-distributing-malware

455. Omer Shwartz et al. (14 Aug 2017), "Shattered trust: When replacement smartphone components attack," in *Proceedings of the 11th USENIX Workshop on Offensive Technologies (WOOT 17)*, https://www.usenix.org/conference/woot17/workshop-program/presentation/shwartz

456. Mike Murphy (18 Dec 2017), "Think twice about buying internet-connected devices off eBay," *Quartz*, https://qz.com/1156059/dont-buy-second-hand-internet-connected-iot-devices-from-sites-like-ebay-ebay

457. Aaron Maasho (29 Jan 2018), "China denies report it hacked African Union headquarters," *Reuters*, https://www.reuters.com/article/us-africanunion-summit-

china/china-denies-report-it-hacked-african-union-headquarters-idUSKBN1FI2I5

458. Elaine Sciolino (15 Nov 1988), "The bugged embassy case: What went wrong," *New York Times*, http://www.nytimes.com/1988/11/15/world/the-bugged-embassy-case-what-went-wrong.html

459. Elisabeth Bumiller and Thom Shanker (11 Oct 2012),"Panetta warns of dire threat of cyberattack," *New York Times*, http://www.nytimes.com/2012/10/12/world/panetta-warns-of-dire-threat-of-cyberattack.html

460. Daniel R. Coats (11 May 2017), "Statement for the record: Worldwide threat assessment of the US intelligence community: Senate Select Committee on Intelligence," *Office of the Director of National Intelligence*, https://www.dni.gov/files/documents/Newsroom/Testimonies/SSCI%20Unclassified%20SFR%20-%20Final.pdf

461. Daniel R. Coats (13 Feb 2018), "Statement for the record: Worldwide threat assessment of the US intelligence community," *Office of the Director of National Intelligence*, https://www.dni.gov/files/documents/Newsroom/Testimonies/2018-ATA---Unclassified-SSCI.pdf

462. Simon Ruffle et al. (6 Jul 2015), "Business blackout: The insurance implications of a cyber attack on the U.S. power grid," *Lloyd's Cambridge Centre for Risk Studies*, https://www.lloyds.com/news-and-insight/risk-insight/library/society-and-security/business-blackout

463. Stephen Paddock 槍擊案就是這類案件的其中一例。Alex Horton (3 Oct 2017), "The Las Vegas shooter modified a dozen rifles to shoot like automatic weapons," *Washington Post*, https://www.washingtonpost.com/news/checkpoint/wp/2017/10/02/video-from-las-vegas-suggests-automatic-gunfire-heres-what-makes-machine-guns-different

464. ReprapAlgarve (23 Sep 2016), "DIY 3D printed assassination drone," *YouTube*, https://www.youtube.com/watch?v=N3mdUjT6C5w

465. Jack Goldsmith and Stuart Russell (5 Jun 2018), "Strengths Become Vulnerabilities: How a Digital World Disadvantages the United States in Its International Relations," *Aegis Series Paper*, Hoover Working Group on National Security, Technology, and

Law, https://www.hoover.org/sites/default/files/research/docs/381100534-strengths-become-vulnerabilities.pdf

466. Barack Obama (16 Dec 2016), "Press conference by the president," *White House Office of the Press Secretary*, https://obamawhitehouse.archives.gov/the-press-office/2016/12/16/press-conference-president

467. 奈伊針對網路空間內的威懾撰寫了許多文章。Joseph S. Nye Jr. (1 Feb 2017), "Deterrence and dissuasion in cyberspace," *International Security 41*, no. 3, https://www.mitpressjournals.org/doi/pdf/10.1162/ISEC_a_00266

468. Rochelle F. H. Bohaty (12 Jan 2008), "Dangerously vulnerable," *Chemical & Engineering News*, http://pubs.acs.org/cen/email/html/cen_87_i02_8702gov2.html

469. 同時，相較於其他類型的攻擊，我們更難歸屬生物攻擊與網路攻擊的責任，進而讓這兩種攻擊更顯駭人。

470. Peter Vincent Pry (8 May 2014), "Electromagnetic pulse: Threat to critical infrastructure," *Testimony before the Subcommittee on Cybersecurity*, Infrastructure Protection and Security Technologies, House Committee on Homeland Security, http://docs.house.gov/meetings/HM/HM08/20140508/102200/HHRG-113-HM08-Wstate-PryP-20140508.pdf. William R. Graham and Peter Vincent Pry (12 Oct 2017), "North Korea nuclear EMP attack: An existential threat,"US House of Representatives Committee on Homeland Security, Subcommittee on Oversight and Management Efficiency Hearing, http://docs.house.gov/meetings/HM/HM09/20171012/106467/HHRG-115-HM09-Wstate-PryP-20171012.pdf

471. 現在「大規模毀滅性武器」一詞幾乎可用來形容一切。聯邦調查局就將波士頓馬拉松爆炸案的壓力鍋炸彈稱為「大規模毀滅性武器」。Federal Bureau of Investigation（存取時間 24 Apr 2018）, "Weapons of mass destruction," http://www.fbi.gov/about-us/investigate/terrorism/wmd/wmd_faqs. Brian Palmer (31 Mar 2010), "When did IEDs become WMD?" *Slate*, http://www.slate.com/articles/news_and_politics/explainer/2010/03/when_did_ieds_become_wmd.html

472. Daniel R. Coats (11 May 2017), "Statement for the record: Worldwide threat assessment of the US intelligence community: Senate Select Committee on Intelligence," *Office of the Director of National Intelligence*, https://www.dni.gov/

files/documents/Newsroom/Testimonies/SSCI%20Unclassified%20SFR%20-%20 Final.pdf

473. Ron Suskind (2006), *The One Percent Doctrine: Deep inside America's Pursuit of Its Enemies since 9/11*, Simon & Schuster, https://www.amazon.com/dp/B000NY12N2/ ref=dp-kindle-redirect?_encoding=UTF8&btkr=1

474. James Barron (15 Aug 2003), "The blackout of 2003," *New York Times*, http://www. nytimes.com/2003/08/15/nyregion/blackout-2003-overview-power-surge-blacks-northeast-hitting-cities-8-states.html

475. US-CERT National Cyber Awareness System (Dec 2003), "2003 CERT Advisories," *Carnegie Mellon Software Engineering Institute*, https://www.cert.org/historical/ advisories/CA-2003-20.cfm

476. Paul F. Barber et al. (13 Jul 2004), "Technical analysis of the August 13, 2003 blackout," *North American Electric Reliability Council*, http://www.nerc.com/docs/ docs/blackout/NERC_Final_Blackout_Report_07_13_04.pdf. U.S.-Canada Power System Outage Task Force (1 Apr 2004), "Final report on the August 14, 2003 blackout in the United States and Canada: Causes and recommendations," https:// energy.gov/sites/prod/files/oeprod/DocumentsandMedia/Blackout Final-Web.pdf

477. Brian Krebs (18 Jan 2017), "Who is Anna-Senpai, the Mirai worm author?" *Krebs on Security*, https://krebsonsecurity.com/2017/01/who-is-anna-senpai-the-mirai-worm-author

478. Garrett M. Graff (13 Dec 2017), "How a dorm room Minecraft scam brought down the Internet," *Wired*, https://www.wired.com/story/mirai-botnet-minecraft-scam-brought-down-the-internet

479. Parmy Olson (9 Nov 2012), "The day a computer virus came close to plugging Gulf Oil," *Forbes*, https://www.forbes.com/sites/parmyolson/2012/11/09/the-day-a-computer-virus-came-close-to-plugging-gulf-oil

480. Iain Thomson (16 Aug 2017), "NotPetya ransomware attack cost us $300m—shipping giant Maersk," *Register*, https://www.theregister.co.uk/2017/08/16/ notpetya_ransomware_attack_cost_us_300m_says_shipping_giant_maersk

481. Elton Hobson (24 Nov 2017), "Powerful video warns of the danger of autonomous

'slaughterbot' drone swarms," *Global News*, https://globalnews.ca/news/3880186/powerful-video-warns-of-the-danger-of-autonomous-slaughterbot-drone-swarms

482. Michael Hippke and John G. Learned (6 Feb 2018), "Interstellar communication. IX.Message decontamination is possible," *ArXiv* 1802.02180v1, https://arxiv.org/pdf/1802.02180.pdf

483. 我曾聽過使用「BRINE」一詞作為指稱「生物、機器人、資訊、奈米科技與能源」（biology, robotics, information, nanotechnology, and energy）的縮寫。 James Kadtke and Linton Wells II (4 Sep 2014), "Policy challenges of accelerating technological change: Security policy and strategy implications of parallel scientific revolutions," *Center for Technology and National Security Policy*, National Defense University, http://ctnsp.dodlive.mil/files/2014/09/DTP106.pdf

484. Bruce Russett et al. (Dec 1994), "Did Americans' expectations of nuclear war reduce their savings?" *International Studies Quarterly 38*, http://www.jstor.org/discover/10.2307/2600866?uid=3739256&uid=2&uid=4&sid=21103807505461

485. William R. Beardslee (Mar–Apr 1983), "Adolescents and the threat of nuclear war: The evolution of a perspective," *Yale Journal of Biology and Medicine 56*, http://www.ncbi.nlm.nih.gov/pmc/articles/PMC2589708/pdf/yjbm00104-0020.pdf

486. Union of Concerned Scientists (20 Apr 2015), "Close calls with nuclear weapons," http://www.ucsusa.org/sites/default/files/attach/2015/04/Close%20Calls%20with%20Nuclear%20Weapons.pdf. Future of Life Institute (1 Feb 2016), "Accidental nuclear war: A timeline," https://futureoflife.org/background/nuclear-close-calls-a-timeline

487. Benjamin Schwarz (1 Jan 2013), "The real Cuban missile crisis," *Atlantic*, https://www.theatlantic.com/magazine/archive/2013/01/the-real-cuban-missile-crisis/309190

488. Sewell Chan (18 Sep 2017), "Stanislav Petrov, Soviet officer who helped avert nuclear war," *New York Times*, https://www.nytimes.com/2017/09/18/world/europe/stanislav-petrov-nuclear-war-dead.html

489. Laura Geggel (9 Feb 2016), "The odds of dying," *Live Science*, https://www.livescience.com/3780-odds-dying.html

490. 雖然現在聽來似乎不可思議，但在剛發生九一一事件之後，大家真的認為可能每隔幾個月就會出現類似規模的恐怖攻擊。Pew Research Center (Apr 2013), "Apr 18-21 2013, omnibus, final topline, N=1,002," *Pew Research Center*, http://www.people-press.org/files/legacy-questionnaires/4-23-13%20topline%20for%20release.pdf

491. Adam Gabbatt (23 Apr 2013), "Boston Marathon bombing injury toll rises to 264," *Guardian*, http://www.theguardian.com/world/2013/apr/23/boston-marathon-injured-toll-rise

492. National Safety Council（存取時間 24 Apr 2018）, "What are the odds of dying from...," http://www.nsc.org/learn/safety-knowledge/Pages/injury-facts-chart.aspx （文字、圖表）, http://injuryfacts.nsc.org/all-injuries/preventable-death-overview/odds-of-dying（圖片）. Kevin Gipson and Adam Suchy (Sep 2011), "Instability of televisions, furniture, and appliances: Estimated and reported fatalities, 2011 report," *Consumer Product Safety Commission*, https://web.archive.org/web/20111007090947/http://www.cpsc.gov/library/foia/foia11/os/tipover2011.pdf

493. John Mueller and Mark G. Stewart (1 Jul 2012), "The terrorism delusion: America's overwrought response to September 11," *International Security 37*, no. 1, https://politicalscience.osu.edu/faculty/jmueller/absisfin.pdf

494. Daniel Gilbert (2 Jul 2006), "If only gay sex caused global warming," *Los Angeles Times*, http://articles.latimes.com/2006/jul/02/opinion/op-gilbert2. Bruce Schneier (13 Jun 2008), "The psychology of security," *AfricaCrypt 2008*, https://www.schneier.com/academic/archives/2008/01/the_psychology_of_se.html

495. Bruce Schneier (8 Sep 2005), "Terrorists don't do movie plots," *Wired*, http://www.wired.com/2005/09/terrorists-dont-do-movie-plots

496. Bruce Schneier (31 Jul 2012), "Drawing the wrong lessons from horrific events," *CNN*, http://www.cnn.com/2012/07/31/opinion/schneier-aurora-aftermath/index.html

497. Bruce Schneier (Nov 2009), "Beyond security theater," *New Internationalist*, https://www.schneier.com/essays/archives/2009/11/beyond_security_thea.html

第二部分：解決方案

498. Statista (Oct 2017), "Global spam volume as percentage of total e-mail traffic

from January 2014 to September 2017, by month," https://www.statista.com/
statistics/420391/spam-email-traffic-share

499. Jordan Robertson (19 Jan 2016), "E-mail spam goes artisanal," *Bloomberg*, https://
www.bloomberg.com/news/articles/2016-01-19/e-mail-spam-goes-artisanal

500. Steven J. Murdoch (3 Oct 2017), "Liability for push payment fraud pushed onto the
victims," *Bentham's Gaze*, https://www.benthamsgaze.org/2017/10/03/liability-for-
push-payment-fraud-pushed-onto-the-victims. Steven J. Murdoch and Ross Anderson
(9 Nov 2014), "Security protocols and evidence: Where many payment systems fail,"
FC 2014: International Conference on Financial Cryptography and Data Security,
https://link.springer.com/chapter/10.1007/978-3-662-45472-5_2

501. Patrick Jenkins and Sam Jones (25 May 2016), "Bank customers may cover cost
of fraud under new UK proposals," *Financial Times*, https://www.ft.com/content/
e335211c-2105-11e6-aa98-db1e01fabc0c

502. Federal Trade Commission (Aug 2012), "Lost or stolen credit, ATM, and debit
cards," https://www.consumer.ftc.gov/articles/0213-lost-or-stolen-credit-atm-and-
debit-cards

503. Bruce Schneier (2012), *Liars and Outliers: Enabling the Trust That Society Needs
to Thrive*, Wiley, http://www.wiley.com/WileyCDA/WileyTitle/productCd-
1118143302.html

504. Arjun Jayadev and Samuel Bowles (Apr 2006), "Guard labor," *Journal of
Development Economics 79*, no. 2, http://www.sciencedirect.com/science/article/pii/
S0304387806000125

505. Gartner (16 Aug 2017), "Gartner says worldwide information security spending will
grow 7 percent to reach $86.4 billion in 2017," https://www.gartner.com/newsroom/
id/3784965

506. Allison Gatlin (8 Feb 2016), "Cisco, IBM, Dell M&A brawl may whack Symantec,
Palo Alto, Fortinet," *Investor's Business Daily*, https://www.investors.com/news/
technology/cisco-ibm-dell-ma-brawl-whacks-symantec-palo-alto-fortinet

507. Ponemon Institute (20 Jun 2017) "2017 cost of data breach study," http://info.
resilientsystems.com/hubfs/IBM_Resilient_Branded_Content/White_Papers/2017_

Global_CODB_Report_Final.pdf

508. Symantec Corporation (23 Jan 2018), "2017 Norton cyber security insights report: Global results," https://www.symantec.com/content/dam/symantec/docs/about/2017-ncsir-global-results-en.pdf

509. 我曾是這項研究專案的指導委員會成員。Paul Dreyer et al. (14 Jan 2018), "Estimating the global cost of cyber risk," *RAND Corporation*, https://www.rand.org/pubs/research_reports/RR2299.html

第六章：安全的網際網路＋是什麼模樣

510. Finn Lützow-Holm Myrstad (1 Dec 2016), "#Toyfail: An analysis of consumer and privacy issues in three internet-connected toys," *Forbrukerrådet*, https://consumermediallc.files.wordpress.com/2016/12/toyfail_report_desember2016.pdf

511. Philip Oltermann (17 Feb 2017), "German parents told to destroy doll that can spy on children," *Guardian*, https://www.theguardian.com/world/2017/feb/17/german-parents-told-to-destroy-my-friend-cayla-doll-spy-on-children

512. Samuel Gibbs (26 Nov 2015), "Hackers can hijack Wi-Fi Hello Barbie to spy on your children," *Guardian*, https://www.theguardian.com/technology/2015/nov/26/hackers-can-hijack-wi-fi-hello-barbie-to-spy-on-your-children

513. Tara Siegel Bernard et al. (7 Sep 2017), "Equifax says cyberattack may have affected 143 million in the U.S.," *New York Times*, https://www.nytimes.com/2017/09/07/business/equifax-cyberattack.html. Stacy Cowley (2 Oct 2017), "2.5 million more people potentially exposed in Equifax breach," *New York Times*, https://www.nytimes.com/2017/10/02/business/equifax-breach.html

514. Lukasz Lenart (9 Mar 2017), "S2-045: Possible remote code execution when performing file upload based on Jakarta Multipart parser," *Apache Struts 2 Documentation*, https://cwiki.apache.org/confluence/display/WW/S2-045. Dan Goodin (9 Mar 2017), "Critical vulnerability under 'massive' attack imperils high-impact sites," *Ars Technica*, https://arstechnica.com/information-technology/2017/03/critical-vulnerability-under-massive-attack-imperils-high-impact-sites

515. Dan Goodin (2 Oct 2017), "A series of delays and major errors led to massive Equifax

breach," *Ars Technica*, https://arstechnica.com/information-technology/2017/10/a-series-of-delays-and-major-errors-led-to-massive-equifax-breach

516. Cyrus Farivar (15 Sep 2017), "Equifax CIO, CSO 'retire' in wake of huge security breach," *Ars Technica*, https://arstechnica.com/tech-policy/2017/09/equifax-cio-cso-retire-in-wake-of-huge-security-breach

517. James Scott (20 Sep 2017), "Equifax: America's incredible insecurity," *Institute for Critical Infrastructure Technology*, http://icitech.org/wp-content/uploads/2017/09/ICIT-Analysis-Equifax-Americas-In-Credible-Insecurity-Part-One.pdf

518. Bruce Schneier (1 Nov 2017), "Testimony and statement for the record: Hearing on 'securing consumers' credit data in the age of digital commerce' before the Subcommittee on Digital Commerce and Consumer Protection Committee on Energy and Commerce, United States House of Representatives," http://docs.house.gov/meetings/IF/IF17/20171101/106567/HHRG-115-IF17-Wstate-SchneierB-20171101.pdf

519. Thomas Fox-Brewster (8 Sep 2017), "A brief history of Equifax security fails," *Forbes*, https://www.forbes.com/sites/thomasbrewster/2017/09/08/equifax-data-breach-history

520. 以下是可說明其中含意的例子：Open Web Application Security Project（最後修改時間 3 Aug 2016），"Security by design principles," https://www.owasp.org/index.php/Security_by_Design_Principles

521. Jonathan Zittrain et al. (Feb 2018), " 'Don't Panic' Meets the Internet of Things: Recommendations for a Responsible Future," *Berklett Cybersecurity Project*, Berkman Center for Internet and Society at Harvard University，未發表的草稿。

522. Bruce Schneier (9 Feb 2017), "Security and privacy guidelines for the Internet of Things," *Schneier on Security*, https://www.schneier.com/blog/archives/2017/02/security_and_pr.html

523. 斯威尼針對重新識別匿名資料做了許多出色研究，以下是其中部分研究：Latanya Sweeney（存取時間 24 Apr 2018），"Research accomplishments of Latanya Sweeney, Ph.D.: Policy and law: Identifiability of de-identified data," http://latanyasweeney.org/work/identifiability.html.

524. 並非所有人都一致認為會如此，例如：Debra Littlejohn Shinder (27 Jul 2016), "From mainframe to cloud: It's technology déjà vu all over again," *TechTalk*, https://techtalk.gfi.com/from-mainframe-to-cloud-its-technology-deja-vu-all-over-again

525. Software and Information Industry Association (15 Sep 2017), "Principles for ethical data use," *SIAA Issue Brief*, http://www.siia.net/Portals/0/pdf/Policy/Principles%20for%20Ethical%20Data%20Use%20SIIA%20 Issue%20Brief. pdf?ver=2017-09-15-130746-523. Erica Kochi et al. (12 Mar 2018), "How to prevent discriminatory outcomes in machine learning," *Global Future Council on Human Rights 2016-2018*, World Economic Forum, http://www3.weforum.org/docs/WEF_40065_White_Paper_How_to_Prevent_Discriminatory_Outcomes_in_Machine_Learning.pdf

526. Will Knight (11 Apr 2017), "The dark secret at the heart of AI," *MIT Technology Review*, https://www.technologyreview.com/s/604087/the-dark-secret-at-the-heart-of-ai

527. 若想要了解更多關於祕密演算法的資訊，建議可閱讀以下著作：Frank Pasquale (2015), *The Black Box Society: The Secret Algorithms That Control Money and Information*, Harvard University Press, http://www.hup.harvard.edu/catalog.php?isbn=9780674368279

528. Larry Hardesty (27 Oct 2016), "Making computers explain themselves," *MIT News*, http://news.mit.edu/2016/making-computers-explain-themselves-machine-learning-1028. Sara Castellanos and Steven Norton (10 Aug 2017), "Inside DARPA's push to make artificial intelligence explain itself," *Wall Street Journal*, https://blogs.wsj.com/cio/2017/08/10/inside-darpas-push-to-make-artificial-intelligence-explain-itself. Matthew Hutson (31 May 2017), "Q&A: Should artificial intelligence be legally required to explain itself?"Science, http://www.sciencemag.org/news/2017/05/qa-should-artificial-intelligence-be-legally-required-explain-itself

529. 歐盟的《一般資料保護規則》包含某種形式的「要求解釋的權利」，專家們仍在爭論這項權利的範圍有多廣泛。Bryce Goodman and Seth Flaxman (28 Jun 2016), "European Union regulations on algorithmic decision-making and a 'right to explanation,'" *2016 ICML Workshop on Human Interpretability in Machine Learning*, https://arxiv.org/abs/1606.08813. Sandra Wachter, Brent Mittelstadt, and

Luciano Floridi (24 Jan 2017), "Why a right to explanation of automated decision-making does not exist in the General Data Protection Regulation," *International Data Privacy Law 2017*, https://papers.ssrn.com/sol3/papers.cfm?abstract_id=2903469

530. Will Knight (11 Apr 2017), "The dark secret at the heart of AI," *MIT Technology Review*, https://www.technologyreview.com/s/604087/the-dark-secret-at-the-heart-of-ai

531. Cliff Kuang (21 Nov 2017), "Can A.I. be taught to explain itself?" *New York Times Magazine*, https://www.nytimes.com/2017/11/21/magazine/can-ai-be-taught-to-explain-itself.html

532. Nicholas Diakopoulos et al. (17 Nov 2016), "Principles for accountable algorithms and a social impact statement for algorithms," *Fairness, Accountability, and Transparency in Machine Learning*, https://www.fatml.org/resources/principles-for-accountable-algorithms

533. Tad Hirsch (9 Sep 2017), "Designing contestability: Interaction design, machine learning, and mental health," *2017 Conference on Designing Interactive Systems*, https://dl.acm.org/citation.cfm?doid=3064663.3064703

534. Christian Sandvig et al. (22 May 2014), "Auditing algorithms: Research methods for detecting discrimination on Internet platforms," *64th Annual Meeting of the International Communication Association*, http://www-personal.umich.edu/~csandvig/research/Auditing%20Algorithms%20--%20Sandvig%20--%20ICA%202014%20Data%20and%20Discrimination%20Preconference.pdf. Philip Adler et al. (23 Feb 2016), "Auditing black-box models for indirect influence," *2016 IEEE 16th International Conference on Data Mining (ICDM)*, http://ieeexplore.ieee.org/document/7837824

535. Julia Angwin et al. (23 May 2016), "Machine bias," *ProPublica*, https://www.propublica.org/article/machine-bias-risk-assessments-in-criminal-sentencing

536. Melissa E. Hathaway and John E. Savage (9 Mar 2012), "Stewardship of cyberspace: Duties for internet service providers," *CyberDialogue 2012*, University of Toronto, https://www.belfercenter.org/sites/default/files/legacy/files/cyberdialogue2012_hathaway-savage.pdf

537. 本章內的許多建議都取自以下報告：Melissa E. Hathaway and John E. Savage

(9 Mar 2012), "Stewardship of cyberspace: Duties for internet service providers," *CyberDialogue 2012*, University of Toronto, https://www.belfercenter.org/sites/default/files/legacy/files/cyberdialogue2012_hathaway-savage.pdf

538. Linda Rosencrance (10 Jun 2008), "3 top ISPs to block access to sources of child porn," *Computerworld*, https://www.computerworld.com/article/2535175/networking/3-top-isps-to-block-access-to-sources-of-child-porn.html

539. 工程師現正著手開發安全性系統，希望讓該系統內的路由器可查詢中央化資料庫，並且能得知物聯網裝置需要在何處連線，以及允許物聯網裝置收發的資訊，這稱為「製造商使用描述」（Manufacturer Usage Descriptions）。路由器可將裝置的連線能力限制為剛好符合上述條件，進而大幅提升安全性。我並非主張這是實踐安全性的正確方式，不過這是需要進一步檢驗的構想。Eliot Lear, Ralph Droms, and Dan Romascanu (24 Oct 2017), "Manufacturer Usage Description specification," *Internet Engineering Task Force*, https://datatracker.ietf.org/doc/draft-ietf-opsawg-mud. Max Pritikin et al. (30 Oct 2017), "Bootstrapping remote secure key infrastructures (BRSKI)," *Internet Engineering Task Force*, https://datatracker.ietf.org/doc/draft-ietf-anima-bootstrapping-keyinfra

540. 本章內的許多建議都取自以下報告：Melissa E. Hathaway and John E. Savage (9 Mar 2012), "Stewardship of cyberspace: Duties for internet service providers," cyberdialogue 2012, University of Toronto, https://www.belfercenter.org/sites/default/files/legacy/files/cyberdialogue2012_hathaway-savage.pdf

541. Bruce Schneier (9 Apr 2014), "Heartbleed," *Schneier on Security*, https://www.schneier.com/blog/archives/2014/04/heartbleed.html

542. Paul Mutton (8 Apr 2014), "Half a million widely trusted websites vulnerable to Heartbleed bug," *Netcraft*, https://news.netcraft.com/archives/2014/04/08/half-a-million-widely-trusted-websites-vulnerable-to-heartbleed-bug.html

543. Ben Grubb (11 Apr 2014), "Man who introduced serious 'Heartbleed' security flaw denies he inserted it deliberately," *Sydney Morning Herald*, http://www.smh.com.au/it-pro/security-it/man-who-introduced-serious-heartbleed-security-flaw-denies-he-inserted-it-deliberately-20140410-zqta1.html. Alex Hern (11 Apr 2014), "Heartbleed: Developer who introduced the error regrets 'oversight,'" *Guardian*, https://www.

theguardian.com/technology/2014/apr/11/heartbleed-developer-error-regrets-oversight

544. Steven J. Vaughan-Nichols (28 Apr 2014), "Cash, the Core Infrastructure Initiative, and open source projects," *ZDNet*, http://www.zdnet.com/article/cash-the-core-infrastructure-initiative-and-open-source-projects

545. Alex McKenzie (5 Dec 2009), "Early sketch of ARPANET's first four nodes," *Scientific American*, https://www.scientificamerican.com/gallery/early-sketch-of-arpanets-first-four-nodes

546. Yudhanjaya Wijeratne (28 Jun 2016), "The seven companies that really own the Internet," *Icarus Wept*, http://icaruswept.com/2016/06/28/who-owns-the-internet

547. Dan Goodin (10 Dec 2014), "Hack said to cause fiery pipeline blast could rewrite history of cyberwar," *Ars Technica*, https://arstechnica.com/information-technology/2014/12/hack-said-to-cause-fiery-pipeline-blast-could-rewrite-history-of-cyberwar

548. Simon Romero (9 Sep 2013), "N.S.A. spied on Brazilian oil company, report says," *New York Times*, http://www.nytimes.com/2013/09/09/world/americas/nsa-spied-on-brazilian-oil-company-report-says.html

549. David Hambling (10 Aug 2017), "Ships fooled in GPS spoofing attack suggest Russian cyberweapon," *New Scientist*, https://www.newscientist.com/article/2143499-ships-fooled-in-gps-spoofing-attack-suggest-russian-cyberweapon

550. Office of Homeland Security (15 Jul 2002), "National strategy for homeland security," https://www.hsdl.org/?view&did=856. George W. Bush (5 Feb 2003), "The national strategy for the physical protection of critical infrastructures and key assets," *Office of the President of the United States*, https://www.hsdl.org/?abstract&did=1041. Homeland Security Council (5 Oct 2007), "National strategy for homeland security," https://www.dhs.gov/xlibrary/assets/nat_strat_homelandsecurity_2007.pdf. George W. Bush (28 Feb 2003), "Directive on management of domestic incidents," *Office of the Federal Register*, https://www.hsdl.org/?view&did=439105. George W. Bush (17 Dec 2003), "Directive on national preparedness," *Office of the Federal Register*, https://www.hsdl.org/?view&did=441951

551. Barack Obama (12 Feb 2013), "Directive on critical infrastructure security and resilience," *White House Office*, https://www.hsdl.org/?view&did=731087

552. Donald J. Trump (Dec 2017), "National security strategy of the United States of America," https://www.whitehouse.gov/wp-content/uploads/2017/12/NSS-Final-12-18-2017-0905.pdf

553. Lawrence Norden and Christopher Famighetti (15 Sep 2015), "America's voting machines at risk," *Brennan Center for Justice*, New York University School of Law, https://www.brennancenter.org/publication/americas-voting-machines-risk

554. Office of Homeland Security (15 Jul 2002), "National strategy for homeland security," https://www.hsdl.org/?view &did=856

555. 我找到的一份文件指出在所有公共事業中，只有 8% 為私有，但這 8% 私有公共事業的發電量占了美國電力的 75%。Christopher Bellavita (16 Mar 2009), "85% of what you know about homeland security is probably wrong," *Homeland Security Watch*, http://www.hlswatch.com/2009/03/16/85-percent-is-wrong

556. Midwest Publishing Company（存取時間 24 Apr 2018）, "Electric utility industry overview," http://www.midwestpub.com/electricutility_overview.php

557. 以下是其中一份報告：President's National Infrastructure Advisory Council (14 Aug 2017), "Securing cyber assets: Addressing urgent cyber threats to critical infrastructure," https://www.dhs.gov/sites/default/files/publications/niac-cyber-study-draft-report-08-15-17-508.pdf.

558. Glenn Greenwald (15 Jul 2013), "The crux of the NSA story in one phrase: 'Collect it all,'" *Guardian*, https://www.theguardian.com/commentisfree/2013/jul/15/crux-nsa-collect-it-all

559. Jerome H. Saltzer, David P. Reed, and David D. Clark (1 Nov 1984), "End-to-end arguments in system design," *ACM Transactions on Computer Systems 2*, no. 4, http://web.mit.edu/Saltzer/www/publications/endtoend/endtoend.pdf

560. Tim Wu (6 Dec 2017), "How the FCC's net neutrality plan breaks with 50 years of history," *Wired*, https://www.wired.com/story/how-the-fccs-net-neutrality-plan-breaks-with-50-years-of-history

第七章：如何維護網際網路＋的安全

561. ISO 27001 是個不錯的例子。International Organization for Standardization（存取時間 24 Apr 2018），"ISO/IEC 27000 family: Information security management systems," http://www.iso.org/iso/home/standards/ management-standards/iso27001. htm

562. Pierre J. Schlag (Dec 1985), "Rules and standards," *UCLA Law Review 33*, https://lawweb.colorado.edu/profiles/pubpdfs/schlag/schlag UCLALR.pdf. Julia Black (28 Mar 2007), "Principles based regulation: Risks, challenges and opportunities," *University of Sydney*, http://eprints.lse.ac.uk/62814/1/__lse.ac.uk_storage_LIBRARY_Secondary_libfile_shared_repository_Content_Black,%20J_Principles%20based%20regulation_Black_Principles%20based%20regulation_2015. pdf

563. Cary Coglianese (2016), "Performance-based regulation: Concepts and challenges," in Francesca Bignami and David Zaring, eds., *Comparative Law and Regulation: Understanding the Global Regulatory Process*, Edward Elgar Publishing, http://onlinepubs.trb.org/onlinepubs/PBRLit/Coglianese3.pdf

564. 規範金融機構的一九九九年《金融服務法現代化法》是個很好的範例。該規定沒有指定應採取的行動，而是指定處理問題的方式，並且堅決要求受規定影響的的機構需建立合理的防衛措施。因此，相關機構即可靈活地遵循規定，而監管機關則可靈活地執法。不過缺點是「合理」一詞常遭解讀為「其他人都在做」，造成大家出現可能難以扭轉的羊群心態。Lorrie Faith Cranor et al. (11 Jun 2013), "Are they actually any different? Comparing thousands of financial institutions' privacy practices," *Twelfth Workshop on the Economics of Information Security (WEIS 2013)*, https://www.blaseur.com/papers/financial-final.pdf

565. National Institute of Standards and Technology (revised 5 Dec 2017), "Framework for improving critical infrastructure cybersecurity, version 1.1 draft 2," https://www.nist.gov/sites/default/files/documents/2017/12/05/draft-2_framework-v1-1_without-markup.pdf

566. Donald J. Trump (11 May 2017), "Presidential executive order on strengthening the cybersecurity of federal networks and critical infrastructure," *Office of the President*

of the United States, https://www.whitehouse.gov/presidential-actions/presidential-executive-order-strengthening-cybersecurity-federal-networks-critical-infrastructure

567. Christina McGhee (21 May 2014), "DoD turns to FedRAMP and cloud brokering," *FCW*, https://fcw.com/articles/2014/05/21/drill-down-dod-fedramp-and-cloud-brokering.aspx

568. Michael Rapaport and Theo Francis (26 Sep 2017), "Equifax says departing CEO won't get $5.2 million in severance pay," *Wall Street Journal*, https://www.wsj.com/articles/equifax-says-departing-ceo-wont-get-5-2-million-in-severance-pay-1506449778. Maria Lamagna (26 Sep 2017), "After breach, Equifax CEO leaves with $18 million pension, and possibly more," *MarketWatch*, https://www.marketwatch.com/story/equifax-ceo-leaves-with-18-million-pension-and-maybe-more-2017-09-26

569. Catalin Cimpanu (11 Nov 2017), "Hack cost Equifax only $87.5 million—for now," *Bleeping Computer*, https://www.bleepingcomputer.com/news/business/hack-cost-equifax-only-87-5-million-for-now

570. Nathan Bomey (14 Jul 2016), "BP's Deepwater Horizon costs total $62B," *USA Today*, https://www.usatoday.com/story/money/2016/07/14/bp-deepwater-horizon-costs/87087056

571. Daniel Kahneman and Amos Tversky (Mar 1979), "Prospect theory: An analysis of decision under risk," *Econometrica 47*, no. 2, https://www.princeton.edu/~kahneman/docs/Publications/prospect_theory.pdf

572. Bruce Schneier (Jul/Aug 2008), "How the human brain buys security," *IEEE Security & Privacy*, https://www.schneier.com/essays/archives/2008/07/how_the_human_brain.html

573. Dan Goodin (2 Oct 2017), "A series of delays and major errors led to massive Equifax breach," *Ars Technica*, https://arstechnica.com/information-technology/2017/10/a-series-of-delays-and-major-errors-led-to-massive-equifax-breach

574. Jamie Condliffe (15 Dec 2016), "A history of Yahoo hacks," *MIT Technology Review*, https://www.technologyreview.com/s/603157/a-history-of-yahoo-hacks

575. Andy Greenberg (21 Nov 2017), "Hack brief: Uber paid off hackers to hide a

57-million user data breach," *Wired*, https://www.wired.com/story/uber-paid-off-hackers-to-hide-a-57-million-user-data-breach

576. Russell Lange and Eric W. Burger (27 Dec 2017), "Long-term market implications of data breaches, not," *Journal of Information Privacy and Security*, http://www.tandfonline.com/doi/full/10.1080/15536548.2017.1394070

577. Ash Carter (17 Apr 2015), "The Department of Defense cyber strategy," *US Department of Defense*, https://www.defense.gov/Portals/1/features/2015/0415_cyber-strategy/Final_2015_DoD_CYBER_STRATEGY_for_web.pdf

578. John Michael Greer (2011), *The Wealth of Nature: Economics as if Survival Mattered*, New Society Publishers, https://books.google.com/books?id=h3-eVcJImqMC

579. Flynn McRoberts et al. (1 Sep 2002), "The fall of Andersen," *Chicago Tribune*, http://www.chicagotribune.com/news/chi-0209010315sep01-story.html

580. Megan Gross (3 Mar 2016), "Volkswagen details what top management knew leading up to emissions revelations," *Ars Technica*, http://arstechnica.com/cars/2016/03/volkswagen-says-ceo-was-in-fact-briefed-about-emissions-issues-in-2014. Danielle Ivory and Keith Bradsher (8 Oct 2015), "Regulators investigating 2nd VW computer program on emissions," *New York Times*, http://www.nytimes.com/2015/10/09/business/international/vw-diesel-emissions-scandal-congressional-hearing.html. Guilbert Gates et al. (8 Oct 2015; 修訂時間 28 Apr 2016), "Explaining Volkswagen's emissions scandal," *New York Times*, http://www.nytimes.com/interactive/2015/business/international/vw-diesel-emissions-scandal-explained.html

581. Jan Schwartz and Victoria Bryan (29 Sep 2017), "VW's Dieselgate bill hits $30 bln after another charge," *Reuters*, https://www.reuters.com/article/legal-uk-volkswagen-emissions/vws-dieselgate-bill-hits-30-bln-after-another-charge-idUSKCN1C4271

582. Bill Vlasic (6 Dec 2017), "Volkswagen official gets 7-year term in diesel-emissions cheating," *New York Times*, https://www.nytimes.com/2017/12/06/business/oliver-schmidt-volkswagen.html

583. Albert Bianchi Jr., Michelle L. Dama, and Adrienne S. Ehrhardt (3 Mar 2017), "Executives and board members could face liability for data breaches," *National Law Review*, https://www.natlawreview.com/article/executives-and-board-members-

could-face-liability-data-breaches. Joseph B. Crace Jr. (3 Apr 2017), "When does data breach liability extend to the boardroom?"Law 360, https://www.law360.com/articles/907786

584. Matt Burgess (1 Feb 2017), "TalkTalk's chief executive Dido Harding has resigned," *Wired*, https://www.wired.co.uk/article/talktalk-dido-harding-resign-quit

585. Darren C. Skinner (1 Jun 2006), "Director responsibilities and liability exposure in the era of Sarbanes-Oxley," *Practical Lawyer*, https://www.apks.com/en/perspectives/publications/2006/06/director-responsibilities-and-liability-exposure

586. Mary Jo White and Andrew J. Ceresney (19 May 2017), "Individual accountability: Not always accomplished through enforcement," *New York Law Journal*, http://www.law.com/newyorklawjournal/almID/1202786743746

587. Charles Cresson Wood (4 Dec 2016), "Solving the information security & privacy crisis by expanding the scope of top management personal liability," *Journal of Legislation 43*, no. 1, http://scholarship.law.nd.edu/jleg/vol43/iss1/5

588. Earlence Fernandes, Jaeyeon Jung, and Atul Prakash (18 Aug 2016), "Security analysis of emerging smart home applications," *2016 IEEE Symposium on Security and Privacy*, http://ieeexplore.ieee.org/document/7546527

589. SmartThings Inc.（存取時間 24 Apr 2018）, "Welcome to SmartThings!" https://www.smartthings.com/terms

590. 這向來被稱為「網際網路上的最大謊言」。Jonathan A. Obar and Anne Oeldorf-Hirsch (24 Aug 2016), "The biggest lie on the Internet: Ignoring the privacy policies and terms of service policies of social networking services," *44th Research Conference on Communication, Information and Internet Policy 2016 (TPRC 44)*, https://papers.ssrn.com/sol3/papers.cfm?abstract_id=2757465

591. 這項權利一直在法院內受到質疑，而現在已針對公司可在服務條款內提出的條件設下了某些限制。Juliet Moringiello and John Ottaviani (7 May 2016), "Online contracts: We may modify these at any time, right?"Business Law Today, https://www.americanbar.org/publications/blt/2016/05/07_moringiello.html

592. Jessica Silver-Greenberg and Robert Gebeloff (31 Oct 2015), "Arbitration everywhere, stacking the deck of justice," *New York Times*, https://www.nytimes.

com/2015/11/01/business/dealbook/arbitration-everywhere-stacking-the-deck-of-justice.html

593. Jane Chong (30 Oct 2013), "We need strict laws if we want more secure software," *New Republic*, https://newrepublic.com/article/115402/sad-state-software-liability-law-bad-code-part-4

594. Brenda R. Sharton and David S. Kantrowitz (22 Sep 2017), "Equifax and why it's so hard to sue a company for losing your personal information," *Harvard Business Review*, https://hbr.org/2017/09/equifax-and-why-its-so-hard-to-sue-a-company-for-losing-your-personal-information

595. Janis Kestenbaum, Rebecca Engrav, and Erin Earl (6 Oct 2017), "4 takeaways from FTC v. D-Link Systems," *Law 360*, https://www.law360.com/cybersecurity-privacy/articles/971473

596. Federal Trade Commission (29 Jul 2016), "In the matter of LabMD, Inc., a corporation: Opinion of the commission," *Docket No. 9357*, https://www.ftc.gov/system/files/documents/cases/160729labmd-opinion.pdf

597. Craig A. Newman (18 Dec 2017), "LabMD appeal has privacy world waiting," *Lexology*, https://www.lexology.com/library/detail.aspx?g=129a4ea7-cc38-4976-94af-3f09e8e280d0

598. Andy Greenberg (15 May 2013), "Hotel lock hack still being used in burglaries months after lock firm's fix," *Forbes*, https://www.forbes.com/sites/andygreenberg/2013/05/15/hotel-lock-hack-still-being-used-in-burglaries-months-after-lock-firms-fix

599. Roger J. Traynor (5 Jul 1944), *Escola v. Coca Cola Bottling Co. of Fresno*, S.F.16951, Supreme Court of California, https://repository.uchastings.edu/cgi/viewcontent.cgi?article=1150&context=traynor_opinions

600. United States Code (2011), "18 U.S. Code §2520—Recovery of civil damages authorized," in *United States Code*, 2006 edition, Supp. 5, Title 18—Crimes and Criminal Procedure, https://www.gpo.gov/fdsys/search/pagedetails.action?packageId=USCODE-2011-title18&granuleId=USCODE-2011-title18-partI-chap119-sec2520

601. US Copyright Office（Oct 2009；存 取 時 間 24 Apr 2018）, "504.Remedies for infringement: Damages and profits," in *Copyright Law of the United States* (Title 17), Chapter 5: "Copyright Notice, Deposit, and Registration," https://www.copyright.gov/title17/92chap5.html

602. 以下文章清楚闡述了關於責任的爭議：Donna L. Burden and Hilarie L. Henry (1 Aug 2015), "Security software vendors battle against impending strict products liability," *Product Liability Committee Newsletter*, International Association of Defense Counsel, http://www.iadclaw.org/securedocument.aspx?file=1/19/Product_Liability_August_2015.pdf

603. Greg Reigel et al. (13 Oct 2015), "GARA: The General Aviation Revitalization Act of 1994," *GlobalAir.com*, https://blog.globalair.com/post/GARA-the-General-Aviation-Revitalization-Act-of-1994.aspx

604. Adam Janofsky (17 Sep 2017), "Insurance grows for cyberattacks," *Wall Street Journal*, https://www.wsj.com/articles/insurance-grows-for-cyberattacks-1505700360

605. Paul Christiano (17 Feb 2018), "Liability insurance," *Sideways View*, https://sideways-view.com/2018/02/17/liability-insurance

606. Paul Merrey et al. (12 Jul 2017), "Seizing the cyber insurance opportunity," *KPMG International*, https://home.kpmg.com/xx/en/home/insights/2017/06/seizing-the-cyber-insurance-opportunity.html. US House of Representatives (22 Mar 2016), "The role of cyber insurance in risk management," *Hearing before the Subcommittee on Cybersecurity*, Infrastructure Protection, and Security Technologies of the Committee on Homeland Security, https://www.gpo.gov/fdsys/pkg/CHRG-114hhrg22625/html/CHRG-114hhrg22625.htm

607. Adam Janofsky (17 Sep 2017), "Cyberinsurers look to measure risk,"Wall Street Journal, https://www.wsj.com/articles/cyberinsurers-look-to-measure-risk-1505700301

608. 有些關於嬰兒監視器安全性的事例十分駭人。Craig Silverman (24 Jul 2015), "7 creepy baby monitor stories that will terrify all parents," *BuzzFeed*, https://www.buzzfeed.com/craigsilverman/creeps-hack-baby-monitors-and-say-terrifying-thing

609. Carl Franzen (4 Aug 2017), "How to find a hack-proof baby monitor," *Lifehacker*, https://offspring.lifehacker.com/how-to-find-a-hack-proof-baby-monitor-1797534985

610. Amazon.com（存取時間 24 Apr 2018）, "VTech DM111 audio baby monitor with up to 1,000 ft of range, 5-level sound indicator, digitized transmission & belt clip," https://www.amazon.com/VTech-DM111-Indicator-Digitized-Transmission/dp/B00JEV5UI8/ref=pd_lpo_vtph_75_bs_lp_t_1

611. 我找到一篇關於數種品牌的安全性評估：Mark Stanislav and Tod Beardsley (29 Sep 2015), "Hacking IoT: A case study on baby monitor exposure and vulnerabilities," *Rapid7*, https://www.rapid7.com/docs/Hacking-IoT-A-Case-Study-on-Baby-Monitor-Exposures-and-Vulnerabilities.pdf

612. George A. Akerlof (1 Aug 1970), "The market for 'lemons': Quality uncertainty and the market mechanism," *Quarterly Journal of Economics 84*, no. 3, https://academic.oup.com/qje/article-abstract/84/3/488/1896241

613. Bruce Schneier (19 Apr 2007), "How security companies sucker us with lemons," *Wired*, https://www.wired.com/2007/04/security matters-0419

614. 根據一份研究的估算，消費者平均每年需要花兩百四十四小時才能讀完自己同意的所有隱私政策。Aleecia M. McDonald and Lorrie Faith Cranor (1 Oct 2008), "The cost of reading privacy policies," *I/S: A Journal of Law and Policy for the Information Society*, 2008 Privacy Year in Review issue, http://lorrie.cranor.org/pubs/readingPolicyCost-authorDraft.pdf

615. Samsung（存取時間 24 Apr 2018）, "Samsung local privacy policy—SmartTV supplement," http://www.samsung.com/hk_en/info/privacy/smarttv

616. Samuel Gibbs (24 Jul 2017), "Smart fridges and TVs should carry security rating, police chief says," *Guardian*, https://www.theguardian.com/technology/2017/jul/24/smart-tvs-fridges-should-carry-security-rating-police-chief-says

617. Catherine Stupp (5 Oct 2016), "Commission plans cybersecurity rules for internet-connectedmachines," *Euractiv*, http://www.euractiv.com/section/innovation-industry/news/commission-plans-cybersecurity-rules-for-internet-connected-machines. John E. Dunn (11 Oct 2016), "The EU's latest idea to secure the Internet of Things? Sticky

labels," *Naked Security*, https://nakedsecurity.sophos.com/2016/10/11/the-eus-latest-idea-to-secure-the-internet-of-things-sticky-labels

618. Denham Sadler (23 Oct 2017), "Security ratings for IoT devices?" *InnovationAus.com*, http://www.innovationaus.com/2017/10/Security-ratings-for-IoT-devices

619. 136 US Congress (1 Aug 2017), "S.1691—Internet of Things (IoT) Cybersecurity Improvement Act of 2017," https://www.congress.gov/bill/115th-congress/senate-bill/1691/actions. Morgan Chalfant (27 Oct 2017), "Dems push for program to secure internet-connected devices," *Hill*, http://thehill.com/policy/cybersecurity/357509-dems-push-for-program-to-secure-internet-connected-devices

620. Consumer Reports (6 Mar 2017), "Consumer Reports launches digital standard to safeguard consumers' security and privacy in complex marketplace," https://www.consumerreports.org/media-room/press-releases/2017/03/consumer_reports_launches_digital_standard_to_safeguard_consumers_security_and_privacy_in_complex_marketplace

621. Nate Cardozo et al. (Jul 2017), "Who Has Your Back? 2017," *Electronic Frontier Foundation*, https://www.eff.org/files/2017/07/08/whohasyourback_2017.pdf

622. Rebecca MacKinnon et al. (March 2017), "2017 corporate accountability index," *Ranking Digital Rights*, https://rankingdigitalrights.org/index2017/assets/static/download/RDRindex2017report.pdf

623. Peter "Mudge" Zatko 對此領域提出了幾項很有意思的概念；他成立了網路保險商實驗室，可測試軟體的安全性。Kim Zetter (29 Jul 2016), "A famed hacker is grading thousands of programs—and may revolutionize software in the process," *Intercept*, https://theintercept.com/2016/07/29/a-famed-hacker-is-grading-thousands-of-programs-and-may-revolutionize-software-in-the-process

624. Foley & Lardner LLP (17 Jan 2018), "State data breach notification laws," https://www.foley.com/state-data-breach-notification-laws

625. Selena Larson (1 Dec 2017), "Senators introduce data breach disclosure bill," *CNN*, http://money.cnn.com/2017/12/01/technology/bill-data-breach-laws/index.html

626. 這向來會造成多樣的後果。例如，我們知道資料外洩雖會對公司造成短期影響，但在經過兩個星期後，對股價的影響就會變得微乎其微。Russell Lange

and Eric W. Burger (27 Dec 2017), "Long-term market implications of data breaches, not," *Journal of Information Privacy and Security*, http://www.tandfonline.com/doi/full/10.1080/15536548.2017.1394070

627. US Department of Homeland Security（存取時間 24 Apr 2018）, "Stop.Think. Connect.," https://www.dhs.gov/stopthinkconnect

628. Bruce Schneier (Sep/Oct 2013), "Security design: Stop trying to fix the user," *IEEE Security & Privacy*, https://www.schneier.com/blog/archives/2016/10/security_design.html

629. 以下是部分例子：IEEE（存取時間 24 Apr 2018）, "IEEE Computer Society Certification and Credential Program," https://www.computer.org/web/education/certificationsAssociation for Computing Machinery（存取時間 24 Apr 2018）, "Skillsoft Learning Collections," https://learning.acm.org/e-learning/skillsoft. (ISC)² （存取時間 24 Apr 2018）, "(ISC)² information security certifications," https://www.isc2.org/Certifications

630. International Organization for Standardization（存取時間 24 Apr 2018）, "ISO/IEC 27000 family: Information security management systems," http://www.iso.org/iso/home/standards/management-standards/iso27001.htm

631. Julie Peeler and Angela Messer (17 Apr 2015), "(ISC)² study: Workforce shortfall due to hiring difficulties despite rising salaries, increased budgets and high job satisfaction rate," *(ISC)² Blog*, http://blog.isc2.org/isc2_blog/2015/04/isc-study-workforce-shortfall-due-to-hiring-difficulties-despite-rising-salaries-increased-budgets-a.html. Jeff Kauflin (16 Mar 2017), "The fast-growing job with a huge skills gap: Cyber security," *Forbes*, https://www.forbes.com/sites/jeffkauflin/2017/03/16/the-fast-growing-job-with-a-huge-skills-gap-cyber-security. ISACA (Jan 2016), "2016 cybersecurity skills gap," https://image-store.slidesharecdn.com/be4eaf1a-eea6-4b97-b36e-b62dfc8dcbae-original.jpeg. Steve Morgan (2017), "Cybersecurity jobs report: 2017 edition," *Herjavec Group*, https://www.herjavecgroup.com/wp-content/uploads/2017/06/HG-and-CV-The-Cybersecurity-Jobs-Report-2017.pdf

632. John Oltsik (14 Nov 2017), "Research confirms the cybersecurity skills shortage is an existential threat," *CSO*, https://www.csoonline.com/article/3237049/security/

research-confirms-the-cybersecurity-skills-shortage-is-an-existential-threat.html

633. Mark Goodman (21 Jan 2015), "We need a Manhattan project for cyber security," *Wired*, https://www.wired.com/2015/01/we-need-a-manhattan-project-for-cyber-security

634. Accenture (2 Oct 2017), "Defining a cyber moon shot," https://www.accenture.com/t20171004T064630Z__w__/us-en/_acnmedia/PDF-62/Accenture-Defining-Cyber-Moonshot-POV.pdf

第八章：政府才能實現安全保障

635. Faye Bowers (29 Oct 1997), "Building a 747: 43 days and 3 million fasteners," *Christian Science Monitor*, https://www.csmonitor.com/1997/1029/102997.us.us.2.html

636. 我那年的平均時速是四十三公里。那年對我來說是活動比較少的一年，因為我在二〇一五年的平均時速為五十五里。

637. 以下摘要十分清楚：Mark Hansen, Carolyn McAndrews, and Emily Berkeley (Jul 2008), "History of aviation safety oversight in the United States," *DOT/FAA/AR-08-39*, National Technical Information Service, http://www.tc.faa.gov/its/worldpac/techrpt/ar0839.pdf

638. 旅程中最危險的環節是開往機場的計程車車程。

639. 以下是其中一個例子：Coalition for Cybersecurity and Policy and Law (26 Oct 2017), "New whitepaper: Building a national cybersecurity strategy: Voluntary, flexible frameworks," *Center for Responsible Enterprise and Trade*, https://create.org/news/new-whitepaper-building-national-cybersecurity-strategy

640. April Glaser (15 Mar 2017), "Federal privacy laws won't necessarily protect you from spying drones," *Recode*, https://www.recode.net/2017/3/15/14934050/federal-privacy-laws-spying-drones-senate-hearing

641. 148 Katie Hafner (2 Oct 2006), "And if you liked the movie, a Netflix contest may reward you handsomely," *New York Times*, http://www.nytimes.com/2006/10/02/technology/02netflix.html

642. Arvind Narayanan and Vitaly Shmatikov (18 May 2008), "Robust de-anonymization

of large sparse datasets," *2008 IEEE Symposium on Security and Privacy (SP '08)*, https://dl.acm.org/citation.cfm?id=1398064

643. Paul Ohm (13 Aug 2009), "Broken promises of privacy: Responding to the surprising failure of anonymization," *UCLA Law Review 57*, https://papers.ssrn.com/sol3/papers.cfm?abstract_id=1450006

644. Ryan Singel (12 Mar 2010), "Netflix cancels recommendation contest after privacy lawsuit," *Wired*, https://www.wired.com/2010/03/netflix-cancels-contest

645. 以下詳細說明了這項概念：Melissa E. Hathaway and John N. Stewart (25 Jul 2014), "Taking control of our cyber future," *Georgetown Journal of International Affairs*, https://www.georgetownjournalofinternationalaffairs.org/online-edition/cyber-iv-feature-taking-control-of-our-cyber-future

646. Eireann Leverett, Richard Clayton, and Ross Anderson (6 Jun 2017), "Standardization and certification of the 'Internet of Things,'" *Institute for Consumer Policy*, https://www.conpolicy.de/en/news-detail/standardization-and-certification-of-the-internet-of-things

647. Jedidiah Bracy (7 Apr 2016), "McSweeny, Soltani, and regulating the IoT," *International Association of Privacy Professionals*, https://iapp.org/news/a/mcsweeney-soltani-and-regulating-the-iot

648. Ryan Calo (15 Sep 2014), "The case for a federal robotics commission," *Brookings Institution*, https://www.brookings.edu/research/the-case-for-a-federal-robotics-commission

649. Matthew U. Scherer (Spring 2016), "Regulating artificial intelligence systems: Risks, challenges, competencies, and strategies," *Harvard Journal of Law & Technology 29*, no. 2, http://jolt.law.harvard.edu/articles/pdf/v29/29HarvJLTech353.pdf

650. National Cyber Bureau (2 Jun 2013), "Mission of the bureau," *Prime Minister's Office*, http://www.pmo.gov.il/English/PrimeMinistersOffice/DivisionsAndAuthorities/cyber/Pages/default.aspx

651. National Cyber Security Centre（9 Jun 2017；存取時間 24 Apr 2018），"About the NCSC," https://www.ncsc.gov.uk/information/about-ncsc

652. Andrew Odlyzko (1 Mar 2009), "Network neutrality, search neutrality, and the

never-ending conflict between efficiency and fairness in markets," *Review of Network Economics 8*, no. 1, https://www.degruyter.com/view/j/rne.2009.8.issue-1/ rne.2009.8.1.1169/rne.2009.8.1.1169.xml

653. Food and Drug Administration（存取時間 24 Apr 2018）, "The FDA's role in medical device cybersecurity," https://www.fda.gov/downloads/MedicalDevices/ DigitalHealth/UCM544684.pdf

654. Charles Ornstein (17 Nov 2015), "Federal privacy law lags far behind personal-health technologies," *Washington Post*, https://www.washingtonpost.com/news/to-your-health/wp/2015/11/17/federal-privacy-law-lags-far-behind-personal-health-technologies

655. Russell Brandom (25 Nov 2013), "Body blow: How 23andMe brought down the FDA's wrath," *Verge*, https://www.theverge.com/2013/11/25/5144928/how-23andme-brought-down-fda-wrath-personal-genetics-wojcicki. Gina Kolata (6 Apr 2017), "F.D.A. will allow 23andMe to sell genetic tests for disease risk to consumers," *New York Times*, https://www.nytimes.com/2017/04/06/health/fda-genetic-tests-23andme.html

656. Electronic Privacy Information Center (24 Aug 2015), "FTC v. Wyndham," https:// epic.org/amicus/ftc/wyndham

657. Federal Trade Commission (9 Dec 2015), "Wyndham settles FTC charges it unfairly placed consumers' payment card information at risk," https://www.ftc.gov/news-events/press-releases/2015/12/wyndham-settles-ftc-charges-it-unfairly-placed-consumers-payment

658. Josh Constine (27 Jun 2017), "Facebook now has 2 billion monthly users... and responsibility," *TechCrunch*, https://techcrunch.com/2017/06/27/facebook-2-billion-users

659. Eric R. Hinz (1 Nov 2012), "A distinctionless distinction: Why the RCS/ECS distinction in the Stored Communications Act does not work," *Notre Dame Law Review 88*, no. 1, https://scholarship.law.nd.edu/cgi/viewcontent.cgi?referer=&httpsr edir=1&article=1115&context=ndlr

660. David Kravets (21 Oct 2011), "Aging 'privacy' law leaves cloud email open to

cops," *Wired*, https://www.wired.com/2011/10/ecpa-turns-twenty-five

661. Olivia Solon and Sabrina Siddiqui (3 Sep 2017), "Forget Wall Street: Silicon Valley is the new political power in Washington," *Guardian*, https://www.theguardian.com/technology/2017/sep/03/silicon-valley-politics-lobbying-washington

662. Jonathan Taplin (30 Jul 2017), "Why is Google spending record sums on lobbying Washington?" *Guardian*, https://www.theguardian.com/technology/2017/jul/30/google-silicon-valley-corporate-lobbying-washington-dc-politics

663. Alex Ruoff (29 Jul 2016), "Fitness trackers, wellness apps won't be regulated by FDA," *Bureau of National Affairs*, https://www.bna.com/fitness-trackers-wellness-n73014445597. Food and Drug Administration, Center for Devices and Radiological Health (29 Jul 2016), "General wellness: Policy for low risk devices, guidance for industry and Food and Drug Administration staff," *Federal Register*, https://www.federalregister.gov/documents/2016/07/29/2016-17902/general-wellness-policy-for-low-risk-devices-guidance-for-industry-and-food-and-drug-administration

664. Brian Fung (29 Mar 2017), "What to expect now that Internet providers can collect and sell your Web browser history," *Washington Post*, https://www.washingtonpost.com/news/the-switch/wp/2017/03/29/what-to-expect-now-that-internet-providers-can-collect-and-sell-your-web-browser-history

665. Yochai Benkler and Julie Cohen (17 Nov 2017), "Networks 2" (conference session), After the Digital Tornado Conference, Wharton School, University of Pennsylvania, http://digitaltornado.net. Supernova Group (19 Nov 2017), "After the Tornado 05: Networks 2," *YouTube*, https://www.youtube.com/watch?v=pCGZ8tIrrIU

666. 《反垃圾郵件法》使情況更為惡化，因為該法取代了較嚴格的州法，而且奪走了個人提起訴訟的能力。Brian Krebs (2 Jul 2017), "Is it time to can the CAN-SPAM Act?" *Krebs on Security*, https://krebsonsecurity.com/2017/07/is-it-time-to-can-the-can-spam-act

667. Mitchell J. Katz (13 Jan 2017), "FTC announces crackdown on two massive illegal robocall operations," *Federal Trade Commission*, https://www.ftc.gov/news-events/press-releases/2017/01/ftc-announces-crackdown-two-massive-illegal-robocall-

operations. Mike Snider (22 Jun 2017), "FCC hits robocaller with agency's largest-ever fine of $120 million," *USA Today*, https://www.usatoday.com/story/tech/news/2017/06/22/fcc-hits-robocaller-agencys-largest-ever-fine-120-million/103102546

668. Mitchell J. Katz (6 Jun 2017), "FTC and DOJ case results in historic decision awarding $280 million in civil penalties against Dish Network and strong injunctive relief for Do Not Call violations," *Federal Trade Commission*, https://www.ftc.gov/news-events/press-releases/2017/06/ftc-doj-case-results-historic-decision-awarding-280-million-civil

669. Mitchell J. Katz (11 Mar 2015), "FTC charges DIRECTV with deceptively advertising the cost of its satellite television service," *Federal Trade Commission*, https://www.ftc.gov/news-events/press-releases/2015/03/ftc-charges-directv-deceptively-advertising-cost-its-satellite

670. Cecilia Kang (8 Jan 2018), "Toymaker VTech settles charges of violating child privacy law," *New York Times*, https://www.nytimes.com/2018/01/08/business/vtech-child-privacy.html

671. Juliana Gruenwald Henderson (6 Feb 2017), "VIZIO to pay $2.2 million to FTC, state of New Jersey to settle charges it collected viewing histories on 11 million smart televisions without users' consent," *Federal Trade Commission*, https://www.ftc.gov/news-events/press-releases/2017/02/vizio-pay-22-million-ftc-state-new-jersey-settle-charges-it

672. 電腦安全領域對此的反應分歧。Adam Thierer (11 Mar 2012), "Avoiding a precautionary principle for the Internet," *Forbes*, https://www.forbes.com/sites/adamthierer/2012/03/11/avoiding-a-precautionary-principle-for-the-internet. Andy Stirling (8 Jul 2013), "Why the precautionary principle matters," *Guardian*, https://www.theguardian.com/science/political-science/2013/jul/08/precautionary-principle-science-policy

673. Kevin Kelly 曾撰書探討我們在判斷社會應利用的技術與推行技術的方式時，應如何審慎思考。Kevin Kelly (2010), What Technology Wants, Viking, https://books.google.com/books?id=_ToftPd4R8UC

674. 現在已經展開了國際合作關係。西班牙警方在聯邦調查局、羅馬尼亞、白俄羅斯、台灣當局與數家網路安全公司的協助之下，執行了逮捕行動。Micah Singleton (26 Mar 2018), "Europol arrests suspects in bank heists that stole $1.2 billion using malware," *Verge*, https://www.theverge.com/2018/3/26/17165300/europol-arrest-suspect-bank-heists-1-2-billion-cryptocurrency-malware

675. Noah Rayman (7 Aug 2014), "The world's top 5 cybercrime hotspots," *Time*, http://time.com/3087768/the-worlds-5-cybercrime-hotspots

676. Christine Kim (27 Jul 2017), "North Korea hacking increasingly focused on making money more than espionage: South Korea study," *Reuters*, https://www.reuters.com/article/us-northkorea-cybercrime/north-korea-hacking-increasingly-focused-on-making-money-more-than-espionage-south-korea-study-idUSKBN1AD0BO

677. Council of Europe（存取時間 24 Apr 2018）, "Details of Treaty No. 185: Convention on Cybercrime," https://www.coe.int/en/web/conventions/full-list/-/conventions/treaty/185

678. Bruce Sterling (22 Dec 2015), "Respecting Chinese and Russian cyber-sovereignty in the formerly global internet," *Wired*, https://www.wired.com/beyond-the-beyond/2015/12/respecting-chinese-and-russian-cyber-sovereignty-in-the-formerly-global-internet. Andrea Limbago (13 Dec 2016), "The global push for cyber sovereignty is the beginning of cyber fascism," *Hill*, http://thehill.com/blogs/congress-blog/technology/310382-the-global-push-for-cyber-sovereignty-is-the-beginning-of. Vladimir Mikheev (22 Mar 2017), "Why do Beijing and Moscow embrace cyber sovereignty?" *Russia beyond the Headlines*, https://www.rbth.com/opinion/2017/03/22/why-do-beijing-and-moscow-embrace-cyber-sovereignty_725018

679. Joseph S. Nye (forthcoming), "Normative restraints on cyber conflict," *Cyber Security*

680. United Nations General Assembly (24 Jun 2013), "Report of the Group of Governmental Experts on Developments in the Field of Information and Telecommunications in the Context of International Security," *Resolution A/68/98*, http://www.un.org/ga/search/view_doc.asp?symbol=A/68/98

681. Stefan Soesanto and Fosca D'Incau (15 Aug 2017), "The UNGGE is dead: Time to fall forward," *European Council on Foreign Relations*, http://www.ecfr.eu/article/commentary_time_to_fall_forward_on_cyber_governance

682. Ariel Rabkin (3 Mar 2015), "Cyber-arms cannot be controlled by treaties," *American Enterprise Institute*, https://www.aei.org/publication/cyber-arms-cannot-be-controlled-by-treaties

683. Jason Healey (Apr 2014), "Risk nexus: Beyond data breaches: Global interconnections of cyber risk," *Atlantic Council*, http://publications.atlanticcouncil.org/cyberrisks//risk-nexus-september-2015-overcome-by-cyber-risks.pdf

684. Matt Thomlinson (31 Jan 2014), "Microsoft announces Brussels Transparency Center at Munich Security Conference," *Microsoft on the Issues*, https://blogs.microsoft.com/on-the-issues/2014/01/31/microsoft-announces-brussels-transparency-center-at-munich-security-conference

685. Brad Smith (14 Feb 2017), "The need for a Digital Geneva Convention," *Microsoft on the Issues*, https://blogs.microsoft.com/on-the-issues/2017/02/14/need-digital-geneva-convention

686. Kent Walker (31 Oct 2017), "Digital security and due process: Modernizing cross-border government access standards for the cloud era," *Google*, https://blog.google/documents/2/CrossBorderLawEnforcementRequestsWhitePaper_2.pdf

第九章：政府如何優先實施防禦，而非進攻

687. Jason Healey (Jan 2017), "A nonstate strategy for saving cyberspace," *Atlantic Council Strategy Paper No. 8*, Atlantic Council, http://www.atlanticcouncil.org/images/publications/AC_StrategyPapers_No8_Saving_Cyberspace_WEB.pdf

688. John Ferris (1 Mar 2010), "Signals intelligence in war and power politics, 1914-2010," in *The Oxford Handbook of National Security Intelligence*, Oxford, http://www.oxfordhandbooks.com/view/10.1093/oxfordhb/9780195375886.001.0001/oxfordhb-9780195375886-e-0010

689. Dancho Danchev (2 Nov 2008), "Black market for zero day vulnerabilities still thriving," *ZDNet*, http://www.zdnet.com/blog/security/black-market-for-zero-day-

vulnerabilities-still-thriving/2108. Dan Patterson (9 Jan 2017), "Gallery: The top zero day Dark Web markets," *TechRepublic*, https://www.techrepublic.com/pictures/gallery-the-top-zero-day-dark-web-markets

690. Andy Greenberg (21 Mar 2012), "Meet the hackers who sell spies the tools to crack your PC (and get paid six-figure fees)," *Forbes*, http://www.forbes.com/sites/andygreenberg/2012/03/21/meet-the-hackers-who-sell-the-tools-to-crack-your-pc-and-get-paid-six-figure-fees

691. Joseph Cox and Lorenzo Franceschi-Bicchierai (7 Feb 2018), "How a tiny startup became the most important hacking shop you've never heard of," *Vice Motherboard*, https://motherboard.vice.com/en_us/article/8xdayg/iphone-zero-days-inside-azimuth-security

692. Adam Segal (19 Sep 2016), "Using incentives to shape the zero-day market," *Council on Foreign Relations*, https://www.cfr.org/report/using-incentives-shape-zero-day-market

693. Tor Project (last updated 20 Sep 2017), "Policy [re Tor bug bounties]," *Hacker One*, Inc., https://hackerone.com/torproject

694. Zerodium (13 Sep 2017; expired 1 Dec 2017), "Tor browser zero-day exploits bounty (expired)," https://zerodium.com/tor.html

695. Jack Goldsmith (12 Apr 2014), "Cyber paradox: Every offensive weapon is a (potential) chink in our defense—and vice versa," *Lawfare*, http://www.lawfareblog.com/2014/04/cyber-paradox-every-offensive-weapon-is-a-potential-chink-in-our-defense-and-vice-versa

696. Joel Brenner (14 Apr 2014), "The policy tension on zero-days will not go away," *Lawfare*, http://www.lawfareblog.com/2014/04/the-policy-tension-on-zero-days-will-not-go-away

697. Cory Doctorow (11 Mar 2014), "If GCHQ wants to improve national security it must fix our technology," *Guardian*, http://www.theguardian.com/technology/2014/mar/11/gchq-national-security-technology

698. Bruce Schneier (20 Feb 2014), "It's time to break up the NSA," *CNN*, http://edition.cnn.com/2014/02/20/opinion/schneier-nsa-too-big/index.html

699. Dan Geer (3 Apr 2013), "Three policies," http://geer.tinho.net/three.policies.2013Apr03Wed.PDF

700. Brad Smith (14 May 2017), "The need for urgent collective action to keep people safe online: Lessons from last week's cyberattack," *Microsoft on the Issues*, https://blogs.microsoft.com/on-the-issues/2017/05/14/need-urgent-collective-action-keep-people-safe-online-lessons-last-weeks-cyberattack

701. Heather West (7 Mar 2017), "Mozilla statement on CIA/WikiLeaks," *Open Policy & Advocacy*, https://blog.mozilla.org/netpolicy/2017/03/07/mozilla-statement-on-cia-wikileaks. Jochai Ben-Avie (3 Oct 2017), "Vulnerability disclosure should be part of new EU cybersecurity strategy," *Open Policy & Advocacy*, https://blog.mozilla.org/netpolicy/2017/10/03/vulnerability-disclosure-should-be-in-new-eu-cybersecurity-strategy

702. Richard A. Clarke et al. (12 Dec 2013), "Liberty and security in a changing world," *President's Review Group on Intelligence and Communications Technologies*, https://obamawhitehouse.archives.gov/sites/default/files/docs/2013-12-12_rg_final_report.pdf

703. 國家安全局和聯邦調查局都曾提出這項論點。David E. Sanger (28 Apr 2014), "White House details thinking on cybersecurity flaws," *New York Times*, http://www.nytimes.com/2014/04/29/us/white-house-details-thinking-on-cybersecurity-gaps.html

704. Rick Ledgett (7 Aug 2017), "No, the U.S. government should not disclose all vulnerabilities in its possession," *Lawfare*, https://www.lawfareblog.com/no-us-government-should-not-disclose-all-vulnerabilities-its-possession

705. Andrea Peterson (4 Oct 2013), "Why everyone is left less secure when the NSA doesn't help fix security flaws," *Washington Post*, https://www.washingtonpost.com/news/the-switch/wp/2013/10/04/why-everyone-is-left-less-secure-when-the-nsa-doesnt-help-fix-security-flaws

706. Lily Hay Newman (16 Jun 2017), "Why governments won't let go of secret software bugs," *Wired*, https://www.wired.com/2017/05/governments-wont-let-go-secret-software-bugs

707. Michael Daniel (28 Apr 2014), "Heartbleed: Understanding when we disclose cyber vulnerabilities," *Office of the President of the United States*, http://www.whitehouse.gov/blog/2014/04/28/heartbleed-understanding-when-we-disclose-cyber-vulnerabilities

708. Andrew Crocker (19 Jan 2016), "EFF pries more information on zero days from the government's grasp," *Electronic Frontier Foundation*, https://www.eff.org/deeplinks/2016/01/eff-pries-more-transparency-zero-days-governments-grasp

709. [Office of the President of the United States] (15 Nov 2017), "Vulnerabilities equities policy and process for the United States government," https://www.whitehouse.gov/sites/whitehouse.gov/files/images/External%20-%20Unclassified%20VEP%20Charter%20FINAL.PDF. Rob Joyce (15 Nov 2017), "Improving and making the vulnerability equities process transparent is the right thing to do," *Wayback Machine*, https://web.archive.org/web/20171115151504/https://www.whitehouse.gov/blog/2017/11/15/improving-and-making-vulnerability-equities-process-transparent-right-thing-do

710. Ellen Nakashima and Craig Timberg (16 May 2017), "NSA officials worried about the day its potent hacking tool would get loose. Then it did," *Washington Post*, https://www.washingtonpost.com/business/technology/nsa-officials-worried-about-the-day-its-potent-hacking-tool-would-get-loose-then-it-did/2017/05/16/50670b16-3978-11e7-a058-ddbb23c75d82_story.html

711. 國家安全局最後還是揭露了該漏洞，但卻是在漏洞資訊遭俄羅斯竊取之後才揭露。Dan Goodin (17 May 2017), "Fearing Shadow Brokers leak, NSA reported critical flaw to Microsoft," *Ars Technica*, https://arstechnica.com/information-technology/2017/05/fearing-shadow-brokers-leak-nsa-reported-critical-flaw-to-microsoft

712. Andy Greenberg (7 Jan 2018), "Triple Meltdown: How so many researchers found a 20-year-old chip flaw at the same time," *Wired*, https://www.wired.com/story/meltdown-spectre-bug-collision-intel-chip-flaw-discovery

713. 我曾在二〇一七年嘗試利用可取得的資料集，估計漏洞每年會再度被他人發現的比率，而我得出的結果介於 11% 至 22% 之間。另外，蘭德公司的研究人員團隊也曾試圖估計這個比率，他們利用不同的假設與不同的資料集進行估算，得出的比率則為 6% 以下。我們全都是瞎子摸象，每個人都只能根據自己手邊的稀少資料進行推斷。顯然我們無法透過這種方式深入了解國家安全局的能力 Trey Herr, Bruce Schneier, and Christopher Morris (7 Mar 2017), "Taking stock: Estimating vulnerability recovery," *Belfer Cyber Security Project White Paper Series*, Harvard Kennedy School Belfer Center for Science and International Affairs, https://papers.ssrn.com/sol3/papers.cfm?abstract_id=2928758. Lillian Ablon and Timothy Bogart (9 Mar 2017), "Zero days, thousands of nights: The life and times of zero-day vulnerabilities and their exploits," *RAND Corporation*, https://www.rand.org/pubs/research_reports/RR1751.html

714. Scott Shane, Matthew Rosenberg, and Andrew W. Lehren (7 Mar 2017), "WikiLeaks releases trove of alleged C.I.A. hacking documents," *New York Times*, https://www.nytimes.com/2017/03/07/world/europe/wikileaks-cia-hacking.html.https://www.nytimes.com/2017/11/12/us/nsa-shadow-brokers.html. Scott Shane, Nicole Perlroth, and David E. Sanger (12 Nov 2017), "Security breach and spilled secrets have shaken the N.S.A. to its core," *New York Times*, https://www.nytimes.com/2017/11/12/us/nsa-shadow-brokers.html

715. Bruce Schneier (28 Jul 2017), "Zero-day vulnerabilities against Windows in the NSA tools released by the Shadow Brokers," *Schneier on Security*, https://www.schneier.com/blog/archives/2017/07/zero-day_vulner.html

716. Dan Goodin (16 Apr 2017), "Mysterious Microsoft patch killed 0-days released by NSA-leaking Shadow Brokers," *Ars Technica*, https://arstechnica.co.uk/information-technology/2017/04/purported-shadow-brokers-0days-were-in-fact-killed-by-mysterious-patch

717. National Security Agency/Central Security Service (30 Oct 2015), "Discovering IT problems, developing solutions, sharing expertise," https://www.nsa.gov/news-features/news-stories/2015/discovering-solving-sharing-it-solutions.shtml

718. Jason Healey (1 Nov 2016), "The U.S. government and zero-day vulnerabilities: From pre-Heartbleed to the Shadow Brokers," *Columbia Journal of International Affairs*, https://jia.sipa.columbia.edu/online-articles/healey_vulnerability_equities_

process

719. Bruce Schneier (19 May 2014), "Should U.S. hackers fix cybersecurity holes or exploit them?"Atlantic, https://www.schneier.com/essays/archives/2014/05/should_us_hackers_fi.html. Ari Schwartz and Rob Knake (1 Jun 2016), "Government's role in vulnerability disclosure: Creating a permanent and accountable vulnerability equities process," *Harvard Kennedy School Belfer Center for Science and International Affairs*, https://www.belfercenter.org/publication/governments-role-vulnerability-disclosure-creating-permanent-and-accountable. Jason Healey (1 Nov 2016), "The U.S. government and zero-day vulnerabilities: From pre-Heartbleed to the Shadow Brokers," *Columbia Journal of International Affairs*, https://jia.sipa.columbia.edu/online-articles/healey_vulnerability_equities_process

720. Oren J. Falkowitz (10 Jan 2017), "U.S. cyber policy makes Americans vulnerable to our own government," *Time*, http://time.com/4625798/donald-trump-cyber-policy

721. John Gilmore (6 Sep 2013), "Re: [Cryptography] opening discussion: Speculation on 'BULLRUN,'" *Mail Archive*, https://www.mail-archive.com/cryptography@metzdowd.com/msg12325.html

722. Niels Ferguson and Bruce Schneier (Dec 2003), "A cryptographic evaluation of IPsec," *Counterpane Internet Security*, https://www.schneier.com/academic/paperfiles/paper-ipsec.pdf

723. Elad Barkan, Eli Biham, and Nathan Keller (17 Sep 2003), "Instant ciphertext-only cryptanalysis of GSM encrypted communication," http://cryptome.org/gsm-crack-bbk.pdf

724. Nicole Perlroth, Jeff Larson, and Scott Shane (5 Sep 2013), "Secret documents reveal N.S.A. campaign against encryption," *New York Times*, http://www.nytimes.com/interactive/2013/09/05/us/documents-reveal-nsa-campaign-against-encryption.html. Nicole Perlroth, Jeff Larson, and Scott Shane (5 Sep 2013), "N.S.A. able to foil basic safeguards of privacy on web," *New York Times*, http://www.nytimes.com/2013/09/06/us/nsa-foils-much-internet-encryption.html. Julian Ball, Julian Borger, and Glenn Greenwald (6 Sep 2013), "Revealed: How US and UK spy agencies defeat internet privacy and security," *Guardian*, https://www.theguardian.

com/world/2013/sep/05/nsa-gchq-encryption-codes-security

725. Albert Gidari (22 Feb 2016), "More CALEA and why it trumps the FBI's All Writs Act order," *Center for Internet and Society*, Stanford Law School, http://cyberlaw.stanford.edu/blog/2016/02/more-calea-and-why-it-trumps-fbis-all-writs-act-order

726. InfoSec Institute (8 Jan 2016), "Cellphone surveillance: The secret arsenal," http://resources.infosecinstitute.com/cellphone-surveillance-the-secret-arsenal

727. Joel Hruska (17 Jun 2014), "Stingray, the fake cell phone tower cops and carriers use to track your every move," *Extreme Tech*, http://www.extremetech.com/mobile/184597-stingray-the-fake-cell-phone-tower-cops-and-providers-use-to-track-your-every-move

728. Kim Zetter (19 Jun 2014), "Emails show feds asking Florida cops to deceive judges," *Wired*, http://www.wired.com/2014/06/feds-told-cops-to-deceive-courts-about-stingray

729. Nathan Freed Wessler (3 Jun 2014), "U.S. marshals seize local cops' cell phone tracking files in extraordinary attempt to keep information from public," *American Civil Liberties Union*, https://www.aclu.org/blog/national-security-technology-and-liberty/us-marshals-seize-local-cops-cell-phone-tracking-files

730. Robert Patrick (19 Apr 2015), "Controversial secret phone tracker figured in dropped St. Louis case," *St. Louis Post-Dispatch*, http://www.stltoday.com/news/local/crime-and-courts/controversial-secret-phone-tracker-figured-in-dropped-st-louis-case/article_fbb82630-aa7f-5200-b221-a7f90252b2d0.html. Cyrus Farivar (29 Apr 2015), "Robbery suspect pulls guilty plea after stingray disclosure, case dropped," *Ars Technica*, http://arstechnica.com/tech-policy/2015/04/29/alleged-getaway-driver-challenges-stingray-use-robbery-case-dropped

731. Stephanie K. Pell and Christopher Soghoian (29 Dec 2014), "Your secret Stingray's no secret anymore: The vanishing government monopoly over cell phone surveillance and its impact on national security and consumer privacy," *Harvard Journal of Law and Technology 28*, no. 1, https://papers.ssrn.com/sol3/papers.cfm?abstract_id=2437678

732. Kim Zetter (31 Jul 2010), "Hacker spoofs cell phone tower to intercept calls," *Wired*,

http://www.wired.com/2010/07/intercepting-cell-phone-calls

733. Ashkan Soltani and Craig Timberg (17 Sep 2014), "Tech firm tries to pull back curtain on surveillance efforts in Washington," *Washington Post*, http://www. washingtonpost.com/world/national-security/researchers-try-to-pull-back-curtain-on-surveillance-efforts-in-washington/2014/09/17/f8c1f590-3e81-11e4-b03f-de718edeb92f_story.html

734. Mark Lazarte 銷售的 PKI 1640 國際行動用戶識別碼擷取器定價為一千八百美元，似乎是在中國廣州製作的裝置。Mark Lazarte（存取時間 24 Apr 2018），"IMSI catcher," *Alibaba*, https://www.alibaba.com/product-detail/IMSI-catcher_135958750.html

735. Charlie Savage et al. (4 Jun 2015), "Hunting for hackers, NSA secretly expands Internet spying at U.S. border," *New York Times*, https://www.nytimes.com/2015/06/05/us/hunting-for-hackers-nsa-secretly-expands-internet-spying-at-us-border.html

736. Vassilis Prevelakis and Diomidis Spinellis (29 Jun 2007), "The Athens affair," *IEEE Spectrum*, https://spectrum.ieee.org/telecom/security/the-athens-affair

737. Tom Cross (3 Feb 2010), "Exploiting lawful intercept to wiretap the Internet," *Black Hat DC 2010*, http://www.blackhat.com/presentations/bh-dc-10/Cross_Tom/BlackHat-DC-2010-Cross-Attacking-LawfulI-Intercept-wp.pdf

738. Quoted in Susan Landau (1 Mar 2016), "Testimony for House Judiciary Committee hearing on 'The encryption tightrope: Rebalancing Americans' security and privacy,'" https://judiciary.house.gov/wp-content/uploads/2016/02/Landau-Written-Testimony.pdf

739. Andrea Peterson (4 Oct 2013), "Why everyone is left less secure when the NSA doesn't help fix security flaws," *Washington Post*, https://www.washingtonpost.com/news/the-switch/wp/2013/10/04/why-everyone-is-left-less-secure-when-the-nsa-doesnt-help-fix-security-flaws

740. Michael V. Hayden (17 May 2017), "The equities decision: Deciding when to exploit or defend," *Chertoff Group*, http://www.chertoffgroup.com/point-of-view/109-the-chertoff-group-point-of-view/665-the-equities-decision-deciding-when-to-exploit-or-

defend

741. Harold Abelson et al. (7 Jul 2015), "Keys under doormats: Mandating insecurity by requiring government access to all data and communications," *MIT CSAIL Technical Report 2015-026*, MIT Computer Science and Artificial Intelligence Laboratory, https://dspace.mit.edu/handle/1721.1/97690

742. 我曾聽過有人稱其為英國政府通訊總部的倫敦分部。

743. Ellen Nakashima (2 Feb 2016), "National Security Agency plans major reorganization," *Washington Post*, https://www.washingtonpost.com/world/national-security/national-security-agency-plans-major-reorganization/2016/02/02/2a66555e-c960-11e5-a7b2-5a2f824b02c9_story.html

744. Nicholas Weaver 清楚說明了這項論點。Nicholas Weaver (10 Feb 2016), "Trust and the NSA reorganization," *Lawfare*, https://www.lawfareblog.com/trust-and-nsa-reorganization

745. Samantha Masunaga (2 Oct 2017), "FBI doesn't have to say who unlocked San Bernardino shooter's iPhone, judge rules," *Los Angeles Times*, http://beta.latimes.com/business/la-fi-tn-fbi-iphone-20171002-story.html.

746. Arash Khamooshi (3 Mar 2016), "Breaking down Apple's iPhone fight with the U.S. government," *New York Times*, https://www.nytimes.com/interactive/2016/03/03/technology/apple-iphone-fbi-fight-explained.html

747. Thomas Fox-Brewster (26 Feb 2018), "The feds can now (probably) unlock every iPhone model in existence," *Forbes*, https://www.forbes.com/sites/thomasbrewster/2018/02/26/government-can-access-any-apple-iphone-cellebrite. Sean Gallagher (28 Feb 2018), "Cellebrite can unlock any iPhone (for some values of 'any')," *Ars Technica*, https://arstechnica.com/information-technology/2018/02/cellebrite-can-unlock-any-iphone-for-some-values-of-any

748. Matt Zapotosky (28 Mar 2016), "FBI has accessed San Bernardino shooter's phone without Apple help," *Washington Post*, https://www.washingtonpost.com/world/national-security/fbi-has-accessed-san-bernardino-shooters-phone-without-apples-help/2016/03/28/e593a0e2-f52b-11e5-9804-537defcc3cf6_story.html. David Kravets (1 Oct 2017), "FBI may keep secret the name of vendor that cracked terrorist's

iPhone," *Ars Technica*, https://arstechnica.com/tech-policy/2017/10/fbi-does-not-have-to-disclose-payments-to-vendor-for-iphone-cracking-tool

749. Jonathan Zittrain et al. (Feb 2016), "Don't panic: Making progress on the 'going dark' debate," *Berkman Center for Internet and Society*, Harvard University, https://cyber.harvard.edu/pubrelease/dont-panic/Dont_Panic_Making_Progress_on_Going_Dark_Debate.pdf

750. Susan Landau (2017), *Listening In: Cybersecurity in an Insecure Age*, Yale University Press, https://books.google.com/books?id=QZ47DwAAQBAJ

751. Susan Landau (1 Mar 2016), "Testimony for House Judiciary Committee hearing on 'The encryption tightrope: Rebalancing Americans' security and privacy,'" https://judiciary.house.gov/wp-content/uploads/2016/02/Landau-Written-Testimony.pdf

752. Steven M. Bellovin et al. (19 Aug 2014), "Lawful hacking: Using existing vulnerabilities for wiretapping on the Internet," *Northwestern Journal of Technology and Intellectual Property 12*, no. 1, https://www.ssrn.com/abstract=2312107

753. 聯邦調查局正在嘗試這麼做。Federal Bureau of Investigation (29 Dec 2014), "Most wanted talent: Seeking tech experts to become cyber special agents," https://www.fbi.gov/news/stories/fbi-seeking-tech-experts-to-become-cyber-special-agents

754. Neil Robinson and Emma Disley (10 Sep 2010), "Incentives and challenges for information sharing in the context of network and information security," *European Network and Information Security Agency*, https://www.enisa.europa.eu/publications/incentives-and-barriers-to-information-sharing/at_download/fullReport

755. Lawrence A. Gordon, Martin P. Loeb, and William Lucyshyn (Feb 2003), "Sharing information on computer systems security: An economic analysis," *Journal of Accounting and Public Policy 22*, no. 6, http://citeseerx.ist.psu.edu/viewdoc/download?doi=10.1.1.598.6498&rep=rep1&type=pdf

756. US Department of Homeland Security (10 Sep 2015), "Enhancing resilience through cyber incident data sharing and analysis," https://www.dhs.gov/sites/default/files/publications/Data%20Categories%20White%20Paper%20-%20508%20compliant.pdf

757. Jonathan Bair et al. (forthcoming), "That was close! Reward reporting of

cybersecurity 'near misses,'" *Colorado Technology Law Journal 16*, no. 2, https://papers.ssrn.com/sol3/papers.cfm?abstract_id=3081216

758. Neil Robinson (19 Jun 2012), "The case for a cyber-security safety board: A global view on risk," *RAND Blog*, https://www.rand.org/blog/2012/06/the-case-for-a-cyber-security-safety-board-a-global.html

759. National Transportation Safety Board（存取時間 24 Apr 2018）, "2017-2018 most wanted list," https://www.ntsb.gov/safety/mwl/Pages/default.aspx

760. Ben Rothke (19 Feb 2015), "It's time for a National Cybersecurity Safety Board (NCSB)," *CSO*, https://www.csoonline.com/article/2886326/security-awareness/it-s-time-for-a-national-cybersecurity-safety-board-ncsb.html

761. Sean Michael Kerner (27 Oct 2017), "Cyber Threat Alliance adds new members to security sharing group," *eWeek*, http://www.eweek.com/security/cyber-threat-alliance-adds-new-members-to-security-sharing-group

762. 美國在二〇一四年因這些駭客事件而起訴五名中國人民解放軍軍人。Michael S. Schmidt and David E. Sanger (19 May 2014), "5 in China army face U.S. charges of cyberattacks," *New York Times*, https://www.nytimes.com/2014/05/20/us/us-to-charge-chinese-workers-with-cyberspying.html

763. Nicole Gaouette (10 Jan 2017), "FBI's Comey: Republicans also hacked by Russia," *CNN*, http://www.cnn.com/2017/01/10/politics/comey-republicans-hacked-russia/index.html

764. 眾議院議員 Will Hurd 在二〇一七年提出這項構想。Frank Konkel (21 Jun 2017), "Lawmaker: Cyber National Guard could fill federal workforce gaps," *Nextgov*, http://www.nextgov.com/cybersecurity/2017/06/lawmaker-cyber-national-guard-could-fill-federal-workforce-gaps/138851

765. Monica M. Ruiz (9 Jan 2018), "Is Estonia's approach to cyber defense feasible in the United States?" *War on the Rocks*, https://warontherocks.com/2018/01/estonias-approach-cyber-defense-feasible-united-states

第十章：備案：可能發生的情境

766. Martin Matishak (1 Jan 2018), "After Equifax breach, anger but no action in

Congress," *Politico*, https://www.politico.com/story/2018/01/01/equifax-data-breach-congress-action-319631

767. Robert McLean (15 Sep 2017), "Elizabeth Warren's Equifax bill would make credit freezes free," *CNN*, http://money.cnn.com/2017/09/15/pf/warren-schatz-equifax/index.html

768. Devin Coldewey (24 Oct 2017), "Congress votes to disallow consumers from suing Equifax and other companies with arbitration agreements," *TechCrunch*, https://techcrunch.com/2017/10/24/congress-votes-to-disallow-consumers-from-suing-equifax-and-other-companies-with-arbitration-agreements/amp

769. Mark R. Warner (1 Aug 2017), "Senators introduce bipartisan legislation to improve cybersecurity of 'Internet of things' (IoT) devices," https://www.warner.senate.gov/public/index.cfm/2017/8/enators-introduce-bipartisan-legislation-to-improve-cybersecurity-of-internet-of-things-iot-devices

770. Barack Obama (9 Feb 2016), "Presidential executive order: Commission on Enhancing National Cybersecurity," *Office of the President of the United States*, https://www.whitehouse.gov/the-press-office/2016/02/09/executive-order-commission-enhancing-national-cybersecurity

771. Thomas E. Donilon et al. (1 Dec 2016), "Report on securing and growing the digital economy," *Commission on Enhancing National Cybersecurity*, https://www.nist.gov/sites/default/files/documents/2016/12/02/cybersecurity-commission-report-final-post.pdf

772. Donald J. Trump (11 May 2017), "Presidential executive order on strengthening the cybersecurity of federal networks and critical infrastructure," *Office of the President of the United States*, https://www.whitehouse.gov/presidential-actions/presidential-executive-order-strengthening-cybersecurity-federal-networks-critical-infrastructure

773. Nick Marinos (13 Feb 2018), "Critical infrastructure protection: Additional actions are essential for assessing cybersecurity framework adoption," *GAO-18-211*, US Government Accountability Office, https://www.gao.gov/assets/700/690112.pdf

774. 我們可以把責任歸咎到運作失調的政府上,但我並不認為其他政府會做得更成功。

775. Economist (8 Apr 2017), "How to manage the computer-security threat," https://www.economist.com/news/leaders/21720279-incentives-software-firms-take-security-seriously-are-too-weak-how-manage

776. Christopher Jensen (26 Nov 2015), "50 years ago, Unsafe at Any Speed shook the auto world," *New York Times*, https://www.nytimes.com/2015/11/27/automobiles/50-years-ago-unsafe-at-any-speed-shook-the-auto-world.html

777. European Union (27 Apr 2016), "Regulation (EU) 2016/679 of the European Parliament and of the Council of 27 April 2016 on the protection of natural persons with regard to the processing of personal data and on the free movement of such data, and repealing Directive 95/46/EC (General Data Protection Regulation)," *Official Journal of the European Union*, http://eur-lex.europa.eu/eli/reg/2016/679/oj

778. 以下是清楚簡潔的摘要：Cennydd Bowles (12 Jan 2018), "A techie's rough guide to GDPR," https://www.cennydd.com/writing/a-techies-rough-guide-to-gdpr

779. Mark Scott and Laurens Cerulus (31 Jan 2018), "Europe's new data protection rules export privacy standards worldwide," *Politico*, https://www.politico.eu/article/europe-data-protection-privacy-standards-gdpr-general-protection-data-regulation

780. 現在已出現這種情形。為了反映《一般資料保護規則》的規定，PayPal 曾公開一份清單，列出與其分享客戶資料的六百多家公司。PayPal 已將該網頁下線，不過已經有人儲存了清單的資訊。Rebecca Ricks（存取時間 24 Apr 2018）, "How PayPal shares your data," https://rebecca-ricks.com/paypal-data

781. Mark Scott and Laurens Cerulus (31 Jan 2018), "Europe's new data protection rules export privacy standards worldwide," *Politico*, https://www.politico.eu/article/europe-data-protection-privacy-standards-gdpr-general-protection-data-regulation

782. Clint Boulton (26 Jan 2017), "U.S. companies spending millions to satisfy Europe's GDPR," *CIO*, https://www.cio.com/article/3161920/privacy/article.html. Nick Ismail (2 May 2017), "Only 43% of organisations are preparing for GDPR," *Information Age*, http://www.information-age.com/43-organisations-preparing-gdpr-123465995. Sarah Gordon (18 Jun 2017), "Businesses failing to prepare for EU rules on data protection," *Financial Times*, https://www.ft.com/content/28f4eff8-51bf-11e7-a1f2-db19572361bb

783. EUGDPR.org（存取時間 24 Apr 2018），"GDPR key changes," https://www.eugdpr.org/key-changes.html

784. Mark Scott (27 Jun 2017), "Google fined record $2.7 billion in E.U. antitrust ruling," *New York Times*, https://www.nytimes.com/2017/06/27/technology/eu-google-fine.html. Aoife White and Mark Bergen (29 Aug 2017), "Google to comply with EU search demands to avoid more fines," *Bloomberg*, https://www.bloomberg.com/news/articles/2017-08-29/google-faces-tuesday-deadline-as-clock-ticks-toward-new-eu-fines

785. Hayley Tsukayama (18 May 2017), "Facebook will pay $122 million in fines to the E.U.," *Washington Post*, https://www.washingtonpost.com/news/the-switch/wp/2017/05/18/facebook-will-pay-122-million-in-fines-to-the-eu

786. Paul Roberts (2 Nov 2017), "Hilton was fined$700K for a data breach. Under GDPR it would be $420M," *Digital Guardian*, https://digitalguardian.com/blog/hilton-was-fined-700k-data-breach-under-gdpr-it-would-be-420m

787. Eireann Leverett, Richard Clayton, and Ross Anderson (6 Jun 2017), "Standardization and certification of the 'Internet of Things,'" *Institute for Consumer Policy*, https://www.conpolicy.de/en/news-detail/standardization-and-certification-of-the-internet-of-things

788. 這麼一來，軟體就會與美國市面上的教科書類似。也就是因為某些州訂有繁複規定，所以在全美提供的教科書都受到那些州的有效控制。

789. Cyrus Farivar (4 Apr 2018), "CEO says Facebook will impose new privacy rules 'everywhere,'" *Ars Technica*, https://arstechnica.com/tech-policy/2018/04/ceo-says-facebook-will-impose-new-eu-privacy-rules-everywhere

790. Kennedy's Law LLP (20 Apr 2016), "Personal data privacy principles in Asia Pacific," http://www.kennedyslaw.com/dataprivacyapacguide2016

791. Wire Staff (24 Aug 2017), "Right to privacy a fundamental right, says Supreme Court in unanimous verdict," *Wire*, https://thewire.in/170303/supreme-court-aadhaar-right-to-privacy

792. Bryan Tan (9 Feb 2018), "Singapore finalises new Cybersecurity Act," *Out-Law*, https://www.out-law.com/en/articles/2018/february/singapore-finalises-new-

cybersecurity-act

793. Omer Tene (22 Mar 2017), "Israel enacts landmark data security notification regulations," *Privacy Tracker*, https://iapp.org/news/a/israel-enacts-landmark-data-security-notification-regulations

794. Steve Eder (24 Sep 2016), "Donald Trump's hotel chain to pay penalty over data breaches," *New York Times*, https://www.nytimes.com/2016/09/25/us/politics/trump-hotel-data.html

795. Adolfo Guzman-Lopez (2 Nov 2016), "California attorney general warns tech companies about mining student data for profit," *Southern California Public Radio*, https://www.scpr.org/news/2016/11/02/65908/attorney-general-warns-tech-companies-to-follow-ne

796. Francine McKenna (15 Sep 2017), "Equifax faces its biggest litigation threat from state attorneys general," *MarketWatch*, https://www.marketwatch.com/story/equifax-faces-its-biggest-litigation-threat-from-state-attorneys-general-2017-09-15/print

797. Nitasha Tiku (14 Nov 2017), "State attorneys general are Google's next headache," *Wired*, https://www.wired.com/story/state-attorneys-general-are-googles-next-headache

798. Maria Armental (6 Sep 2017), "Lenovo reaches $3.5 million settlement over preinstalled adware," *MarketWatch*, https://www.marketwatch.com/story/lenovo-reaches-35-million-settlement-with-ftc-over-preinstalled-adware-2017-09-05

799. Brian Krebs (18 Mar 2018), "San Diego sues Experian over ID theft service," *Krebs on Security*, https://krebsonsecurity.com/2018/03/san-diego-sues-experian-over-id-theft-service

800. Michael Krimminger (25 Mar 2017), "New York cybersecurity regulations for financial institutions enter into effect," *Harvard Law School Forum on Corporate Governance and Financial Regulation*, https://corpgov.law.harvard.edu/2017/03/25/new-york-cybersecurity-regulations-for-financial-institutions-enter-into-effect

801. Karl D. Belgum (21 Jun 2017), "Internet of Things legislation in California is dead for this year, but it will be back," *Nixon Peabody*, http://web20.nixonpeabody.com/dataprivacy/Lists/Posts/Post.aspx?ID=1155

802. Eyragon Eidam and Jessica Mulholland (10 Apr 2017), "10 states take Internet privacy matters into their own hands," *Government Technology*, http://www.govtech.com/policy/10-States-Take-Internet-Privacy-Matters-Into-Their-Own-Hands.html

803. California Legislative Information（存取時間 24 Apr 2018）, "SB-327 Information privacy: Connected devices," https://leginfo.legislature.ca.gov/faces/billHistoryClient.xhtml?bill_id=201720180SB327

804. Alan L. Friel, Linda A. Goldstein, and Holly Al Melton (31 Jan 2018), "AD-ttorneys@law—January 31, 2018," *Baker Hostetler*, https://www.bakerlaw.com/alerts/ad-ttorneyslaw-january-31-2018

805. Elizabeth Zima (23 Feb 2018), "California wants to govern bots and police user privacy on social media," *Government Technology*, http://www.govtech.com/social/California-Wants-to-Govern-bots-and-Police-User-Privacy-on-Social-Media.html

806. Deborah Gage (15 Sep 2017), "Eight questions to ask before buying an internet-connected device," *Wall Street Journal*, https://www.wsj.com/articles/eight-questions-to-ask-before-buying-an-internet-connected-device-1505487931

807. 以下是兩項適合作為起步的資訊：Electronic Frontier Foundation（21 Oct 2014，最後更新時間 21 Sep 2015）, "Surveillance self-defense," https://ssd.eff.org. Motherboard Staff (15 Nov 2017), "The Motherboard guide to not getting hacked," *Vice Motherboard*, https://motherboard.vice.com/en_us/article/d3devm/motherboard-guide-to-not-getting-hacked-online-safety-guide

808. Rick Falkvinge (21 Jul 2017), "Worst known governmental leak ever is slowly coming to light: Agency moved nation's secret data to 'the cloud,'" *Privacy News Online*, https://www.privateInternetaccess.com/blog/2017/07/swedish-transport-agency-worst-known-governmental-leak-ever-is-slowly-coming-to-light

809. 若想要安全，請使用 Signal。若在手機上裝 Signal 會讓人起疑，那就用 WhatsApp。Micah Lee (22 Jun 2016), "Battle of the secure messaging apps: How Signal beats WhatsApp," *Intercept*, https://theintercept.com/2016/06/22/battle-of-the-secure-messaging-apps-how-signal-beats-whatsapp

810. Joe Uchill (23 Jun 2017), "DOJ applies to take Microsoft data warrant case to Supreme Court," *Hill*, http://thehill.com/policy/cybersecurity/339281-doj-applies-to-

take-microsoft-data-warrant-case-to-supreme-court

811. Bruce Schneier (2015), *Data and Goliath: The Hidden Battles to Collect Your Data and Control Your World*, W. W. Norton, https://books.google.com/books/?id=MwF-BAAAQBAJ

第十一章：政策可能出錯的層面

812. Ian Urbina (23 Mar 2007), "Court rejects law limiting online pornography," *New York Times*, www.nytimes.com/2007/03/23/us/23porn.html

813. Electronic Frontier Foundation (1 Mar 2013), "Unintended consequences: Fifteen years under the DMCA," https://www.eff.org/pages/unintended-consequences-fifteen-years-under-dmca

814. Louis J. Freeh (9 Sep 1997), "The impact of encryption on public safety: Statement of the Director, Federal Bureau of Investigation, before the Permanent Select Committee on Intelligence, United States House of Representatives," https://fas.org/irp/congress/1997_hr/h970909f.htm

815. Valerie Caproni (17 Feb 2011), "Statement before the House Judiciary Committee, Subcommittee on Crime, Terrorism, and Homeland Security," *Federal Bureau of Investigation*, https://archives.fbi.gov/archives/news/testimony/going-dark-lawful-electronic-surveillance-in-the-face-of-new-technologies

816. James B. Comey (8 Jul 2015), "Going dark: Encryption, technology, and the balances between public safety and privacy," *Federal Bureau of Investigation*, https://www.fbi.gov/news/testimony/going-dark-encryption-technology-and-the-balances-between-public-safety-and-privacy

817. Rod J. Rosenstein (4 Oct 2017), "Deputy Attorney General Rod J. Rosenstein delivers remarks at the Cambridge Cyber Summit," *US Department of Justice*, https://www.justice.gov/opa/speech/deputy-attorney-general-rod-j-rosenstein-delivers-remarks-cambridge-cyber-summit

818. 這是 Peter Swire 與 Kenesa Ahmad 提出的詞彙。Peter Swire and Kenesa Ahmad (28 Nov 2011), " 'Going dark' versus a 'golden age for surveillance,'" *Center for Democracy and Technology*, https://cdt.org/blog/%E2%80%98going-

dark%E2%80%99-versus-a-%E2%80%98golden-age-for-surveillance%E2%80%99

819. Andi Wilson, Danielle Kehl, and Kevin Bankston (17 Jun 2015), "Doomed to repeat history? Lessons from the crypto wars of the 1990s," *New America Foundation*, https://www.newamerica.org/oti/doomed-to-repeat-history-lessons-from-the-crypto-wars-of-the-1990s

820. Federal Bureau of Investigation (3 Jun 1999), "Encryption: Impact on law enforcement," https://web.archive.org/web/20000815210233/https://www.fbi.gov/library/encrypt/en60399.pdf

821. Ellen Nakashima (16 Oct 2014), "FBI director: Tech companies should be required to make devices wiretap-friendly," *Washington Post*, https://www.washingtonpost.com/world/national-security/fbi-director-tech-companies-should-be-required-to-make-devices-wire-tap-friendly/2014/10/16/93244408-555c-11e4-892e-602188e70e9c_story.html

822. Rod J. Rosenstein (10 Oct 2017), "Deputy Attorney General Rod J. Rosenstein delivers remarks on encryption at the United States Naval Academy," *US Department of Justice*, https://www.justice.gov/opa/speech/deputy-attorney-general-rod-j-rosenstein-delivers-remarks-encryption-united-states-naval

823. Bhairav Acharya et al. (28 Jun 2017), "Deciphering the European encryption debate: United Kingdom," *New America*, https://www.newamerica.org/oti/policy-papers/deciphering-european-encryption-debate-united-kingdom

824. Amar Tooer (24 Aug 2016), "France and Germany want Europe to crack down on encryption," *Verge*, https://www.theverge.com/2016/8/24/12621834/france-germany-encryption-terorrism-eu-telegram. Catherine Stupp (22 Nov 2016), "Five member states want EU-wide laws on encryption," *Euractiv*, https://www.euractiv.com/section/social-europe-jobs/news/five-member-states-want-eu-wide-laws-on-encryption

825. Samuel Gibbs (19 Jun 2017), "EU seeks to outlaw 'backdoors' in new data privacy proposals," *Guardian*, https://www.theguardian.com/technology/2017/jun/19/eu-outlaw-backdoors-new-data-privacy-proposals-uk-government-encrypted-communications-whatsapp

826. Rachel Baxendale (14 Jul 2017), "Laws could force companies to unlock encrypted messages of terrorists," *Australian*, http://www.theaustralian.com.au/national-affairs/laws-could-force-companies-to-unlock-encrypted-messages-of-terrorists/news-story/ed481d29c956dfac93610 61a60dcf590

827. Vinod Sreeharsha (19 Jul 2016), "WhatsApp is briefly shut down in Brazil for a third time," *New York Times*, https://www.nytimes.com/2016/07/20/technology/whatsapp-is-briefly-shut-down-in-brazil-for-a-third-time.html

828. Mariella Moon (20 Dec 2016), "Egypt has blocked encrypted messaging app Signal," *Engadget*, https://www.engadget.com/2016/12/20/egypt-blocks-signal

829. Patrick Howell O'Neill (20 Jun 2016), "Russian bill requires encryption backdoors in all messenger apps," *Daily Dot*, https://www.dailydot.com/layer8/encryption-backdoor-russia-fsb. Adam Maida (18 Jul 2017), "Online and on all fronts: Russia's assault on freedom of expression," *Human Rights Watch*, https://www.hrw.org/report/2017/07/18/online-and-all-fronts/russias-assault-freedom-expression. Kenneth Rapoza (16 Oct 2017), "Russia fines cryptocurrency world's preferred messaging app, Telegram," *Forbes*, https://www.forbes.com/sites/kenrapoza/2017/10/16/russia-fines-cryptocurrency-worlds-preferred-messaging-app-telegram

830. Benjamin Haas (29 Jul 2017), "China blocks WhatsApp services as censors tighten grip on internet," *Guardian*, https://www.theguardian.com/technology/2017/jul/19/china-blocks-whatsapp-services-as-censors-tighten-grip-on-internet

831. Mallory Locklear (23 Oct 2017), "FBI tried and failed to unlock 7,000 encrypted devices," *Engadget*, https://www.engadget.com/2017/10/23/fbi-failed-unlock-7-000-encrypted-devices

832. Fred Upton et al. (20 Dec 2016), "Encryption working group year-end report," *House Judiciary Committee and House Energy and Commerce Committee Encryption Working Group*, US House of Representatives, https://judiciary.house.gov/wp-content/uploads/2016/12/20161220EWGFINALReport.pdf

833. Steve Cannane (9 Nov 2017), "Cracking down on encryption could 'make it easier for hackers' to penetrate private services," *ABC News Australia*, http://www.abc.net.au/news/2017-11-10/former-mi5-chief-says-encryption-cut-could-lead-to-more-

hacking/9136746

834. Lily Hay Newman (21 Apr 2017), "Encrypted chat took over.Let's encrypt calls, too," *Wired*, https://www.wired.com/2017/04/encrypted-chat-took-now-encrypted-callings-turn

835. Whitfield Diffie and Susan Landau (1 Oct 2001), "The export of cryptography in the 20th century and the 21st," *Sun Microsystems*, https://pdfs.semanticscholar.org/1870/af818dd0075bb5e79764427a7c932fe3 cfc6.pdf

836. British Broadcasting Corporation (12 Jan 2015), "David Cameron says new online data laws needed," *BBC News*, http://www.bbc.com/news/uk-politics-30778424. Andrew Griffin (12 Jan 2015), "WhatsApp and Snapchat could be banned under new surveillance plans," *Independent*, https://www.independent.co.uk/life-style/gadgets-and-tech/news/whatsapp-and-snapchat-could-be-banned-under-new-surveillance-plans-9973035.html

837. Charles Riley (4 Jun 2017), "Theresa May: Internet must be regulated to prevent terrorism," *CNN*, http://money.cnn.com/2017/06/04/technology/social-media-terrorism-extremism-london/index.html

838. Bruce Schneier, Kathleen Seidel, and Saranya Vijayakumar (11 Feb 2016), "A worldwide survey of encryption products," *Publication 2016-2*, Berkman Center for Internet & Society, Harvard University, https://papers.ssrn.com/sol3/papers.cfm?abstract_id=2731160

839. Cory Doctorow (4 Jun 2017), "Theresa May wants to ban crypto: Here's what that would cost, and here's why it won't work anyway," *Boing Boing*, https://boingboing.net/2017/06/04/theresa-may-king-canute.html

840. Daniel Moore and Thomas Rid (Feb 2016), "Cryptopolitik and the Darknet," *Survival* 58, no. 1, https://www.tandfonline.com/doi/abs/10.1080/00396338.2016.1142085

841. Mike McConnell, Michael Chertoff, and William Lynn (28 Jul 2015), "Why the fear over ubiquitous data encryption is overblown," *Washington Post*, https://www.washingtonpost.com/opinions/the-need-for-ubiquitous-data-encryption/2015/07/28/3d145952-324e-11e5-8353-1215475949f4_story.html

842. Helen Nissenbaum (1 Sep 1998), "The meaning of anonymity in an information

age," *Information Society 15*, http://www.cs.cornell.edu/~shmat/courses/cs5436/meaning-of-anonymity.pdf

843. 國家安全局的大規模資料收集計畫在二○一五年結束。現在電信公司會儲存元資料，而國家安全局可提出要求以查詢資料庫。這似乎是個毫無差異的差異。Charlie Savage (2 May 2017), "Reined-in NSA still collected 151 million phone records in '16," *New York Times*, https://www.nytimes.com/2017/05/02/us/politics/nsa-phone-records.html

844. Catherine Crump et al. (17 Jul 2013), "You are being tracked: How license plate readers are being used to record Americans' movements," *American Civil Liberties Union*, https://www.aclu.org/files/assets/071613-aclu-alprreport-opt-v05.pdf

845. Fred H. Cate and James X. Dempsey, eds. (2017), *Bulk Collection: Systematic Government Access to Private-Sector Data*, Oxford University Press, http://www.oxfordscholarship.com/view/10.1093/oso/9780190685515.001.0001/oso-9780190685515

846. Jeanne Guillemin (1 Jul 2006), "Scientists and the history of biological weapons: A brief historical overview of the development of biological weapons in the twentieth century," *EMBO Reports 7*, http://www.ncbi.nlm.nih.gov/pmc/articles/PMC1490304

847. Jim Harper (10 Nov 2009), "The search for answers in Fort Hood," *Cato at Liberty*, http://www.cato.org/blog/search-answers-fort-hood. Jim Harper (11 Nov 2009), "Fort Hood: Reaction, response, and rejoinder,"Cato at Liberty, http://www.cato.org/blog/fort-hood-reaction-response-rejoinder

848. Office of the Inspectors General for the Intelligence Community, Central Intelligence Agency, Department of Justice, and Department of Homeland Security（10 Apr 2014；非機密摘要發表時間 6 Dec 2016）, "Summary of information handling and sharing prior to the April 15, 2013 Boston Marathon bombings," https://www.dni.gov/index.php/who-we-are/organizations/ic-ig/ic-ig-news/1604

849. Irving Lachow (22 Feb 2013), "Active cyber defense: A framework for policymakers," *Center for a New American Security*, https://www.cnas.org/publications/reports/active-cyber-defense-a-framework-for-policymakers

850. Patrick Lin 清楚列出了不同論點。Patrick Lin (26 Sep 2016), "Ethics of hacking

back: Six arguments from armed conflict to zombies," *California Polytechnic State University*, Ethics + Emerging Sciences Group, http://ethics.calpoly.edu/hackingback. pdf

851. Josephine Wolff (17 Oct 2017), "Attack of the hack back," *Slate*, http://www.slate. com/articles/technology/future_tense/2017/10/hacking_back_the_worst_idea_in_ cybersecurity_rises_again.html

852. Josephine Wolff (14 Jul 2017), "When companies get hacked, should they be allowed to hack back?" *Atlantic*, https://www.theatlantic.com/business/archive/2017/07/ hacking-back-active-defense/533679

853. Jordan Robertson and Michael Riley (30 Dec 2013), "Would the U.S. really crack down on companies that hack back?"*Bloomberg*, https://www.bloomberg.com/ news/2014-12-30/why-would-the-u-s-crack-down-on-companies-that-hack-back-. html

854. Tom Graves (13 Oct 2017), "Rep.Tom Graves formally introduces active cyber defense bill," https://tomgraves.house.gov/news/documentsingle. aspx?DocumentID=398840

855. Stewart A. Baker (8 May 2013), "The attribution revolution: Raising the costs for hackers and their customers: Statement of Stewart A. Baker, Partner, Steptoe & Johnson LLP, before the Judiciary Committee's Subcommittee on Crime and Terrorism, United States Senate," https://www.judiciary.senate.gov/imo/media/doc/5-8-13BakerTestimony.pdf. Stewart A. Baker (11 Sep 2013), "Testimony of Stewart A. Baker before the Committee on Homeland Security and Governmental Affairs, United States Senate: The Department of Homeland Security at 10 Years: Examining Challenges and Addressing Emerging Threats," https://www.hsgac.senate.gov/ hearings/the-department-of-homeland-security-at-10-years-examining-challenges-and-achievements-and-addressing-emerging-threats. Stewart A. Baker, Orin Kerr, and Eugene Volokh (2 Nov 2012), "The hackback debate," *Steptoe Cyberblog*, https:// www.steptoecyberblog.com/2012/11/02/the-hackback-debate. Stewart A. Baker (22 Jul 2016), "The case for limited hackback rights," *Washington Post*, https://www. washingtonpost.com/news/volokh-conspiracy/wp/2016/07/22/the-case-for-limited-

hackback-rights

856. Charles Finocchiaro (18 Mar 2013), "Personal factory or catalyst for piracy? The hype, hysteria, and hard realities of consumer 3-D printing," *Cardozo Arts and Entertainment Law Journal 31*, http://www.cardozoaelj.com/issues/archive/2012-13. Matthew Adam Susson (Apr 2013), "Watch the world 'burn': Copyright, micropatent and the emergence of 3D printing," *Chapman University School of Law*, http://papers.ssrn.com/sol3/papers.cfm?abstract_id=2253109

857. Cory Doctorow (10 Jan 2012), "Lockdown: The coming war on general-purpose computing," *Boing Boing*, http://boingboing.net/2012/01/10/lockdown.html. Cory Doctorow (23 Aug 2012), "The coming civil war over general purpose computing," *Boing Boing*, http://boingboing.net/2012/08/23/civilwar.html

858. Kristen Ann Woyach et al. (23-26 Sep 2008), "Crime and punishment for cognitive radios," 2008 46th Annual Allerton Conference on Communication, Control, and Computing, http://ieeexplore.ieee.org/document/4797562

第十二章：打造備受信任且能復原的和平網際網路＋

859. 這項趨勢有許多層面都超過本書的範圍。Jean M. Twenge, W. Keith Campbell, and Nathan T. Carter (9 Sep 2014), "Declines in trust in others and confidence in institutions among American adults and late adolescents, 1972-2012," *Psychological Science 25*, no. 10, http://journals.sagepub.com/doi/abs/10.1177/0956797614545133. David Halpern (12 Nov 2015), "Social trust is one of the most important measures that most people have never heard of—and it's moving," *Behavioural Insights Team*, http://www.behaviouralinsights.co.uk/uncategorized/social-trust-is-one-of-the-most-important-measures-that-most-people-have-never-heard-of-and-its-moving. Eric D. Gould and Alexander Hijzen (22 Aug 2016), "Growing apart, losing trust? The impact of inequality on social capital," *International Monetary Fund Working Paper No. 16/176*, https://www.imf.org/en/Publications/WP/Issues/2016/12/31/Growing-Apart-Losing-Trust-The-Impact-of-Inequality-on-Social-Capital-44197. Laura D'Olimpio (25 Oct 2016), "Fear, trust, and the social contract: What's lost in a society on permanent alert," *ABC News*, http://www.abc.net.au/news/2016-10-26/

fear-trust--social-contract-society-on-permanent-alert/7959304

860. Kenneth Olmstead (27 Sep 2017), "Most Americans think the government could be monitoring their phone calls and emails," *Pew Research Center*, http://www.pewresearch.org/fact-tank/2017/09/27/most-americans-think-the-government-could-be-monitoring-their-phone-calls-and-emails

861. Thomas E. Donilon et al. (1 Dec 2016), "Report on securing and growing the digital economy," *Commission on Enhancing National Cybersecurity*, https://www.nist.gov/sites/default/files/documents/2016/12/02/cybersecurity-commission-report-final-post.pdf

862. Bruce Schneier (2012), *Liars and Outliers: Enabling the Trust That Society Needs to Thrive*, Wiley, http://www.wiley.com/Wiley CDA/WileyTitle/productCd-1118143302.html

863. Tim Hwang and Adi Kamdar (9 Oct 2013), "The theory of peak advertising and the future of the web," version 1, *Working Paper, Nesson Center for Internet Geophysics*, http://peakads.org/images/Peak_Ads.pdf

864. Charles Perrow (1999), *Normal Accidents: Living with High-Risk Technologies*, Princeton University Press, https://www.amazon.com/Normal-Accidents-Living-High-Risk-Technologies/dp/0691004129. Charles Perrow (1 Sep 1999), "Organizing to reduce the vulnerabilities of complexity," *Journal of Contingencies and Crisis Management 7*, no. 3, http://onlinelibrary.wiley.com/doi/10.1111/1468-5973.00108/full

865. Aaron B. Wildavsky (1988), *Searching for Safety*, Transaction Publishers, https://books.google.com/books?id=rp6U8JsPlM0C

866. Bruce Schneier (14 Nov 2001), "Resilient security and the Internet," *ICANN Community Meeting on Security and Stability of the Internet Naming and Address Allocation Systems*, Los Angeles, California, http://cyber.law.harvard.edu/icann/mdr2001/archive/pres/schneier.html. Black Hat（存取時間 24 Apr 2018）, "Speakers," *Black Hat Briefings '01*, July 11-12 Las Vegas, https://www.blackhat.com/html/bh-usa-01/bh-usa-01-speakers.html

867. Bruce Schneier (2006), *Beyond Fear: Thinking Sensibly about Security in an Uncertain*

World, Springer, https://books.google.com/books?id=btgLBwAAQBAJ&pg=PA120

868. World Economic Forum (7 Jun 2012), "Risk and responsibility in a hyperconnected world: Pathways to global cyber resilience," https://www.weforum.org/reports/risk-and-responsibility-hyperconnected-world-pathways-global-cyber-resilience

869. Gregory Treverton et al. (5 Jan 2017), "Global trends: Paradox of progress," *NIC 2017-001*, National Intelligence Council, https://www.dni.gov/files/documents/nic/GT-Full-Report.pdf

870. Jason Healey (28 Sep 2017), "Building a defensible cyberspace: Report of the New York Cyber Task Force," *Columbia School of International and Public Affairs*, http://globalpolicy.columbia.edu/sites/default/files/nyctf_2017-09-28_report.pdf

871. Jason Healey and Hannah Pitts (1 Oct 2012), "Applying international environmental legal norms to cyber statecraft," *I/S: A Journal of Law and Policy for the Information Society 8*, no. 2, http://moritzlaw.osu.edu/students/groups/is/files/2012/02/6.Healey.Pitts_.pdf

872. Scott J. Shackelford (1 Jan 2016), *Managing Cyber Attacks in International Law, Business, and Relations: In Search of Cyber Peace*, Cambridge University Press, https://books.google.com/books /?id=_q2BAwAAQBAJ

873. Heather M. Roff (24 Feb 2016), "Cyber peace: Cybersecurity through the lens of positive peace," *New America Foundation*, https://static.newamerica.org/attachments/12554-cyber-peace/FOR%20PRINTING-Cyber_Peace_Roff.2fbbb0b16b69482e8b6312937607ad66.pdf

結論：讓科技與政策相輔相成

874. Dan Geer (6 Aug 2007), "Measuring security," *USENIX Security Symposium*, http://geer.tinho.net/measuringsecurity.tutorial.pdf

875. 經濟學家 Tim Harford 最近指出了這一點。Tim Harford (8 Jul 2017), "What we get wrong about technology," *FT Magazine*, http://timharford.com/2017/08/what-we-get-wrong-about-technology

876. 這項「法則」是史丹佛大學的電腦科學家 Roy Amara 所創造的，他也負責主管 Institute for the Future。Matt Ridley (12 Nov 2017), "Amara's law," *Matt Ridley*

Online, http://www.rationaloptimist.com/ blog/amaras-law

877. Bruce Schneier (Mar/Apr 2018), "Artificial intelligence and the attack/ defense balance," *IEEE Security & Privacy*, https://www.schneier.com/essays/ archives/2018/03/artificial_intellige.html

878. Wikiquote（存取時間 8 May 2018）, "Otto von Bismarck," https://en.wikiquote. org/wiki/Otto_von_Bismarck

879. Nicholas Bohm, Ian Brown, and Brian Gladman (31 Oct 2000), "Electronic commerce: Who carries the risk of fraud?" *Journal of Information, Law & Technology 2000*, no. 3, http://www.ernest.net/writing/FraudRiskAllocation.pdf

880. Toomas Hendrik Ilves (31 Jan 2014), "Rebooting trust? Freedom vs. security in cyberspace," *Office of the President*, Republic of Estonia, https://vp2006-2016. president.ee/en/official-duties/speeches/9796-qrebooting-trust-freedom-vs-security- in-cyberspaceq

881. James Titcomb (14 Jul 2017), "Malcolm Turnbull says laws of Australia trump laws of mathematics as tech giants told to hand over encrypted messages," *Telegraph*, http://www.telegraph.co.uk/technology/2017/07/14/malcolm-turnbull-says-laws- australia-trump-laws-mathematics

882. 斯威尼在以下文章中，說明了能將時任麻薩諸塞州州長 William Weld 的醫療資料去匿名化的研究。Latanya Sweeney (8 Jan 2001), "Computational disclosure control: A primer on data privacy protection," http://groups.csail.mit.edu/mac/ classes/6.805/articles/privacy/sweeney-thesis-draft.pdf

883. 以下是一篇相關論文。Latanya Sweeney (Jan 2013), "Discrimination in online ad delivery," *Communications of the Association of Computing Machinery 56*, no. 5, https://arxiv.org/abs/1301.6822

884. Latanya Sweeney (2002), "k-Anonymity: A model for protecting privacy," *International Journal on Uncertainty*, Fuzziness and Knowledge-Based Systems 10, no. 5, https://dataprivacylab.org/dataprivacy/projects/kanonymity/kanonymity.html

885. 以下是她的最新著作：Susan Landau (2017), Listening In: Cybersecurity in an Insecure Age, Yale University Press, https://books.google.com/books?id= QZ47DwAAQBAJ

886. 以下是她的最新證詞：Susan Landau (1 Mar 2016), "Testimony for House Judiciary Committee hearing on 'The encryption tightrope: Balancing Americans' security and privacy,'" https://judiciary.house.gov/wp-content/uploads/2016/02/Landau-Written-Testimony.pdf

887. 以下是一篇相關論文：Ariel Feldman, J. Alex Halderman, and Edward W. Felten (13 Sep 2006), "Security analysis of the Diebold AccuVote-TS voting machine," 2007 USENIX/ACCURATE Electronic Voting Technology Workshop, https://citp.princeton.edu/research/voting

888. American Civil Liberties Union（存取時間 24 Apr 2018）, "About the ACLU's Project on Speech, Privacy, and Technology," https://www.aclu.org/other/about-aclus-project-speech-privacy-and-technology

889. 以下提供了關於這項趨勢的探討，以及清楚的計畫清單：Alan Davidson, Maria White, and Alex Fiorille (26 Feb 2018), "Building the future: Educating tomorrow's leaders in an era of rapid technological change," *New America/Freedman Consulting*

890. Internet Policy Research Initiative（存取時間 24 Apr 2018）, *Massachusetts Institute of Technology*, https://internetpolicy.mit.edu

891. Georgetown Law（存取時間 24 Apr 2018）, "Center on Privacy & Technology," https://www.law.georgetown.edu/academics/centers-institutes/privacy-technology

892. Digital HKS（存取時間 24 Apr 2018）, *Harvard Kennedy School*, https://projects.iq.harvard.edu/digitalhks/home

893. 有幾個嘗試實踐這項目標的大型基金會組成了 NetGain 聯盟。Tom Freedman et al. (10 Feb 2016), "A pivotal moment: Developing a new generation of technologists for the public interest," *NetGain Partnership*, https://www.netgainpartnership.org/resources/2018/1/26/a-pivotal-moment

894. Freedman Consulting (3 Mar 2006), "Here to there: Lessons from public interest law"，未發表的備忘錄。

895. Robert L. Graham (1977), "Balancing the scales of justice: Financing public interest law in America," *Loyola University Chicago Law Journal 8*, no. 3, http://lawecommons.luc.edu/luclj/vol8/iss3/10

896. Laura Beth Nielsen and Catherine R. Albiston (1 Jan 2005), "The organization

of public interest practice: 1975-2004," *North Carolina Law Review 84*, http://scholarship.law.berkeley.edu/facpubs/1618

897. 確實有某些人認為這數字低到十分難堪。Pete Davis (26 Oct 2017), "Our bicentennial crisis: A call to action for Harvard Law School's public interest mission," *Harvard Law Record*, http://hlrecord.org/wp-content/uploads/2017/10/OurBicentennialCrisis.pdf

索引

公司、學校、政府機關與其他組織

16-20 畫

事件與活動

科技用語

16 畫以上

數位新世界 14

物聯網生存指南：5G 世界的安全守則

作　　　者	布魯斯‧施奈爾
譯　　　者	但漢敏
選 書 人	王正緯、鄭詠文
責任編輯	王正緯
編輯協力	沈如瑩
專業校對	魏秋綢
版面構成	張靜怡
封面設計	兒日
行銷統籌	張瑞芳
行銷業務	何郁庭
總 編 輯	謝宜英
出 版 者	貓頭鷹出版

發 行 人　涂玉雲
發　　　行　英屬蓋曼群島商家庭傳媒股份有限公司城邦分公司
　　　　　　104 台北市中山區民生東路二段 141 號 11 樓
　　　　　　劃撥帳號：19863813；戶名：書虫股份有限公司
城邦讀書花園：www.cite.com.tw　購書服務信箱：service@readingclub.com.tw
購書服務專線：02-2500-7718~9（周一至周五上午 09:30-12:00；下午 13:30-17:00）
24 小時傳真專線：02-2500-1990；25001991
香港發行所　城邦（香港）出版集團／電話：852-2877-8606／傳真：852-2578-9337
馬新發行所　城邦（馬新）出版集團／電話：603-9056-3833／傳真：603-9057-6622
印 製 廠　中原造像股份有限公司
初　　　版　2020 年 8 月
定　　　價　新台幣 590 元／港幣 197 元
Ｉ Ｓ Ｂ Ｎ　978-986-262-436-4

國家圖書館出版品預行編目資料

物聯網生存指南：5G 世界的安全守則／布魯斯‧
施奈爾（Bruce Schneier）著；但漢敏譯 . -- 初版 .
-- 臺北市：貓頭鷹，2020.08
面；　公分 . --（數位新世界；14）
譯自：Click here to kill everybody: security and
　　　survival in a hyper-connected world.
ISBN 978-986-262-436-4（平裝）

1. 物聯網　2. 網路安全　3. 資訊安全

312.76　　　　　　　　　　　　　　109010725